LA VIGNE

ET SES PARASITES

LE PHYLLOXÉRA, LA CHLOROSE

ET

LEUR REMÈDE RATIONNEL

(OUVRAGE ADMIS A LA BIBLIOTHÈQUE NATIONALE, A PARIS,
ET SOUSCRIT PAR
LES NOTABILITÉS VITICOLES DE FRANCE ET DE L'ÉTRANGER.)

PAR

Paul SERRES

Agronome-viticulteur à Talairan (Aude)

« Labor improbus omnia vincit. »

————⊶⊷○○⊶⊷————

Prix : 4 Francs

—

1890

AVANT-PROPOS

de cette 3ᶜ édition

DÉDIÉE COMME LES PRÉCÉDENTES A LA SOCIÉTÉ DES AGRICULTEURS
DE FRANCE

---

*A Messieurs les membres de la Société
des Agriculteurs de France, à Paris.*

MESSIEURS,

Quand, au mois de novembre 1883, dans un petit
opuscule de 40 pages in-8°, je résumais mes études
sur l'arbuste précieux prêt à sombrer dans la tourmente phylloxérique, j'étais loin de m'attendre à
l'accueil sympathique dont fut l'objet mon travail
minuscule.

Certes, cela pouvait suffire à raviver en moi, s'il
en était besoin, l'amour de ces études intéressantes, mais n'y a-t-il pas encore un mobile plus
puissant qui pousse l'homme vers son but et lui fait
surmonter les obstacles promoteurs parfois de découragement, que jettent quelquefois sur sa route
des accidents divers et les vicissitudes inhérentes à
la nature humaine ?

TROISIÈME ÉDITION

LA VIGNE

ET SES PARASITES

LE PHYLLOXÉRA, LA CHLOROSE

ET

LEUR REMÈDE RATIONNEL

(OUVRAGE ADMIS A LA BIBLIOTHÈQUE NATIONALE, A PARIS,
ET SOUSCRIT PAR
LES NOTABILITÉS VITICOLES DE FRANCE ET DE L'ÉTRANGER.)

PAR

PAUL SERRES

Agronome-viticulteur à Talairan (Aude)

« Labor improbus omnia vincit. »

Prix : 4 Francs

1890

LA VIGNE

ET SES PARASITES

LE PHYLLOXERA, LA CHLOROSE

ET

LEUR REMÈDE RATIONNEL

Et dès que l'homme a fait son premier pas dans le chemin du devoir et du travail, et qu'il en a goûté les douces satisfactions, il ne peut plus s'arrêter, il ne s'appartient plus, un souffle inconnu le pousse vers l'idéal qu'une inspiration supérieure semble lui montrer au bout de son chemin. C'est ce qui a fait sans doute dire au moraliste que le travail ennoblit l'homme.

Si c'est donc là une loi immuable, émanant de l'essence incréée, conformons-nous à cette loi immatérielle et poursuivons notre tâche avec une nouvelle ardeur.

La première édition de ma Brochure dut être forcément restreinte dans un cadre exigu. Divers sujets, et des plus intéressants, durent y être simplement signalés pour mémoire. Tels sont : l'étude sur les rapports des éléments minéraux et atmosphériques avec la vigne, celle relative à sa taille si délicate et qui passe pourtant, à peu près généralement, pour une opération vulgaire, celle concernant les travaux de la terre, etc., etc...

Dans la Deuxième Édition, ces diverses lacunes furent comblées, du moins dans ce qu'elles présentaient de plus urgent ; mais dans celle-ci (la troisième), un développement complet a été donné à toutes les questions se rattachant à la culture de la vigne.

Mon travail a constamment été basé sur des études approfondies, sur l'observation attentive des faits et sur le résultat d'expériences patientes toujours et pénibles parfois. Aussi, puis-je, sans témérité, lui donner aujourd'hui le sous-titre de *vade-mecum* indispensable à tout vigneron vraiment soucieux, non point seulement du présent, mais aussi et surtout de l'avenir de son vignoble.

De plus, outre que cette nouvelle édition est bien plus volumineuse que les précédentes, la distribution des chapitres y a été remaniée de fond en comble et le pêle-mêle des études de l'édition précédente à fait place dans celle-ci à une classification régulière des matières qui la composent.

Enfin, Messieurs, aujourd'hui comme en 1883, comme en 1885, je suis heureux de vous dédier mon œuvre en ressentant de nouveau cette douce satisfaction que procure toujours le sentiment du devoir accompli.

Talairan, 22 janvier 1890.

Paul SERRES.

LA VIGNE ET SES PARASITES

Le Phylloxéra, la Chlorose et leur remède rationnel

Reproduction de quelques critiques ou appréciations formulées sur les éditions précédentes par divers journaux spéciaux.

Je borne cette reproduction à deux cas d'appréciation et trois cas de critique loyale, mais sévère.

On lit dans la *Chronique vinicole universelle* du 3 janvier 1884 (Journal viticole s'imprimant à Bordeaux) :

« LA VIGNE ET SES PARASITES
« LE PHYLLOXÉRA ET SON REMÈDE RATIONNEL.

« Sous le titre qui précède, un viticulteur très connu dans le Midi et qui s'occupe avec intelligence et passion de tout ce qui concerne la vigne, M. Paul Serres, de Talairan (Aude), vient de faire paraître une très intéressante brochure.

« L'auteur s'inspire d'une grande expérience et d'une pratique éclairée et désintéressée pour formuler des conseils pleins de bon sens et de logique. Il indique pour régénérer la vigne des procédés qui ont déjà produit des effets remarquables et qui paraissent fondés sur une méthode rationnelle. Puisse-t-il avoir découvert un remède efficace dont l'application ne serait pas trop coûteuse. »

***
—

On lit dans *le Travail* du 13 avril 1884 (Journal des sciences industrielles et agricoles) s'imprimant à Paris, sous la direction de M. Barral :

« M. Paul Serres, viticulteur distingué à Talairan (Aude), a publié une brochure importante sur la vigne et ses parasites, et contenant spécialement une étude sur le phylloxéra et son remède rationnel. Après avait fait l'historique de l'oïdium, du pourridié, de la pyrale, et donné d'excellents conseils pratiques pour lutter contre ces ennemis de la vigne, l'auteur arrive ensuite au roi des parasites, ce conquérant dévastateur qui, comme Attila, supprime toute végétation sur son passage. Ce sont les propres expressions employées par M. Paul Serres pour dénommer l'effroyable phylloxéra.

« Ainsi que nous l'avons dit, M. Paul Serres est un praticien habile, la lecture de sa brochure le révèle comme un écrivain émérite. Lorsque les vignes de Talairan ont été envahies par le fléau, sans se laisser atteindre par le découragement, comme la plupart des propriétaires, il a entrepris de résister par tous les moyens possibles. Par des faits positifs, il a démontré qu'en dehors des trois grands moyens adoptés dorénavant, tels que l'emploi du sulfure de carbone et des sulfocarbonates de potasse, la submersion et l'adoption de plants américains greffés avec des cépages français, tous procédés longuement décrits dans le traité magistral sur la matière de M. J.-A. Barral, intitulé la *Lutte contre le phylloxéra* (Marpon et Flammarion, éditeurs), — à part ces moyens, M. Paul Serres, disons-nous, a prouvé qu'on se défend encore de diverses manières.

« Pour ses propres vignes, il s'est rallié à un système qui consiste en deux opérations distinctes : l'une préventive et l'autre curative.

« La première, appliquée principalement aux jeunes vignes, vierges de toute atteinte parasitaire, a pour but d'enrayer l'invasion par la migration des légions d'insectes qui n'auraient pu se reproduire dans un sol encore réfractaire, par sa bonne constitution, au développement du parasitisme.

« La seconde, toute fondamentale, répare lentement, graduellement, mais d'une façon progressive, ce que l'auteur appelle les défectuosités organiques de la vigne, dans lesquelles le parasitisme animal a trouvé l'occasion de se produire et surtout son élément pour y vivre, s'y développer et s'y reproduire. La description des procédés est faite avec tous les détails nécessaires dans des chapitres développés. Nous y renvoyons le lecteur qui trouvera tout bénéfice à mettre en action les idées et les combinaisons à l'aide desquelles M. Paul Serres, etc.. »

Je borne à ces deux citations les appréciations proprement dites dont a été l'objet la première édition de cet ouvrage.

Je vais citer deux cas de critique, les deux seuls, à vrai dire, qui se soient produits, et auxquels j'ai dû répondre

par des lettres contenant la défense de mes principes viticoles, discutés par ces journaux, et que, d'ailleurs, ils se
sont empressés de publier à la même place où la discussion
s'était ouverte par leur fait.

On lit dans *le Courrier de Narbonne* du 27 décembre
1883 (Journal paraissant à Narbonne, Aude) :

« LE PHYLLOXÉRA ET SON REMÈDE RATIONNEL

« Tel est le titre d'une brochure qui nous a été adressée
par l'auteur, M. Paul Serres, viticulteur à Talairan (Aude).

« Même dans les plus petits ouvrages, on apprend toujours quelque chose et nous avons tellement besoin de
nous instruire, touchant notre pauvre viticulture, que nous
étudions tout ce qui nous est adressé sur cet intéressant
sujet.

« Les abonnés du *Courrier* pourront, au surplus, lire en
entier ces quelques pages d'un viticulteur convaincu, car,
sur leur demande, l'auteur leur adressera son opuscule.

« Nous y trouvons une grande contradiction entre l'exposé théorique et le côté pratique, car, après avoir dit que
*le phylloxéra, au lieu d'être la cause de la maladie qui em-
porte la vigne, n'en est que l'effet*, M. Serres propose comme
moyen de défense trois opérations dont l'une est précisément dirigée contre le puceron lui-même, dont l'anéantis·
sement serait produit par l'intoxication de la sève.

« Nous pensons bien faire de profiter de cette occasion,
pour rapporter à ce sujet quelques lignes extraites des
Mémoires de l'Académie des sciences, et dues à M. Maxime
Cornu, secrétaire de la commission académique du phylloxéra.

« Et cependant, fermant les yeux à l'évidence, par esprit

de système, par légèreté ou par insouciance, on soutient encore que le phylloxéra n'est pas *la cause de la maladie des vignes.*

« Quelle lourde responsabilité pour ceux qui, influents dans leur pays, à quelque titre que ce soit, soutiennent et propagent une opinion pareille !

« Ceux qui ne croient pas à l'influence du phylloxéra comme cause déterminante de la maladie devraient répéter l'expérience suivante, qui réussit aisément et qui est concluante : Dans deux vases de même capacité et remplis de la même terre, on plante deux portions d'un même sarment emprunté à une vigne souffrant ou non de la maladie. Ces boutures, cultivées avec soin, développent pendant l'été des racines nombreuses, et l'on peut s'assurer par l'observation directe qu'elles ne présentent aucun renflement. Si le rameau auquel elles sont empruntées appartenait à une vigne malade, cela prouve que les renflements ne sont pas dus à une altération, pour ainsi dire constitutionnelle, à une dégénérescence, à une « modification de la sève » du cep, puisque les boutures qui en proviennent ne présentent pas cette altération.

« Si maintenant, sur les racines de l'une d'elles, on transporte un certain nombre de phylloxéras (et il suffit pour cela de les mettre en contact avec des plaques d'écorce, chargées d'insectes, prises sur des vignes malades), on voit, au bout de peu de jours, les renflements se produire en grand nombre. L'autre bouture, qui n'a pas reçu de phylloxéras, qu'on a protégée contre l'envahissement possible de l'insecte, sert de *témoin ;* elle permet de comparer, dans des conditions identiques d'ailleurs, sauf la présence de l'insecte, le développement resté normal des racines saines à l'altération des racines malades.

« On arrive ainsi à démontrer sans réplique, ce qui peut
être fait d'ailleurs de bien d'autres façons, que les renflements ne sont pas la conséquence d'une dégénérescence
du cep ou de toute autre cause, mais qu'ils sont uniquement
déterminés par la présence de l'insecte. »

A mon honorable critique du *Courrier de Narbonne*, qui
crut devoir appuyer ses appréciations, concernant la première édition de mon ouvrage, sur l'extrait qui précède
des Mémoires de l'Académie des sciences, je répondis la
lettre suivante qui fut insérée dans le *Courrier* du 3 janvier 1884 :

« Talairan, le 30 décembre 1883.

« MONSIEUR LE DIRECTEUR,

« Mon premier devoir est de vous remercier d'avoir
réservé une bonne et large place dans le *Courrier de Narbonne* du 27 courant, à la brochure : *La vigne et ses parasites, le phylloxéra et son remède rationnel*, que je viens de
faire paraître, et de laquelle j'avais cru devoir vous envoyer un exemplaire.

« Vous comprendrez aisément que je ne pourrais
accepter d'entrer en discussion sur le fond même de mes
exposés théoriques, puisque je me suis plu à les subor-
donner expressément à des faits résultant de leur mise
en pratique.

« Je me bornerai *pour aujourd'hui* à relever certaines
erreurs d'appréciations, commises par mon honorable
critique du *Courrier*.

« S'il veut bien étudier une deuxième fois ma brochure
et n'en pas perdre le fil qui la relie d'un bout à l'autre, il

verra qu'il n'y a pas, qu'il ne peut y avoir «contradiction» entre « mon exposé théorique et le côté pratique ».

« Quant à la divergence d'opinion académique qu'il veut bien m'opposer, cet honneur me confond. mais ne m'interdit pas. Si j'avais à répondre, à ce sujet, à un corps scientifique quelconque, je le ferais à peu près en ces termes :

« La théorie est une fort belle chose, mais un abîme la sépare quelquefois de la pratique.

« On peut, de déductions en déductions, arriver à une conclusion théorique, parfois très vraisemblable.

« Mais la pratique est toujours le juge en dernier ressort, devant lequel nous devons tous nous incliner.

« En ce qui concerne la théorie, je crois que, du haut en bas de l'échelle intellectuelle, il n'y a qu'une façon de procéder.

« Quant aux façons de mise en pratique, je crois qu'elles diffèrent suivant les cas et les milieux.

« Tel qui démontre une conclusion quelconque, en s'appuyant sur des expériences faites sous verre ou dans des vases à fleurs.

« Tel autre qui s'appuie sur des expériences pratiquées sur le « meilleur champ d'expériences du monde », suivant l'expression d'un membre du Comice agricole de Narbonne.

« Quant à moi, j'ai pratiqué les miennes sur des vignes réelles, vraies vignes à fruit, celles-là, et n'ayant, elles, que la masse terrestre pour récipient et le globe céleste pour couvert protecteur. »

« Ah ! que le pays en général et ma localité en particulier n'aient point traité leurs vignes selon les méthodes rationnelles que renferme ma brochure ! Oh ! que dans l'avenir la « responsabilité serait légère » ! C'est alors que l'on pourrait, à loisir, rechercher la meilleure des théories, académiques ou vulgaires, qui n'ont pu, jusqu'à ce jour, prises ensemble ou séparément, arrêter le terrible Attila viticole et sauver notre chère viticulture aux abois [1].

« Agréez, etc. «S. P. »

***

La discussion s'arrêta là. Si elle eût continué, j'aurais pu faire remarquer les imperfections que présentent les expériences signalées par M. le Secrétaire de la commission académique du phylloxéra, et qui sont textuellement rapportées ci-devant :

« Elles sont concluantes, » y est-il dit, «pour démontrer que le phylloxéra est la *cause déterminante* de la maladie des vignes.»

Et cela parce que, de deux boutures prises sur le même cep mais plantées chacune dans un vase spécial à chacune d'elles et tous deux remplis de la même terre, l'une de ces boutures présentera des renflements sur les racines qu'elle aura émises, après quelque temps qu'on y aura introduit *tout exprès* des phylloxéras ; tandis que l'autre, qu'on aura tenue à l'écart des atteintes de l'insecte, ne présentera pas ces renflements, indices des racines phylloxérées.

Et l'on conclut de là que, si la maladie de la vigne provenait « d'une altération de la sève », les deux boutures se

---

1. Cela s'écrivait en 1883. Ai-je besoin de faire remarquer que les six années écoulées depuis ont démontré qu'en s'en tenant exclusivement à la destruction de l'aphidien, nul n'a réussi à conserver sa vigne jusqu'à ce jour ; tandis que ceux qui ont en plus appliqué à leurs vignes ce dont elles ne peuvent se passer, — les fumures *rationnelles*, — ont encore aujourd'hui des vignobles splendides.

trouveraient dans le même cas, et présenteraient toutes deux les mêmes indices de la maladie phylloxérique, si les boutures proviennent d'un cep malade, — ou bien, si ces dernières ont été extraites d'un cep indemne, les renflements parus sur les racines de celle qui a reçu *tout exprès* des phylloxéras, pendant que l'autre étant tenue également *tout exprès* à l'abri de l'invasion de l'insecte n'en présente point, — et l'on conclut de là et l'on arrive « à démontrer sans réplique » que « les renflements ne sont pas la conséquence d'une dégénérescence du cep, mais qu'ils sont uniquement déterminés par la présence de l'insecte ».

Certes, et sans évoquer le souvenir de *Lapalisse*, je reconnais volontiers que les renflements que l'on voit sur les racines phylloxérées sont le résultat des déprédations de l'insecte; mais lui-même, d'où vient-il? d'Amérique, a-t-on dit; soit. Mais quelle est bien la réponse que l'on ferait à pareille question, si elle était posée de l'autre côté de l'Atlantique? Je crains bien qu'en suivant cette voie, pour trouver le pays d'origine de l'insecte, on finirait, d'océan en océan, par arriver jusqu'à la lune.

Eh bien, pour revenir au fait de la discussion, je me plais à constater qu'il n'y a dans cette citation académique qu'une contestation superficielle des principes que j'ai émis au sujet de la maladie phylloxérique, car leur fond même résiste et reste intact.

La seule et réelle divergence d'opinions repose uniquement sur ces deux termes : « *effet et cause.* »

En effet, le phylloxéra est-il l'*effet* ou la *cause* de la maladie de la vigne? Je me suis prononcé pour le premier, et ma brochure indique pourquoi; tandis que la citation précitée penche vers le second, en s'appuyant sur des expériences que je ne trouve pas complètes; car elles em-

brassent trop peu de temps pour être « concluantes » et
si, au lieu de porter simplement sur des boutures à leur
première émission de racines et de s'arrêter là, elles se
continuaient jusqu'à leur « fructification », nul doute qu'i
ne se produisît quelque modification dans les résultats
obtenus.

D'ailleurs, ai-je donc dit qu'une vigne indemne et végétant dans un sol d'une constitution irréprochable était
invulnérable? Il faudrait que j'eusse dit cela pour que l'expérience faite au moyen de boutures détachées d'un cep
chez lequel il n'y a pas « altération de sève » puisse
m'être opposée! Mais, il suffit pour cela de relire la page
13 et les suivantes de la première édition de ma brochure,
dont on trouvera la reproduction dans le cours de cette
troisième édition. (*Voir* pages 21 à 24.)

Et quant aux boutures détachées d'un cep souffrant de
la maladie, pour être replantées ailleurs, j'estime que la
section qui les a séparées de la souche-mère a tranché en
même temps leur vie commune. D'ailleurs, au moment de
la section, c'est-à-dire en hiver, il n'y a plus de sève, la
bouture est un simple morceau de bois fraîchement déta-
ché du tronc paternel, lequel morceau de bois tirera plus
tard sa nouvelle sève vivifiante de l'activité des éléments
du sol dans lequel on l'aura adapté et, à moins qu'il ne
porte dans les interstices de son écorce les insectes eux-
mêmes, si les précautions sont prises pour lui éviter une
invasion phylloxérique du dehors, cette bouture émettra
son système radiculaire avec autant d'impunité que celle
prise sur un cep bien portant.

Pour si paradoxale que cette émission puisse paraître,
je n'hésite pas à en accepter la paternité, ou tout au moins
à l'adopter, en attendant que des expériences contradic-

toires, ou mieux encore que l'avenir, par des décisions indiscutables, par leur origine vraiment culturale, m'oblige à la répudier.

***

On lit dans le *Bulletin agricole du Midi* du 2 février 1884 (Journal agricole paraissant à Carcassonne (Aude) :

« MONSIEUR PAUL SERRES, A TALAIRAN.

« Nous avons pris connaissance de votre brochure; elle renferme des choses intéressantes. Nous en rendrons compte dans le prochain numéro, la place manquant pour le faire dans celui-ci. »

Et dans le numéro suivant du même journal, portant la date du 9 février 1884, on lit [1] :

«..... Toutefois, nous ne pouvons nous dispenser de faire remarquer à M. Serres que la présence de la chaux vive dans son mélange curatif aura pour effet de faire perdre à son engrais tout l'azote qu'on y aura mis et de transformer le sulfate de fer, sel soluble, en sulfate de chaux et oxyde de fer, sels pour ainsi dire insolubles. Cette combinaison nous paraît donc défectueuse.

« Quoi qu'il en soit, on fera bien de lire cette brochure, elle signale des observations intéressantes sur le sol et la végétation et donne de bons conseils culturaux. »

Comme on le voit, les deux appréciations contradictoires que je viens de reproduire portent l'une sur le côté théorique de la première édition de mon ouvrage et l'autre sur son côté pratique.

---

1. Je crois devoir ne reproduire de cette appréciation que ce qui a trait à la critique proprement dite.

On a vu ma réponse à la première de ces critiques, voici maintenant celle relative à la seconde :

« Talairan, le 13 février 1884.

« MONSIEUR LE DIRECTEUR DU *Bulletin agricole*.

« Dans le *Bulletin agricole* de samedi dernier, vous avez signalé ma brochure à vos lecteurs et cru devoir leur donner en même temps votre appréciation au sujet des procédés anti-phylloxériques qu'elle contient.

« Or, cette appréciation m'oblige à relever certaines erreurs que vous me paraissez avoir commises. Puisque vous prétendez que l'action de la chaux vive, qui peut entrer dans la combinaison de l'engrais, a la propriété de faire disparaître tout l'azote qu'on y aura mis, et d'atteindre la solubilité du sulfate de fer, il convient de le démontrer et cela dans l'intérêt direct de vos abonnés.

« Puisque vous avez soulevé la question, il est tout naturel que je vous charge de faire cette démonstration théorique. Quant à moi, je suis fixé à ce sujet et je suis prêt à démontrer que votre appréciation est, en ce qui me concerne, entachée d'un tant soit peu d'erreur, et cela non seulement d'une façon théorique, mais encore et surtout d'une façon pratique.

« A vous d'abord, à moi ensuite, et n'oublions pas surtout que l'intérêt général n'a qu'à gagner à ce que la lumière jaillisse d'une discussion publique.

« J'espère bien, Monsieur le Directeur, que le prochain numéro de votre journal portera la présente que je considère comme le préambule d'une joûte scientifique que vous me paraissez désirer.

« Agréez, etc.   « P. S. »

La lettre qui précède fut insérée dans le *Bulletin agricole* du 16 février 1884, lequel porte immédiatement après la mention suivante :

« Réponse à M. Serres

« Nous acceptons volontiers le débat sur le terrain scientifique et pour montrer à M. Serres que nous n'avons pas commis d'erreur, nous allons expliquer ce qui se passe lorsqu'on met en contact la chaux vive avec un sel soluble azoté.

« La chaux est un oxyde de calcium. La chaux *vive* absorbe l'eau avec ardeur et la prend partout où elle peut, dans l'atmosphère, dans le sol, dans les matières quelconques hydratées mises à son contact.

« Les azotates sont tous solubles dans l'eau, et s'hydratent tous aux dépens de l'humidité atmosphérique.

« Il résulte de ces faits positifs qu'un mélange d'azotate et de chaux *vive* transforme celle-ci en chaux *éteinte* et produit la décomposition de l'azotate en le privant de son eau ; et si on s'est servi, par exemple, d'azotate de potasse, il se forme une combinaison chimique qui donne naissance à de l'ammoniaque qui se diffuse dans l'air en entraînant tout l'azote, de sorte qu'il n'en reste plus pour la plante que l'on a cru fumer de cette manière. Mais la potasse reste et sert. »

Ayant cru voir certaines erreurs dans cette réponse du *Bulletin agricole*, j'écrivis de nouveau, mais ma seconde lettre n'ayant pas été insérée, la discussion en resta là

*Extrait du compte rendu de la séance du 8 mars 1886 de la
Société des agriculteurs de France.*

« M. P. Castel rend compte d'un ouvrage ayant pour
titre : *La vigne est ses parasites. Le phylloxéra et son remède
rationnel*, dont M. Paul Serres, son auteur, a fait hommage
à la Société.

« D'après M. Serres, l'invasion de nos vignes par le
phylloxéra et les nombreuses maladies parasitaires qui
l'attaquent aujourd'hui seraient dues à un état général
d'épuisement provoqué par de trop abondantes vendanges.

« Pour remédier à cet état de choses, il faut d'abord,
par des fumures convenablement apropriées, restituer
annuellement au sol les principes fertilisants enlevés par
les récoltes, et à ces fumures on doit associer, etc., etc...

« Sans partager les opinions personnelles de M. Serres
en ce qui concerne l'efficacité des traitements, on est
obligé de reconnaitre que sa Brochure renferme d'importantes observations sur la culture et la taille de le vigne.

« M. Castel signale à ce sujet une observation faite par
M. Serres, qui peut trouver son application dans la composition des engrais destinés à la vigne : « Le degré de
résistance des vignes attaquées par le phylloxéra se trouve
être proportionnel au dosage en sulfate de fer des engrais
appliqués à chacune d'elles les années précédentes. »

« A la suite de ces essais, M. Serres a fixé à deux cents
grammes la quantité de sulfate de fer qui doit être distribué bi-annuellement au pied de chaque souche.

« M. le Président charge M. le Secrétaire d'écrire à
M. Paul Serres pour le remercier de l'hommage de sa
Brochure. »

INTRODUCTION

Viticulteurs

Un éminent agriculteur, Olivier de Serres, a dit jadis : « Expérience passe science. »

Celle-ci est un reflet de la science divine, comme celle-là est une faculté accordée à l'initiative humaine.

C'est de leur concours mutuel que surgissent les grandes choses.

L'une, suivant la voie des déductions, se rapproche et gravite autour des grandes solutions, mais ne peut les atteindre sans le concours de l'autre.

En un mot, la science émet les grandes idées pour les soumettre à la pratique qui, en les matérialisant, les rend tangibles et profitables au genre humain.

Un principe aussi ancien que le monde veut que « la science humaine procède du connu à l'inconnu ». C'est en m'inspirant de ce vieil adage que j'entrepris résolûment, il y a déjà longtemps, le travail dont je viens aujourd'hui vous offrir les résultats.

« Il n'y a pas d'effet sans cause », a-t-on dit avec raison; d'où le corollaire : « L'effet disparaît avec la cause. » *Sublata causa. tollitur effectus.*

C'est donc dans l'observation attentive, dans l'étude approfondie des *effets*, c'est-à-dire du *connu*, que se trouve le moyen d'en découvrir la *cause*, c'est-à-dire l'*inconnu*.

Par suite, pour éviter les premiers, il faut supprimer la seconde; sinon, dans toute application ne visant qu'à combattre ceux-là, on ne peut aboutir qu'à une atténuation, car la cause restant intacte, les effets subsisteront toujours.

Ce principe immuable est inhérent au règne végétal comme au règne animal, et dans leur corrélation intime avec le règne minéral il faut voir la perfection de l'œuvre du Créateur, qui, pour compléter l'harmonie sublime de la nature, prévit le besoin de vivification des sujets animaux et végétaux qu'il venait de créer.

Pour les sujets de ces deux règnes de la nature, l'état normal c'est le fonctionnement régulier de leur organisme, c'est-à-dire la santé. Toute absorption produisant une élaboration défavorablement nutritive, tout épuisement provoqué par un excès de dépense dans l'économie, l'introduction de tout élément étranger et hostile, ou enfin toute autre cause quelconque, produisant l'irrégularité dans le fonctionnement de l'organisme, dans sa partie ou dans son tout : c'est l'état anormal, c'est-à-dire la maladie, avant-coureur de la mort du sujet.

Or, la vigne, qui forme notre unique objectif dans le présent traité, cet arbuste précieux qui eut Noé pour premier adepte, et d'où a jailli la source non seulement du bien-être général des pays viticoles, mais encore celle de richesses particulières inconnues jusqu'à ce jour, surtout dans nos contrées méridionales, la vigne, a-t-on dit, tend à disparaître sous l'étreinte des nombreux ennemis qui, depuis une trentaine d'années, s'acharnent sur elle avec l'implacabilité qui caractérise les sinistres oiseaux de proie.

Ces ennemis de différentes natures, de couleurs et de

formes diverses, entrent dans la classification suivante :
Il y a le parasitisme souterrain et le parasitisme aérien,
qui se subdivisent à leur tour en parasites de l'ordre végétal et en parasites de l'ordre animal.

Dans l'ordre animal, on remarque en tête le roi des parasites, conquérant dévasteur qui, comme Attila, supprime
toute végétation sur son passage ; j'ai nommé le phylloxéra.

Vient ensuite la reine qui, en vrai coquette, change
plusieurs fois de parure, mais sans parvenir à plaire, malgré ses capricieuses évolutions et son amour de l'ombre et
des divans des feuilles vertes ; j'ai nommé la pyrale.

Puis, viennent une foule de sujets qui, pour la plupart,
ont passé inaperçus en raison de l'action peu nuisible
qu'ils ont exercée dans leurs éphémères évolutions.

On a cru généralement que ces divers parasites de l'ordre animal ont été la *cause* de la maladie ou de la mort de
la vigne ; tandis que l'observation physiologique démontre,
au contraire, qu'ils n'en sont que l'*effet*.

Pour quiconque a examiné la question de près, il est péremptoirement établi que ce genre de parasite a pour
cause directe l'altération des principes vitaux de la vigne
elle-même, et pour complément une reproduction à l'infini
et la migration de légions innombrables se dirigeant de
tous côtés pour la conquête, le pillage et la dévastation.

Dans l'ordre végétal, on remarque comme principaux
types : l'*oïdium*, le *mildew*, le *pourridié*, etc., etc. Ces parasites végétaux, cryptogamiques, du genre champignon,
ont pour principales causes évidentes : l'humidité, l'intempérie des saisons, comme les vents frais et continus du
Nord-Ouest aux mois de juillet et août. Ils se distinguent
des parasites animaux, en ce que ceux-ci se transforment

à époques fixes en larves, nymphes et insectes organisés
qui se meuvent, que l'on peut voir des yeux et toucher du
doigt, et qui, malgré leurs diverses transformations, restent toujours à l'état d'êtres animés.

Tandis que le parasitisme végétal n'est en quelque sorte
qu'une recrudescence de sève, une excroissance de végétation, si l'on peut s'exprimer ainsi, dont certains types,
comme l'*oïdium*, se développent sur les feuilles, d'autres
au-dessous, comme le *mildew*, ou bien, comme le *pourridié*,
aux racines de la vigne ; mais dont les effets restent subor-
donnés aux mouvements de la sève, c'est-à-dire que, quand
cette dernière commence son mouvement rétrograde le
parasite végétal décroît et finalement disparaît avec la
végétation elle-même, sauf à voir, l'année suivante, les
mêmes causes reproduire les mêmes effets.

Voilà, exposés à grands traits, les principes déterminant
les causes de vie ou de mort pour la vigne.

Dans les chapitres suivants, après avoir appuyé de nouveau sur le développement de ces principes, nous nous
occuperons des moyens pratiques pour apporter remède
aux défectuosités qui se sont introduites dans l'organisme
des « *vitis vinifera* », unique objectif de nos constantes
préoccupations, comme la satisfaction de l'*intérêt général*
forme le but de la présente brochure.

Ah! le mot « intérêt » vient d'être prononcé. Syllabes
enchanteresses! cauchemar universel du jour! veau d'or,
autour duquel s'agitent, comme dans la danse macabre
d'Holbein, les désirs effrénés de notre époque posi-
tive!

Mais restons dans le cercle des attributions de notre
livre, et disons : Parmi le nombre, déjà grand, de ceux
qui ont prétendu chercher à sauver la vigne du cataclysme

dont elle est menacée, combien y en a-t-il qui n'aient pas visé leur intérêt perticulier d'abord?

Voici, du reste, la façon toute simple dont on a procédé: on a commencé par s'arrêter à l'idée d'une combinaison quelconque, pour laquelle on a pris un brevet d'invention (S. G. D. G.).

Puis, à grand renfort de publicité, au moyen de réclames mirobolantes, étalées à la quatrième et quelquefois même à la troisième page des journaux, de circulaires innombrables lancées dans toutes les directions, le tout accompagné parfois de certificats ou d'apologies plus ou moins mercenaires, alors on se disait: « Il faudrait que toutes les malices infernales se mêlassent d'opposition si nous n'arrivions pas à atteindre la moyenne d'une petite demande d'*essai* par localité de France. »

Or, 35 mille demandes à 10 fr. par tête nous donneront en chiffres ronds 350 mille francs de bénéfice.

Et voilà! moyennant cette combinaison, l'intérêt particulier sortait sauf de l'épreuve, tandis que l'intérêt général, auquel on avait songé le moins possible, se trouvait seul frustré, penaud, découragé et n'ayant plus la foi en l'avenir.

Et pendant ces évolutions diamétralement opposées, nos spéculateurs se retiraient triomphalement de l'arène en parodiant ironiquement l'interprétation de Rabelais des dernières paroles d'Auguste: « *Acta est fabula.* »

A mon tour, j'ai aussi pris un brevet d'invention, non pas pour faire ce que je viens de réprouver un peu crûment, peut-être, mais uniquement pour empêcher que nul ne puisse fabriquer et vous vendre le résultat de mes recherches, sans avoir à compter sur un contrôle rigoureux.

Je vous offre donc, à titre purement gracieux, le fruit de mon travail, estimant que ma plus douce récompense sera dans l'intérêt général satisfait et dans le sentiment personnel du devoir accompli.

Quant à mon intérêt particulier, il faut bien en dire un mot, car je ne suis pas tout à fait étranger à mon siècle, comme on pourrait le penser, et puis : « *Homo sum et nihil humani a me alienum puto.* »

Si j'ai voulu et si je veux encore que mon intérêt particulier ne vienne qu'après satisfaction de l'intérêt général, c'est que, en bonne justice, l'ouvrier ne doit être payé de son ouvrage que lorsqu'il l'a fini. C'est le plus sûr moyen de stimuler son zèle.

Est-ce que j'ai jamais douté, du reste, que la récompense *intéressante* arrivera jamais d'ailleurs que de parmi vous ?

Ces quelques réflexions, qui m'ont servi d'auxiliaires dans la voie que je me suis tracée, pourront avoir leurs *zoïles*, qu'importe ? Je ne relève en ce cas que des inspirations de ma conscience.

***

« A Monsieur le Ministre de l'agriculture.

« Talairan, 15 août 1883.

« Monsieur le Ministre,

« J'ai l'honneur de vous soumettre la communication suivante.

« C'est comme un résumé rétrospectif des nombreuses communications que j'ai périodiquement publiées, par la voie de la presse, et se rattachant au redoutable problème phylloxérique dont la solution, semblable au mirage trompeur, s'est toujours dérobée à la viticulture aux abois.

« Certes, si celle-ci avait un peu plus secoué cette apathie coupable dans laquelle elle s'est généralement endormie jusqu'à ce jour, c'est-à-dire que si tous les viticulteurs en général avaient fait leurs efforts possibles pour l'application des divers procédés recommandés par la science, le mal eût été atténué et, par suite, l'invasion devenant moins précipitée, l'avenir, avec son cortège de possibilités favorables, pouvait apporter à temps son concours à la *vraie* solution.

« Mais il est d'autant plus inutile de récriminer que plus nous allons et plus le scepticisme s'incarne dans les masses, de telle sorte qu'en l'espèce la plupart des viticulteurs croiront qu'il est possible de sauver la vigne quand ils n'en auront plus : triste indifférence et triste résultat !

I

« Dans cette formidable question, soulevée par ce tout petit insecte qu'on appelle le phylloxéra, chacun a cru devoir donner son avis. Mais, dans certains cas, les uns, comme Hippocrate, ont dit oui, et, comme Galien, les autres ont dit non.

« Ainsi, par exemple, les uns prétendent que le phylloxéra est la *cause* de la maladie qui emporte la vigne ; les autres, au contraire, soutiennent qu'il n'en est que l'*effet*, et si je ne me trompe, ceux-ci forment le plus petit nombre, ce qui n'empêche pas que je leur appartienne.

« En effet, en juillet 1881, dans un article livré à la publicité, je disais : « ... Les trois règnes de la nature sont

corrélatifs entre eux, mais entre le règne animal et le
règne végétal il y a des analogies physiologiques frappantes. En effet, le sang est au premier ce que la sève est au
second, et si, par suite d'épuisement, d'un défaut d'aliments,
d'une élaboration essentiellement naturelle et favorable-
ment nutritive, l'altération de ces deux principes vitaux se
produit, il y a aussitôt désorganisation des tissus et invasion parasitaire, et chaque espèce végétale ou animale a
son parasitisme spécial.

« De plus, l'atmosphère et toute substance putrescible
ne renferment-elles pas les germes innombrables d'animalcules qui n'attendent qu'une occasion favorable pour se
développer et se reproduire à l'infini ?.... »

« Or, pour la vigne, qui est le sujet qui nous occupe constamment, cette occasion, favorable au développement du
parasitisme, s'est présentée le jour où elle ne s'est plus
trouvée dans des conditions normales.

« Ce jour, c'est celui où la viticulture a considéré la
vigne comme une mine d'or, comme une source intarissa-
ble d'où elle croyait pouvoir tirer impunément des revenus
sans cesse progressifs, laissant quand même des cupidités
toujours inassouvies ; et cela sans tenir compte que par
cela même l'épuisement du sol prenait sa course à toute
vapeur, et qu'en retour on songeait peu ou pas du tout à
restituer à la terre, au moins proportionnellement à ce
soutirage démesurément pratiqué, les éléments constitutifs
indispensables au fonctionnement régulier de l'organisme
de la vigne.

« De ce jour, la vigne ne s'est plus trouvée dans des
conditions normales.

« Mais, dira-t-on, les vignes nouvellement plantées, dans
un sol non épuisé, par conséquent bien constitué, sont

atteintes aussi bien et aussitôt que les autres?Sans doute, mais c'est qu'alors la maladie a atteint un caractère d'intensité qui lui a fait prendre la dénomination d'épidémie; or, quand il y a épidémie, tout sujet, dans quelque état sanitaire qu'il se trouve, est susceptible d'inoculation des miasmes pestilentiels.

« Tant que l'on se bornera à rechercher uniquement la destruction des insectes de la vigne, le parasitisme subsistera toujours, etc., etc... »

« Plus tard, au sujet de l'origine du phylloxéra, dans un article publié en juin 1882, je disais :... « Non, le phylloxéra n'a pas eu besoin d'être importé d'Amérique, comme on l'a prétendu, car alors il faudrait chercher de quel autre nouveau monde il aurait été importé dans celui-là.

« Non, le phylloxéra ne s'est pas propagé uniquement par l'importation de cépages phylloxérés. Ce n'est pas non plus l'air vicié qui a pu étendre ses ramifications jusque dans les localités les plus reculées.

« Non, et c'est ici le point qui a subi le plus de controverses, non, le phylloxéra *n'est pas la cause* de cette terrible maladie qui étiole et dessèche la plus belle fleur de toutes les branches culturales.

« Et tenez, puisqu'un mouvement d'expansion nous entraîne, qu'il me soit permis, à mon tour, de poser une question.

« Cette fois, je m'adresse, non pas aux sceptiques, ces éternels railleurs qui n'ont jamais rien trouvé, eux, et qui, après chaque découverte utile, se sont empressés, non seulement d'en jouir, mais encore de fournir l'occasion de leur rappeler l'œuf de Colomb, mais bien à quelqu'un de ces hommes pour qui la science de la minéralogie n'a point de secret, et je dis : Voulez-vous bien donner ici, dans ce même journal, une analyse exacte autant que possible des éléments minéraux qui composent les trois variétés de terres végétales suivantes : 1° terre dite d'alluvion ; 2° terre argilo-calcaire, et 3° terre argileuse proprement dite ?

« Et je m'engage non pas à trancher le nœud Gordien, comme Alexandre, mais à le dénouer, sans espoir cependant de posséder jamais le berceau du vieux monde.

« Car c'est là, et là seulement, qu'est le secret de l'origine vraie du phylloxéra et les moyens de le supprimer.

« Car c'est là, et là seulement, qu'on aurait dû rechercher le remède. On l'a cherché partout ailleurs, excepté là !!! Voilà la véritable cause de l'insuccès des praticiens en général et de la science en particulier... »

« Or, ajouterai-je aujourd'hui, la culture intensive et chauffée à blanc, pour ainsi dire, de la vigne, a provoqué l'épuisement de certains éléments minéraux qui en constituaient le sol végétal primitif, même parmi ceux réputés inépuisables ; dès lors, l'équilibre étant rompu, la désorganisation des tissus moléculaires succédant à l'altération de la sève, prenait son élan pour arriver à la production et au développement de l'insecte qui, favorisé par sa faculté naturelle d'une reproduction à l'infini, a pu, par ses migrations annuelles, étendre ses ravages sur tous les points cardinaux et collatéraux.

« Mais il n'est pas moins constant, et on a dû le remarquer, que dans les vignes où l'on a vu le phylloxéra pour la première fois, s'il y a un endroit plus argileux ou argilo-calcaire, ou enfin moins fertile que le restant du sol, c'est *précisément* là que, *presque toujours*, il est apparu en premier lieu, pour s'étendre ensuite de tous côtés.

II

« Tels sont les principes qui servirent de base à mes recherches et de guide à mes expériences. Car je ne me suis
jamais dissimulé que la théorie, même écrite à l'ombre de
courtines de soie, ne vaudra jamais la pratique élaborée
en plein soleil.

« Sans doute, comme il est dit au début de cet ouvrage,
c'est de la voie des déductions que peuvent surgir les
hypothèses vraisemblables, mais il appartient à la pratique
de prononcer le dernier mot.

« Voyons maintenant si ces principes, puisés pour ainsi
dire dans l'ordre naturel, m'ont fait défaut.

« D'abord, le 30 mai 1881, personne dans ma localité ne
se doutait de la présence du phylloxéra dans les vignobles encore si splendides de Talairan.

« Je fus le premier qui, ce jour-là, prévins l'autorité mu-
nicipale, qui bondit de surprise à ma fatale annonce. En
effet, il y avait de quoi être surpris. L'opinion générale
ne disait-elle pas que, par sa situation géographique, Talairan devait être une des dernières victimes du phylloxéra?

« Cette prétention eût pu avoir du vrai, si l'invasion du
fléau ne se produisait que par les migrations de l'insecte
ailé. Mais appuyé sur les principes exposés précédemment,
j'étais le seul ici pour réfuter cette assertion erronée.

« Aussi, le lendemain, j'écrivis une lettre qui fut insérée
dans un journal de Carcassonne, et dans laquelle, après
avoir annoncé l'événement, je disais: « Au risque d'être
accusé de pessimisme, mes quelques connaissances sur ce
sujet me font craindre et signaler une extinction fou-

droyante des vignobles de la localité si fatalement pré-
disposés aux effets du terrible fléau. »

« Naturellement, cette appréciation fut accueillie par mes
concitoyens avec la plus parfaite indifférence et la plus
profonde incrédulité.

« Eh bien, me suis-je trompé? Hélas! il faut bien le dire,
non!

« En mai 1881, les vignobles de Talairan étaient encore,
comme nous venons de le dire, magnifiques et ne décelaient
la présence du terrible aphidien que par des taches insi-
gnifiantes éparses çà et là.

« En mai 1882, la moitié environ des vignobles étaient
perdus, et en mai 1883, le restant, complanté cependant
dans des sols plus résistants, révéla que l'invasion était
générale.

« Et c'est au milieu de ce chaos universel, de cette Thé-
baïde désolée, que les principes viticoles exposés dans cet
ouvrage ont été appliqués tout d'abord, et les résultats
qui en ont découlé ont été si probants qu'ils ne peuvent
manquer de se généraliser tôt ou tard.

« Mais peut-on bien comprendre jusqu'où peut arriver
une persévérance indomptable, quand elle s'appuie sur
la raison et sur les principes immuables de la nature?
Peut-on se faire une idée, même approximative, de la
dose de force d'âme que nécessite, à notre époque, une
lutte à outrance contre les vices accidentels qui se sont
introduits au sein des éléments de la nature et contre
une société qui, dans un moment de gaîté folle ou insou-
ciante, les a elle-même suscités et à laquelle il n'est pas
hors d'à-propos d'appliquer la fameuse expression du
spalmiste: « Aures habent et non audient! »

« Cette société viticole a mis vingt ans à détraquer

l'organisme de la vigne par des violations furibondes des lois naturelles qui la régissent, et elle espère, encore aujourd'hui, malgré des leçons amères, pouvoir détruire en un jour les effets de celte longue et impitoyable brutalité !

« Eh bien ! le répéterai-je encore, cet axiome immuable comme la nature? Pourquoi pas, puisqu'il durera au moins autant que le monde ! Malgré les esprits forts, les sceptiques dont notre siècle abonde, en ce qui concerne les sujets du règne végétal comme ceux du règne animal et par rapport aux vices affectant leur organisme, le seul moyen de dompter la nature dans la manifestation de ses effets consiste dans la suppression des causes qui les produisent.

« Du reste, dans un autre de mes articles publiés, n'ai-je pas dit encore : « Le phylloxéra ne se guérit pas, ne peut pas se guérir en 24 heures. Oh ! s'il ne s'agissait que de détruire l'insecte on pourrait, au moyen de puissants insecticides, y parvenir en moins de temps.

« Mais cette façon de procéder n'atteignant que les effets de la maladie, c'est-à-dire l'insecte, peut tout au plus retarder la mort de la vigne, ce qui, certes, est bien quelque chose, mais en procédant au point de vue des principes naturels, c'est-à-dire en s'attaquant aux causes. Oh ! alors, la lutte peut devenir plus longue, suivant le degré qu'a atteint la maladie, mais elle entraîne à sa suite le succès. »

« Daignez agréer, etc.

« S. P. »

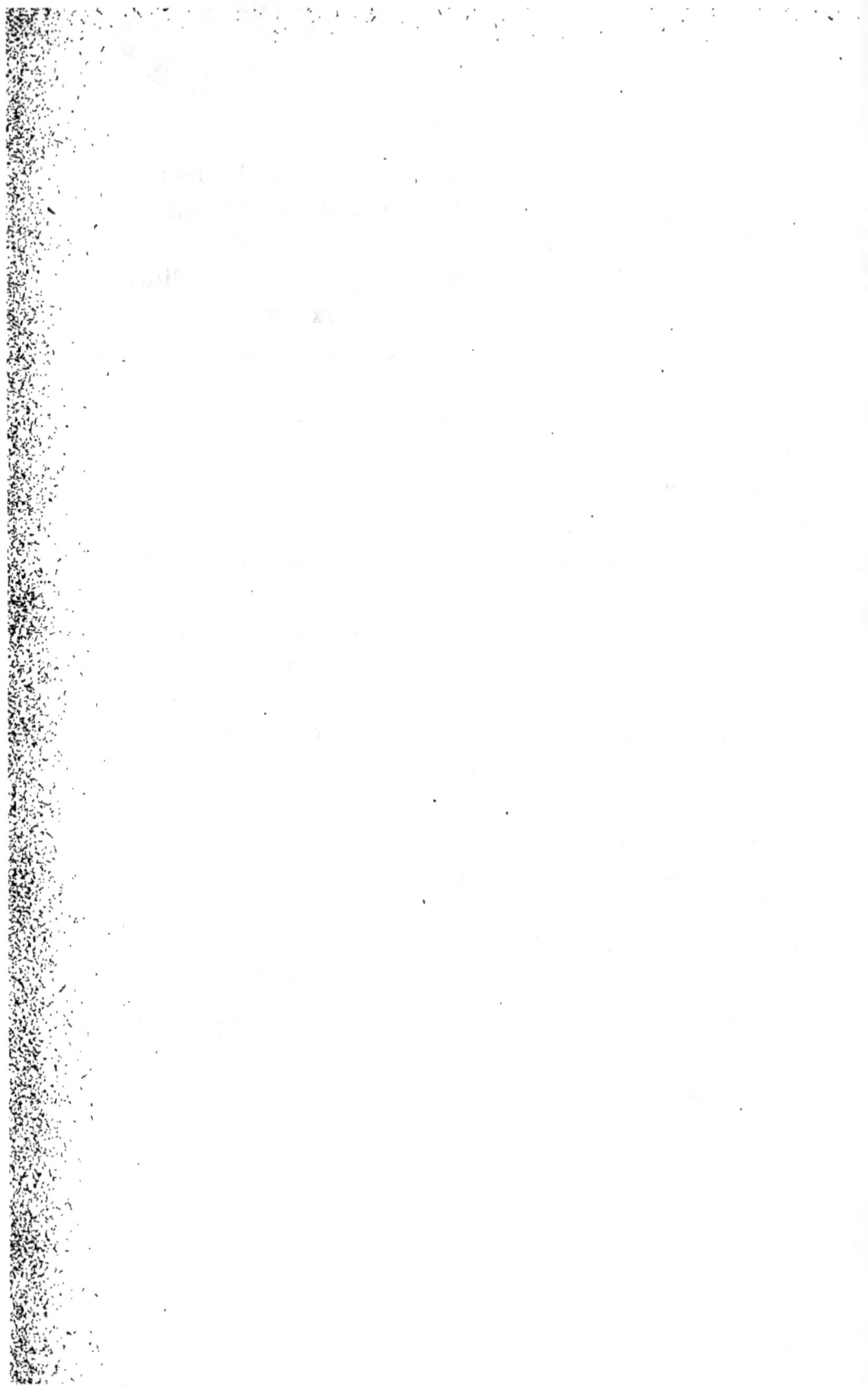

PREMIÈRE PARTIE
A PROPOS DE LA VIGNE INDIGÈNE

———

ÉTUDE

SUR LES CAUSES DE LA DÉCADENCE DE LA VIGNE
ET SUR SES RAPPORTS
AVEC LES DIVERS ÉLÉMENTS MINÉRAUX
ET ATMOSPHÉRIQUES

I

Noé fut le premier, dit-on, qui cultiva la vigne. Mais une si longue trainée de siècles a passé sur cette époque primitive qu'à travers le prisme crépusculaire qu'imprime le temps aux choses d'ici-bas, l'humanité semble tendre de plus en plus à la considérer comme une époque légendaire.

La vigne a donc conquis ses titres de noblesse par la ligne successive et cinquante fois séculaire de ses générations, mais aussi et surtout par le rôle qu'a joué son produit parmi les générations humaines disparues.

Les dieux mythologiques et, plus positivement, les potentats et les grands de la terre, qui ont vécu depuis l'époque diluvienne, ont tour à tour aimé à voir scintiller sur leurs tables somptueuses le rubis transparent des flacons contenant le jus vinifié de l'arbuste précieux.

Les masses plébéiennes, les héros des labeurs matériels et pénibles ont aussi, dans le passé comme dans le présent, cherché à sécher leur sueur par l'étanchement de leur soif au moyen d'une chopine de cette boisson réconfortante.

Pendant sa traversée de cette mer de siècles, la vigne a dû parfois subir des étreintes maladives en guise de mal de mer, mais jamais à coup sûr elle n'a été ballottée par une tourmente pareille à celle qui la fait aujourd'hui se heurter à tous les récifs et faire eau de toutes parts.

Quoi qu'il en soit, elle est bien arrivée cependant, sans présenter aucun symptôme d'affection maladive bien grave jusque vers le milieu du siècle courant, pour devenir peu de temps après la proie de mille ennemis divers.

D'après une théorie qui semble prendre consistance dans le monde viticole, il paraîtrait que nos anciens cépages sont destinés à disparaître de la scène du monde par une espèce de la loi naturelle, qui pourrait se résumer ainsi : « Mort pour cause de vieillesse » et qui ne semble cependant pas concorder avec l'histoire de la vigne, qui est restée toujours jeune et vigoureuse malgré ses cinq mille ans jusque vers 1850 de notre ère, et les 30 ans qui se sont écoulés depuis auraient suffi pour lui imprimer une vieillesse décrépite ? Cela ne me paraît pas du tout rationnel.

Évidemment, il y a bien pour les végétaux, comme du reste pour les races humaines, une loi naturelle de dégénérescence, qui tend à rapetisser les sujets à mesure que les générations se succèdent, puisque aux colosses humains ou végétaux des premiers âges nous ne pouvons guère opposer que des types proportionnellement minuscules. Mais je crois être dans le vrai en émettant l'opinion que cette décadence n'affecte en rien la validité des sujets, qu'elle n'est pas une cause d'affaiblissement de leur constitution, ni d'une perturbation dans leur organisme.

Notre génération actuelle compte bien des sujets aussi robustes que ceux des premiers âges et s'il y a parmi nous des rachitiques, des scrofuleux, des êtres assez frêles pour être susceptibles de s'enrhumer par le trou d'une serrure, il ne faut point en rechercher la cause dans une loi naturelle, mais bien dans les excès de toute sorte qui minent sourdement notre société humaine.

Eh bien, j'estime qu'il en est de même pour les végétaux et que la vigne se trouve tout particulièrement dans ce cas.

En effet, nul n'ignore que la culture de la vigne usitée de nos jours n'est pas la même que celle d'autrefois.

Et d'abord nos ancêtres ne demandaient absolument à la vigne que ce qu'elle voulait bien leur donner tout naturellement sans aucune excitation fécondante, c'était presque une végétation sauvage que caractérisait encore la raréfaction des travaux de la terre. On ne cherchait point de trésors dans des fouilles trop minutieuses du sol.

Remarquons en second lieu comme on savait autrefois discerner les meilleurs chantiers de plantation : exposition du terrain, nature du sol, altitude, trio de circonstances admirables, qui constituaient le fond du principe viticole des anciens vignerons, mais qui sont profondément dédaignées aujourd'hui.

D'ailleurs, un vieux proverbe patois, très connu dans nos contrées, résume en peu de mots l'ancienne culture viticole : « *Pouda té boli, foucha sé podi, mais bendémia té manquarey pas,* » et dont voici la traduction littérale: « Je

veux bien te tailler et piocher si je peux, mais pour te
vendanger je n'y manquerais pas. »

Telle était la devise des anciens viticulteurs.Il va sans
dire, toutefois, qu'il ne conviendrait pas de l'adopter à la
lettre sans bénéfice d'inventaire. Mais il y a néanmoins
une remarque singulière à faire à ce sujet, qui trouvera
sa place dans les chapitres suivants.

Après ce rapide coup d'œil rétrospectif jeté sur l'ancienne culture de la vigne, nous allons maintenant établir un parallèle avec celle usitée de nos jours et examiner
à quel degré d'intensité elle a cru pouvoir prétendre.

Certes, je n'ai point la prétention d'exiger que tous
soient de mon avis sur l'exposé théorique du sujet délicat
que nous allons aborder, mais je me plais à rappeler
qu'il doit en être en quelque sorte de ceci comme de l'histoire qui ne peut être commentée d'une façon définitive
par les contemporains.

Chacun peut et doit prendre sa part dans la discussion
générale qu'a soulevée le dépérissement de la vigne,
mais il faut que ce soit sans ostracisme comme sans faiblesse, car c'est de l'universalité des diverses opinions qui
se heurtent que finit par jaillir tôt ou tard l'étincelle
où s'allume le flambeau qui éclaire l'humanité.

II

Dans la première édition de ma brochure : « La vigne
et ses parasites. Le phylloxéra et son remède rationnel, »
on voit le livre second commencer par ce préambule :

« Nous n'entrerons point ici dans l'étude des éléments
minéraux qui constituent le sol végétal, pas même dans
celle de leurs rapports intimes avec notre sujet.

« Le cadre relativement restreint que nous nous sommes tracé pour aujourd'hui ne comporte pas ce développement cependant fort intéressant et surtout fort utile.

« Nous réservons cette étude pour un « supplément que nous nous efforcerons de faire paraître à son heure.

« Nous avons démontré dans ce qui précède les causes de maladie ou de mort pour notre cher sujet, nous allons indiquer dans ce qui va suivre, avec le développement strictement indispensable, les moyens pratiques, rationnels, naturels pour ainsi dire d'y remédier... »

Or, cette brochure, expédiée déjà en assez grand nombre d'exemplaires m'a procuré l'honneur de nombreux témoignages du bon accueil dont elle a été généralement l'objet.

Mais si ces précieux témoignages m'ont fait ressentir une douce satisfaction ils m'ont aussi tracé un devoir. Il y a des lacunes dans ma brochure, il faut les combler. Il y a des sujets intéressants qui ont été à peine effleurés, il convient de les traiter avec le développement qu'ils méritent.

Le titre même de l'étude qui forme l'objet du présent livre troisième démontre surabondamment que la tâche est assez ardue, mais si la bonne volonté pouvait être suffisante, je sens que les difficultés de la route seront surmontées.

Nous allons donc essayer de pénétrer dans cette « étude difficile », a-t-on dit quelque part, dans ce « dédale aussi inextricable que le labyrinthe de Crète », a-t-on dit ailleurs. La science a bien quelquefois abordé ce terrain scabreux, mais ses démonstrations essentiellement techniques n'ont pu encore descendre au niveau des masses, qui demandent pourtant à être initiées aux secrets de la nature par des voies compréhensibles.

· C'est donc en termes aussi simples que possible que nous allons essayer de soulever le voile qui recouvre le fonctionnement admirable de la nature, régissant les rapports intimes qu'il y a entre les éléments minéraux que renferme le sol et ceux que contient l'atmosphère avec la vigne et nous pourrons y découvrir les véritables causes de sa décadence.

Il convient de bien établir cependant que je ne prétends pas m'approprier le rôle d'innovateur en la matière; j'accepterais plus volontiers celui d'intermédiaire, d'interprète, en quelque sorte, entre les sommets scientifiques et les intéressantes masses populaires.

Il est généralement admis que le règne minéral compte dans le sous-sol les dix éléments suivants : le *potassium*, le *calcium*, le *sodium*, le *magnésium*, le *silicium*, le *manganèse*, le *fer*, le *chlore*, le *soufre* et le *phosphore*.

L'air, par sa composition d'azote et d'oxygène, et la condensation des vapeurs atmosphériques produisent l'*azote*, l'*oxygène*, l'*hydrogène* et le *carbone*.

C'est le concours des quatorze éléments que nous venons d'énumérer qui détermine l'activité des fonctions nutritives des sujets végétaux.

Ici, arrêtons-nous un instant et fixons notre attention sur l'un des plus remarquables phénomènes de la nature, un de ceux qui exercent une si grande action sur notre existence même, et qui pourtant n'en est pas moins celui qui passe généralement le plus inaperçu.

Le sujet végétal aspire le fluide aérien qui constitue la couche d'air vital de l'atmosphère. Le sujet du règne animal le respire.

C'est-à-dire que le premier le prend sans retour, tandis que le second, après l'avoir inhalé, le rend par l'exhalation.

Le sujet du règne animal a besoin pour vivre de respirer un air composé de quatre cinquièmes d'azote et d'un cinquième d'oxygène pour ne rendre par l'exhalation que de l'acide carbonique, qui n'est autre chose pour lui qu'un élément mortel.

Le sujet végétal, dans son élaboration nutritive, absorbe cet acide carbonique, exhalé par le sujet du règne animal, et y trouve un élément vital.

Ce qui tuerait l'un est favorable à la vie de l'autre.

Concours admirable de mutualités frappantes ! harmonies sublimes de la nature, qui portent malgré soi à la contemplation de l'auteur de ce mécanisme si ingénieusement combiné !!!

Les sujets végétaux se procurent par leurs racines les éléments minéraux que renferme le sol, et puisent par leurs feuilles ceux que fournit l'atmosphère. Cette double faculté naturelle est essentiellement pour eux la condition *sine qua non* d'une bonne nutrition et conséquemment leur principe de vie.

Cependant, de même que dans le règne animal les sujets végétaux n'ont pas tous les mêmes goûts et les mêmes préférences pour ces divers éléments.

Tel végétal, comme le blé, par exemple, recherche dans son élaboration nutritive l'azote ; tel autre, comme le maïs, préfère le phosphore ; la pomme de terre, la betterave, la vigne recherchent la potasse, etc., etc.

On est convenu d'appeler ces éléments, préférés par telle ou telle plante, la *dominante* de cette plante. Or, chaque espèce végétale a sa *dominante*, c'est-à-dire que dans son action nutritive elle absorbe une plus grande part de l'élément qui forme cette *dominante* que de tout autre élément minéral ou atmosphérique.

Je dis « ou atmosphérique », parce que tels végétaux demandent un élément utile de préférence à l'air par leurs feuilles qu'au sol par leurs racines.

Ainsi, en ce qui concerne l'azote, auquel nous allons faire l'honneur de l'introduire le premier dans la revue générale des éléments minéraux et atmosphériques et dans l'étude de leurs rapports avec la vigne, l'azote, élément atmosphérique, partie intégrante de l'air, où il se trouve à l'état de gaz élémentaire, et que pour cette raison on a appelé aussi élément organique, l'azote, disons-nous, se trouve aussi dans le sol à l'état de combinaison, produite par l'effet naturel de la capillarité attractive du sol pour le fluide aérien et aussi et surtout par les pluies.

On peut dire que l'azote joue dans les végétaux un rôle prépondérant, c'est le facteur, l'agent direct de la végétation. Aussi tout végétal qui préfère demander cet élément au récipient inépuisable, à l'atmosphère, montre-t-il d'ordinaire une végétation luxuriante quand toutefois son action végétative ne se trouve pas mitigée par une action simultanée de fructification.

Car dans le sujet du règne végétal, la vigne, par exemple, il ne faut pas confondre ces deux choses que la nature a parfaitement distinguées et que l'humanité semble vouloir persister à identifier : végétation et fructification.

Et c'est pour avoir méconnu la différence qu'il y a entre ces deux fonctions de l'arbuste précieux que la viticulture est arrivée à deux pas de l'abîme.

On criera peut-être : « à l'hérésie ? » peu importe !

Que deviendrait donc la conviction acquise, voire même

la quasi-certitude, si le courage de l'expression se dérobait ?

D'ailleurs, chacun est libre de présenter la solution qui lui siéra le mieux, mais il faut cependant que les faits la confirment, et c'est à ce point de vue que, pour ma part, j'aime à me placer.

L'azote est *utile est nécessaire* à la vigne suivant les cas que nous allons déterminer.

S'agit-il d'une vigne végétant dans un sol humide, d'alluvion à base limoneuse et richement constitué ? Là, l'azote se trouve en excès et partant nuisible à notre sujet, sur lequel il suscite une exubérance de végétation au détriment du fruit.

S'agit-il des sols calcaires, argilo-calcaires ou graveleux ! Ici, l'azote se trouvant plus raréfié, la vigne qui y végète est plus disposée à fructifier qu'à végéter. Ce sont là les terrains par excellence de la vigne s'ils réunissent en même temps les conditions d'altitude favorable et d'exposition solaire que recherchaient les anciens vignerons.

Où bien se trouve-t-on en présence de sols argileux granitiques ou sablonneux proprement dits? Là, l'azote fait presque complètement défaut, mais ces trois différents terrains, les deux derniers surtout, sont encore favorables à la culture de la vigne, quoique à un degré inférieur aux précédents et relativement à l'aridité qui les distingue.

D'où il suit que, dans le premier cas, l'azote importé artificiellement serait nuisible ; dans le second, il peut être utile, et dans le troisième il est non seulement utile, mais encore nécessaire.

Ici, il me semble entendre formuler cette objection :
« Mais, c'est bien là précisément un dédale inextricable

pour la généralité des viticulteurs. Comment chacun d'eux pourra-t-il se procurer un engrais spécialement combiné pour chacun de ses différents terrains ? »

Il serait cependant bien simple d'en sortir sans le secours d'Ariane, mais il faudrait pour cela que l'humanité devint raisonnable dans ses prétentions culturales. Il est possible et même facile de seconder la nature, mais il est absurde de chercher à la tromper et, qu'on le sache bien, ce n'est jamais impunément que l'on peut enfreindre ses lois.

Ainsi, dans le sol de la première catégorie, on ne devrait jamais planter la vigne. N'a-t-il donc pas été prédestiné par la nature aux fourrages, céréales, légumineuses, etc., etc., produits tout aussi nécessaires à l'humanité que peut l'être la vigne ! Ah ! sans doute, les premiers sont coupables de ne pourvoir qu'à sa subsistance ou à peu près, tandis que la seconde semblait devoir transformer le sol en poudre d'or !!!

Eh bien, ne vous semble-t-il pas qu'il y a là encore à contempler un côté admirable de l'œuvre colossale, dans l'élaboration de laquelle celui qui en fut l'architecte n'omit rien dans l'ensemble comme dans les moindres détails ? En effet, tout est si bien réglé dans la nature, une harmonie si sublime règne parmi les mondes inconnus qui se meuvent dans les hauteurs incommensurables de l'infini, comme au sein des éléments que notre faible vue peut percevoir à la surface de notre planète, que l'on peut très bien supposer que, si la subsistance humaine n'eût nécessité qu'un seul produit, la masse terrestre n'aurait formé qu'une seule et même nature de terrain qui n'aurait fait toujours et uniformément que ce seul et même produit.

Aussi, que résulte-t-il de cette trangression des lois

naturelles en ce qui touche l'adaptation de vignes dans le sol précité ? Excès d'humidité en hiver, désagrégeant le système radiculaire du sujet et tendant à le rendre anémique ; imminence des gelées blanches aux approches du printemps, privilège spécial réservé à ces sortes de terrains, coulure des grappes en fleurs, résultant des rosées matinales qu'en arrivant l'été apporte et se plait à filtrer particulièrement dans ces lieux humides, où, sous l'influence même de cette humidité, les divers germes cryptogamiques ne tardent pas à se développer, avant même que l'été cède sa place à l'automne qui, à son tour, ne peut introduire dans sa corne d'abondance que des fruits verdâtres, desquels jaillit finalement un vin faible, incolore et incomplet.

Ah ! je sais bien qu'il y a là de quoi crier au paradoxe, que c'est une voix qui crie dans le désert : « *Voc clamantis in deserto ;* » mais j'ai aussi la conviction profonde qu'il n'est point au pouvoir de l'humanité d'empêcher la nature de protester, par des démonstrations significatives, contre la prescription de ses droits *et il n'en sera pas moins acquis tôt ou tard* qu'en l'aidant, en la secondant, elle peut donner des produits aussi parfaits que sont difformes ceux que nous lui demandons par la force brutale, mais ne soyons pas étonnés si, lasse d'être violée, elle détruit de ses propres mains notre œuvre monstrueuse.

Une mention spéciale aux tentatives d'adaptation de vignes dans les altitudes voisines des régions des neiges trouvera plus loin sa place naturelle.

III

Reportons-nous maintenant par la pensée à 30 ans en arrière. Quoique fort jeune à cette époque, il me semble

voir encore les sites pittoresques de nos Corbières orien-
tales de l'Aude où des collines plutôt que des montagnes
s'entre-croisent dans tous les sens et portent la plupart
sur leurs sommets des masses de rocs calcaires dont les
crêtes, à dentelures découpées comme des créneaux, imi-
tent de loin, à s'y méprendre, les silhouettes des vieux
castels des Sarrasins qui habitèrent jadis notre contrée.

Sur le penchant méridional de ces collines agrestes, on
voyait par ci, par là, perchées comme sur des étagères,
des vignes verdoyantes comme les fraîches oasis du Sahara, et disputant le plus souvent aux ronces la propulsion
végétative qu'un sol propice tenait généreusement à leur
disposition.

De temps en temps, adossées à quelque rocher abrupte
dont les gerçures séculaires servaient de point d'appui
aux pampres d'une treille grimpante qui semblait être là
exprès pour cacher les parois grisâtres et ridées par le
temps, apparaissaient quelques ruches dont les hôtes
bourdonnants fournissaient le nectar destiné autrefois à la
table des dieux. Qui donc n'a entendu parler de ce miel de
Narbonne que la Renommée, l'emportant sur ses ailes, a
fait connaître jusqu'aux extrémités du monde.

Mais la plaine ou plutôt les vallées étaient l'empire
exclusif où la blonde Cérès répandait généreusement ses
trésors au sein desquels trouvaient un abri sûr des
myriades d'alouettes dont l'hymne matinal caressait le
réveil du vaillant moissonneur.

Jusqu'à cette époque, l'équilibre cultural n'avait jamais
cessé de régner en souverain, aussi bien dans nos contrées
méridionales que partout ailleurs. Dans les hautes altitudes, le seigle, la pomme de terre, récemment importée,
etc., etc., formaient l'élément principal de production·

Plus bas, dans les terrains propices, comme nous l'avons dit, s'épanouissait la vigne dans toute sa splendeur et, dans le fond des vallées, dans les terrains humides, on recueillait les premiers éléments de la subsistance humaine.

C'est alors que surgit l'innovation la plus considérable que le monde ait jamais vue. Je veux parler des voies de communication. De nombreuses lignes blanches se dessinèrent à la surface du globe dans toutes les parties du monde civilisé, convergeant toutes vers un but central d'où s'échappèrent deux rubans métalliques parallèles emportant à travers l'espace et dans toutes les directions l'homme et sa production matérielle et immatérielle, c'est-à-dire sa pensée, ses produits culturaux ou industriels et lui-même.

Malgré la perspective des critiques que pourrait susciter un scepticisme plus ou moins réfléchi, je ne puis me soustraire à formuler ici le plus gigantesque paradoxe qui ait jamais été émis peut-être. Dans tous les cas, et partant du principe de la liberté d'opinion, surtout au sujet d'un problème que nul n'a pu résoudre encore, je me dis qu'après tout, une fois mes explications données, chacun le prendra suivant ses dispositions psychologiques.

Le voici donc dans toute sa crudité :

« Les chemins de fer ont été la cause du dépérissement de la vigne, mais ils seront celle de sa régénération. » Il serait plus juste de dire peut-être qu'ils ont été l'agent impulsif de la détermination des *causes* qui ont amené cette dégénérescence fatale de la vigne.

En effet, à l'époque dont nous parlions tout à l'heure, il est incontestable qu'en l'absence de moyens suffisants et rapides de transport les produits de la terre ne pouvaient se consommer en majeure partie que sur place.

De là, l'impossibilité matérielle d'étendre une main

cupide sur telle ou telle production culturale. Chacun recherchait, comme on disait volontiers à cette époque, à récolter un peu de tout et variait conséquemment ses cultures suivant le pays qu'il habitait et l'aptitude de son sol.

Des besoins de consommation nouveaux s'étant produits avec les débouchés nouvellement ouverts, la rémunération des produits de la vigne s'accentua en même temps. Ce fut le premier point de départ des plantations effrénées.

Après avoir envahi les bas-fonds marécageux, on vit alors la vigne grimper de toutes parts et atteindre des altitudes si excessives qu'on aurait autrefois parlé tout simplement d'inconséquence et de folie.

Mais, séparées du vrai principe viticole par une brume nébuleuse, ces hauteurs étonnées et rougissant de porter sur leurs flancs rebondis un pareil phénomène, s'empressèrent de demander aux condensations atmosphériques cette gaze aérienne dont elles aiment à se couvrir constamment comme pour dérober aux regards indiscrets la vue d'un spectacle anormal.

Bientôt la surface complantée ne suffit plus à la cupidité des vignerons, il leur fallut encore la quantité relative. C'est alors qu'on songea aux engrais. Par des fumures réitérées et abondantes on arriva à graviter autour de ce pactole dont la vigne semblait devoir être le synonyme, mais sans jamais pouvoir y pénétrer, tant il est toujours resté de cupidités inassouvies.

Mais ces engrais avaient un grand défaut, un vice capital, celui d'être à la dominante d'azote, élément demandant à être si parcimonieusement distribué à la vigne, comme nous l'avons dit. Ah! sans doute, ces engrais azotés à haute dose présentaient un grand avantage pour la recherche des quantités. Ils suscitaient une végétation extraordinaire, d'où surgissait une fourmilière de grappes qui, favorisées par une action végétative excitée à son plus haut degré d'intensité, atteignaient les proportions les plus abondantes en arrivant à leur maturité relative.

Mais cette production fructifère désordonnée n'était pas un composé d'azote seulement, bien au contraire ; d'autres éléments d'une importance capitale avaient concouru à la composition que l'ordre naturel assigne au produit de la vigne.

Ces éléments, que nous aborderons dans la suite, étaient annuellement soutirés du sol en proportions démesurées' sans que l'on songeât le moins du monde à une restitution suffisante et compensatrice.

Dès lors, la vigne, poussée dans ses derniers retranchements, par des excitations dénuées de toute méthode rationnelle, se basant sur une importation équivalente au moins à l'exportation des éléments minéraux que provoquait sa production fructifère, la vigne, disons-nous, commença par s'affaisser dans les sols les plus faibles ; son principe vital s'affaiblissant, son organisme s'ébranla et fournit aussitôt au parasitisme animal l'occasion de se produire, de se développer et de se reproduire de la façon infinitésimale que l'on sait et, on aura beau chercher son pays d'origine, pour nous, le phylloxéra et tous ses congénères qui se sont rués sur la vigne depuis trente ans ne sont que des produits des générations spontanées et non de celles qui ont besoin de types créateurs venant en ligne successive et directe de l'époque diluvienne ou de celle de la création.

IV

Tous les sujets du règne végétal, aussi bien que ceux du règne animal, tendent à un but commun : la reproduction de l'espèce. C'est encore là une loi naturelle à laquelle personne ne peut se soustraire. Son étude captive au plus haut degré l'attention de l'observateur patient et résolu, surtout en ce qui concerne les effets de cette loi sur les végétaux.

Évidemment, l'exercice de cette loi relativement au règne animal présente un caractère assez tangible pour qu'elle puisse paraître suffisamment compréhensible, mais l'étude relative au sujet du règne végétal, dans leurs rapports avec cette loi reproductive, présente un intérêt qui n'a guère fixé jusqu'à ce jour l'attention générale. Cette loi naturelle qui régit les végétaux est pourtant la plus curieuse à observer et l'on peut affirmer que si son mécanisme était mieux compris dans les couches profondes des masses populaires, il en résulterait un avantage réel pour la pratique journalière de l'agriculture en général et de la viticulture en particulier.

Assurément, sans le secours des récents progrès de la chimie dans le domaine des sciences agricoles, les secrets du fonctionnement de la nature, en ce qui concerne le règne végétal, nous seraient inconnus. C'est elle qui a déterminé la quotité des éléments qui entrent dans la composition de la substance même des sujets végétaux. Elle a de plus parfaitement défini le rôle spécial de chacun des éléments organiques et minéraux qui concourent à la formation de ces sujets inanimés, mais vivant d'une vie régulière, comme celle qui fait se mouvoir ceux du

règne animal. Elle a enfin indiqué les diverses transformations que subissent ces mêmes éléments pendant le
cours de cette vie végétale, depuis la graine et sa germination jusqu'à la production d'une nouvelle graine génitale.

Cette graine génitale, par une admirable régularité naturelle, renferme précisément en elle-même les éléments
qui forment la dominante de son espèce comme si, par
des soins prévoyants et tutélaires, l'auteur de cette organisation merveilleuse avait songé à doter l'embryon de
toute graine végétale de ce qui lui est nécessaire pour
épanouir son germe, se percer sa voie à travers le sol qui
la couvre et se mettre à la portée des baisers du soleil.
C'est ce qui constitue la première période de la vie végétale.

Dès lors, la jeune tige végétale prend sa course ascen-
sionnelle qui, par sa direction verticale, semblerait indiquer qu'elle aspire à atteindre Phébus, le dieu du jour.
Mais si nous examinons maintenant sa composition, nous
verrons qu'elle n'est pas la même que celle que nous avons
trouvée dans la petite graine qui lui a donné la vie.

Ainsi, nous avons dit que dans la graine génitale se
trouvait principalement concentré l'élément minéral
constituant la *dominante* de son espèce, et maintenant la
jeune tige se compose au contraire en majeure partie d'é-
léments organiques puisés dans l'atmosphère, sauf pour
sa partie de matière solide où il existe toujours la trace
des minéraux afférents à son type végétal ; c'est ce qui
constitue la seconde période de la vie des végétaux.

Mais, par son contact immédiat avec l'atmosphère, la
jeune tige végétale se prête d'autant plus facilement à
l'évaporation de la sève ; par suite, ses molécules se con-

densent en masses ligneuses qui durcissent et prennent la consistance du bois ; dès lors, une nouvelle transformation se produit, les divers éléments minéraux se fixent chacun dans leur organe spécial, de sorte que les feuilles, l'écorce, l'aubier et le cœur du bois, qui composent le végétal, ont chacun déterminé leur choix pour leur élément préféré et, dès que la nouvelle graine se forme, elle concentre à son tour en elle-même les éléments nécessaires à sa germination future. C'est sa troisième et dernière période de la vie végétale.

Ces principes généraux exposés, nous allons maintenant spécifier ce qu'ils ont de commun avec la vigne. Nous avons dit que parmi les éléments minéraux que peut lui fournir le sol dans lequel elle est adaptée, la vigne recherche tout particulièrement la potasse. C'est donc là sa *dominante*, mais non point sa suffisance. D'autres éléments lui sont encore indispensables pour accomplir l'œuvre végétative et fructifère que la nature lui a assignée. Tels sont le *phosphore*, le *calcium*, le *fer* pour les plus importants. Viennent ensuite d'autres éléments qu'il est inutile d'énumérer en raison de l'action secondaire qu'ils exercent d'abord et puis par le peu de besoin de s'en préoccuper, puisque le sol en est suffisamment et constamment pourvu, mais dont on trouve néanmoins les traces dans l'analyse chimique du vin, dans sa partie liquide ou dans son extrait sec.

Parlons donc, un moment, de l'élément qui constitue la dominante de la vigne, du *potassium*. Il est facile de s'apercevoir que la potasse, ou plutôt les sels alcalins jouent un grand rôle dans l'évolution fructifère et même végétale de la vigne, si on en juge par la profusion qui préside à leur distribution. Les sarments en sont fortement imprégnés, puisque les cendres de leur bois sont les meilleures et les plus recherchées pour le lessivage du linge. Le vin, après en avoir laissé des dépôts relativement considérables sous forme d'acide tartrique dans les cuves et les résidus du marc, en contient encore en proportions importantes. De plus, c'est de cette importance même que dépend la perfection de la couleur du vin.

Ici, trouve une place naturelle un hors-d'œuvre peut-être, mais à coup sûr un fait intéressant, en raison même des nombreux commentaires formulés pour et contre lui, suivant les circonstances et les lieux, mais resté quand même à l'état de problème attendant sa solution. Je veux parler du plâtrage des vendanges. Certes, je n'ai pas la prétention d'apporter ici la solution complète et définitive de cette question tant controversée et qui a failli, au dire de certains disciples d'Esculape, empoisonner les trop chauds partisans de Bacchus, voire même le genre humain tout entier. Mais je crois que, malgré certaines difficultés dans la pratique, tous les viticulteurs pourront, en suivant les conseils ci-après, éluder convenablement la question et passer outre.

Examinons, d'abord, où et pourquoi le plâtrage est nécessaire, indispensable même ; nous verrons ensuite où et pourquoi il devient parfaitement inutile et constitue conséquemment un inconvénient dispendieux et enfin ce que cette opération a pu présenter de grave en ce qui concerne l'hygiène.

A l'époque où les raisins atteignent leur maturité, on voit l'épiderme granulaire se couvrir d'une poudre grisâtre, pulvérine, impalpable. C'est un dérivé des sels alcalins extraits du sol par l'absorption résultant de fonctions nutritives du cep, et le déterminatif du futur acide tartrique.

Si, à ce moment décisif, il survient de grandes pluies, un lavage de ce précieux dépôt se produit, et le vin résultant de la vendange, ainsi dénuée de l'acide tartrique nécessaire à toute bonne fermentation vinaire, se trouvant incomplet, ne présente par suite qu'une tenue chancelante et une couleur équivoque. Dans ce cas, plus ou moins local et fréquent, une addition d'acide tartrique, faite au moment de la mise en cuve, peut atténuer cette défectuosité de la vendange. Cette addition doit varier en importance suivant le degré du lavage pluvial.

Ou bien, et c'est ici le cas le plus commun, et celui qui a réellement provoqué l'exercice du plâtrage dans nos contrées méridionales, ou bien, disons-nous, les vignes complantées dans la catégorie des bas-fonds humides dont nous avons parlé tout spécialement sont exposées par cela même à subir les conséquences inhérentes à leur situation topographique : submersions naturelles plus ou moins fortes suscitées par les orages d'été, laissant toujours à la surface du sol un dépôt de matières vaseuses, ou encore l'inconvénient résultant de l'habitude contractée généralement dans le Midi, lors de grandes plantations, qui consistait à former, à étager, comme on dit dans nos contrées, les souches presqu'à niveau du sol, ce qui fait que les raisins, touchant souvent la terre, et en tous cas toujours à sa proximité, ne peuvent conséquemment bénéficier que difficilement de l'action efficace de l'air à ce moment de maturité définitive.

On a objecté, en faveur de ce mode d'établissement des ceps, que la vigne aurait à souffrir des vents forts qui soufflent fréquemment de l'Ouest sur notre littoral, vents bien connus des anciens sous le nom de *Circius* et désignés aujourd'hui dans le Narbonnais sous celui de *Cers*, du côté de la Provence par celui de *Mistral*, et dans les Pyrénées-Orientales sous celui de *Tramontana*.

L'objection est fondée en ce qui touche la venue même de la vigne car, étagée un peu haut dès sa formation et venant vite dans nos contrées sous l'action vivifiante des rayons de notre soleil méridional, sa végétation luxuriante, ballottée par ces vents violents, fait plier et déforme son jeune pied qui n'a pas eu le temps de se roidir et de proportionner sa force au degré de végétation qu'il est néanmoins capable d'émettre.

Mais dès que la vigne a atteint l'âge de 8 ou 10 ans, il y aurait tout avantage à ce qu'elle fût exposée à cinquante centimètres environ du sol. Que d'inconvénients de moins il y aurait à redouter et quels avantages il en résulterait : gelées blanches devenant moins meurtrières, coulure des grappes moins probable, et, en tous cas, moins désastreuse et enfin maturation fructifère plus favorisée : trois perspectives dont les inconvénients ont pour principale, sinon pour unique cause, la proximité du sol et dont les effets pernicieux pourraient être tout au moins atténués par une exposition aérienne plus convenable.

Quant aux vents tant maudits que nous ressentons sur notre littoral méditerranéen, de combien de gelées blanches ils nous ont préservés. Aussi, n'hésitons pas à le déclarer, ce sont eux qui, de concert avec la nature favorable des terrains et l'ardeur particulière des rayons solaires, ont fait de nos contrées l'un des premiers champs viticoles du monde.

Nous disons donc qu'en atteignant leur maturité, les raisins des vignes complantées dans les bas-fonds se sont plus ou moins ressentis de l'influence d'un sol trop rapproché et vont dans la cuve plus ou moins enduits d'une matière vaseuse que nous appellerons *sels terreux*.

Or, dans l'importante action fermentative de la masse fructifère, ces *sels terreux* ont le déplorable privilège d'attirer à eux ce qui constitue la matière première de l'acide tartrique, de l'annihiler, de l'empêcher par conséquent de jouer son rôle indispensable et de faire résulter d'une vinification défectueuse un liquide imparfait.

Mais en mettant du plâtre à la vendange il se produit un phénomène diamétralement opposé à l'inconvénient que nous venons de signaler. Il arrive, en effet, que le sulfate de chaux, appellation générique du plâtre, a, à son tour, le pouvoir d'attirer à lui ces *sels terreux*, nuisibles à la fermentation, de les neutraliser et de permettre ainsi à l'acide tartrique, en lui donnant sa liberté d'action, d'accomplir sa tâche habituelle et, dès lors, le vin, découlant de cette fermentation régulière, a évité le grave inconvénient dont nous avons parlé.

Il résulte donc de ce qui précède que le plâtrage est indispensable dans les cas seulement que nous venons de spécifier, qu'il est totalement inutile dans tous les autres cas où la vendange n'a pas eu à subir les inconvénients qui précèdent et qu'il est enfin dispendieux, s'il est appliqué sans nécessité car, outre son prix d'acquisition, qui ne sait le liquide qu'absorbe le sulfate anhydre dans sa précipitation dans le moût.

Il reste maintenant à examiner le côté sanitaire de l'opération. Certes, loin de moi la pensée d'émettre le moindre blâme contre la susceptibilité des conseils d'hygiène, encore moins celle de discuter l'autorité de leurs opinions scientifiques, consistant à définir la dose maxima du sulfate de potasse que le vin doit contenir, dose que la transformation du sulfate de chaux introduit exagère parfois, dans les cas qui viennent d'être signalés *et où le plâtrage est pratiqué sans nécessité.* Je vais me borner tout simplement à exposer les conséquences, les résultats de l'exercice du plâtrage dans nos contrées relativement à l'effet produit sur nos populations et, ma foi, cet exposé, pour si simple qu'il soit, aura bien sa signification.

Le plâtrage des vendanges se pratique dans le Midi depuis bien longtemps déjà, je ne puis préciser, mais il y a bien 25 ans au moins, et cela indistinctement pour le produit de toutes les vignes en général.

Or, avant l'altération de la vitalité de la vigne, nos contrées produisaient des vins de 12 à 14° d'alcool et quelquefois même plus. Les ouvriers locaux, et plus spécialement ceux descendus des montagnes, aux époques des travaux de la terre, ont bu à volonté de ces vins corsés et plâtrés. Ces montagnards surtout venus de contrées où le vin n'est connu à peu près que de nom, adoptaient sans transition un changement de régime complet : d'une privation à peu près absolue ils se livraient à une consommation discrétionnaire. Bien plus, étant donné que ces travaux se sont effectués de mars à juillet, c'est-à dire au moment des chaleurs tropicales que nous subissons régulièrement dans nos contrées, l'influence pernicieuse de ces vins plâtrés aurait dû manifester d'autant plus ses effets que leur absorption était faite par des corps fatigués et en transpiration continuelle.

Eh bien, nous n'avons jamais vu, ni ouï dire que cette boisson ait jamais, non pas élevé le niveau de la mortalité, mais seulement occasionné le moindre symptôme ayant un caractère démonstratif d'une violation des lois de l'hygiène. Quoi qu'il en soit, *redde Cæsari quæ sunt Cæsaris, et quæ sunt Dei Deo ;* à de plus compétents la démonstration théorique de ce qui précède, car, je le répète, mon système d'argumentation ne s'appuie, dans ce cas, que sur les conséquences qui ont résulté des faits et que chacun a pu constater *de visu* depuis que le plâtrage est pratiqué chez nous. Enfin, pour clore ce sujet, je me résume et je dis: le jour où les vignerons discerneront les cas où le plâtrage est nécessaire et ceux où il est inutile et qu'ils mettront en pratique les données qui précèdent, cette question sera, j'en ai la conviction, bien près d'être résolue.

Revenons maintenant à l'élément potassique et sur ses rapports avec la vigne. Nous avons dit que la potasse exerce une action considérable sur l'arbuste vinicole et surtout dans son évolution fructifère. Or, étant donné que les végétaux jouissent d'une puissante faculté d'absorption des minéraux qui constituent les dominantes de leur espèce, la vigne extrait annuellement du sol où elle végète l'élément potassique en proportions d'autant plus fortes que son action fructifère est plus excitée. On peut donc déduire que le jour où l'on songea à exagérer son rendement en fruits, à l'aide de fumures azotées à haute dose avec exclusion presque complète des autres éléments nécessaires, on lui donna une poussée formidable vers l'abîme où elle paraît devoir sombrer.

Mais, dira-t-on, il y a quelques années que les sels potassiques ne sont pas ménagés à la vigne et il ne paraît guère qu'elle tende à s'arrêter sur la pente fatale qui l'entraîne! Ah! sans doute, mais il convient de remarquer d'abord qu'il a fallu du temps pour que les défectuosités organiques de la vigne prissent un caractère tellement aigu que la production du parasitisme pût s'ensuivre et que, par conséquent, il faut également du temps pour réparer ce préjudice fondamental dont la constitution même de la vigne est effectée ! Et puis, d'ailleurs, est-on bien sûr d'avoir toujours eu sous la main de vrais sels potassiques ? Combien en ai-je vus qui en avaient tout au plus l'apparence ?

Il convient de remarquer ensuite que le parasite destructeur est aujourd'hui à l'état d'être constitué, ayant une faculté prodigieuse de reproduction et celle non moins formidable de migration, qui lui permet de se répandre d'une façon presque incompréhensible, et enfin l'avantage de vivre dans un milieu favorable à sa vitalité comme nous vivons nous-mêmes dans la zone d'air pur que l'atmosphère nous fournit.

Il ne peut y avoir que deux moyens pour faire disparaître de la surface du globe l'Attila de la vigne, à moins qu'il ne disparaisse de lui-même, emporté par une de ces perturbations que suscite quelquefois la nature, mais que rien ne permet encore de prévoir, et encore faudrait-il, dans ce cas improbable, que la viticulture entrât immédiatement dans la pratique de méthodes culturales plus rationnelles que celles qu'elle avait cru pouvoir adopter pendant les trente dernières années.

Le premier de ces moyens consisterait à appliquer partout, mais qu'on l'entende bien, partout sans exception, des insecticides énergiques, et cela à plusieurs reprises successives, de façon à ce que ce fût un vrai déluge universel pour la gent ampélophage.

Mais ce moyen est-il réellement applicable ? Quoique j'aie exprimé dans le cours de cet ouvrage que le mot « impossible » n'est pas français, j'avoue que, dans le présent cas, je n'en trouve pas d'autres pour tenir lieu de conclusion. Est-ce que, en effet, toutes les parties,

formant le tout qui s'appelle la société humaine, pourraient jamais s'entendre pour exécuter un pareil projet?
Ah ! si c'était pour nous ruer les uns sur les autres, il est
probable que ce serait bien différent !!!

Mais enfin, supposons que ce projet touche un peu au
domaine des possibilités, car, que voulez-vous ? je me
figure parfois que si, au lieu de consacrer des centaines
de millions à la destruction de milliers d'hommes qui sont
nos frères, après tout, malgré leur éloignement et leur
race différente, on les destinait à une guerre à outrance,
sans trêve ni merci, contre l'armée des infiniment nombreux, mais infiniment petits, soit par une action générale et collective dirigée par les pouvoirs publics, soit par
l'ensemble des initiatives individuelles subventionnées
mais obligatoires, eh bien ! je me figure que ce projet
pourrait bien n'être pas alors tout à fait chimérique.

Mais il faudrait alors, comme nous l'avons dit, adopter
aussitôt après et sans hésitation une culture plus saine,
plus logique et surtout plus méthodique, en ce qui touche
la loi naturelle d'adaptation et celles des proportions concernant les rendements fructifères et les restitutions compensatrices.

Et si, en admettant qu'il soit d'application impossible, nous écartons ce premier moyen, qui embrasse la
totalité indivisible des masses viticoles, il nous en reste un
second, qui comprend simplement l'initiative des volontés
individuelles. Mais ce moyen, en raison même de l'épouvantable infection qui règne et qui est arrivée à présenter
un caractère d'épidémie végétale ayant atteint sa phase la
plus aiguë, porte en lui non pas des difficultés d'application, mais quelque chose de pire pour notre époque incons-
tante, sceptique et pressée et qui croit, quand toutefois

elle croit à quelque chose, qu'il est possible de réparer en un jour la brèche anémique viticole, qui a nécessité une série d'années pour atteindre son sinistre développement.

Ce moyen consiste à remédier aux défectuosités organiques de la vigne qu'une culture intensive et irrationnelle a provoquées, mais en vertu du principe que toute maladie est plus lente à disparaître qu'à se produire et se développer, il ne peut démontrer son efficacité qu'appuyé sur des volontés énergiques, persévérantes et fermes jusqu'au bout.

Car ce ne peut être qu'avec le temps et à mesure que les éléments constitutifs du sol retrouveront leur équilibre. et par suite le système radiculaire de la vigne son élasticité et sa consistance naturelles, que le parasitisme, réduit à vivre dans un milieu contraire à sa vitalité, deviendra anémique à son tour et, arrêté dans sa reproduction, il finira par disparaître, comme nous disparaîtrions nous-mêmes, si nous étions condamnés à vivre dans une atmosphère viciée qui ne fournirait à notre inhalation que des éléments mortels.

Ah! je sais bien que, parmi ceux qui suivent mes publications, il s'en trouvera qui verront encore là une opinion, une théorie, peut-être même une phraséologie paradoxale, soit. Mais qu'il me soit permis de le répéter: en vertu même du principe de la liberté d'opinion, chacun est libre d'exprimer la sienne, surtout au sujet d'un problème que nul n'a pu résoudre encore et, m'appuyant sur ce principe, je vais terminer ce chapitre en rééditant la base fondamentale de mes études viticoles: « La maladie phylloxérique qui emporte la vigne provient d'un épuisement provoqué par une excitation fructifère dépourvue de restitutions compensatrices, et le *vastatrix* est *l'effet* et non la *cause* de cette maladie. »

D'autres ont soutenu la doctrine contraire, se résumant ainsi: « Le phylloxéra est la *cause* déterminante de la maladie des vignes. »

Eh bien, que chacun, confiné dans ses positions respectives, attende du temps, notre maître à tous, et d'une mise en pratique persévérante, la consécration de sa doctrine à ce sujet.

Mais, en attendant, je ne puis m'empêcher de reproduire à ce sujet un passage de mes études viticoles, dont la publication remonte à 1881, et qui peut encore aujourd'hui se retrouver en pleine actualité, tant les faits qui se sont produits depuis en ont peu altéré l'énonciation appréciative ; « ..... Tant que l'on se bornera, disais-je à cette époque, à rechercher uniquement la destruction des insectes de la vigne, le parasitisme subsistera toujours ; ce sera une opération perpétuelle à renouveler tous les ans, puisque le parasite se reproduit, lui aussi, annuellement et Dieu sait dans quelles proportions, et tout cela au grand détriment des viticulteurs, et, en définitive, de la vigne elle-même.

« Donc, détruire l'insecte c'est bien ; mais reconstituer la vigne en reconstituant le sol est indispensable et, puisqu'il y a épidémie, la désinfection ne l'est pas moins. Il existe un moyen, étonnant par sa simplicité toute naturelle, de donner satisfaction à cette trinité fondamentale, sans l'application duquel la vigne disparaîtra fatalement.

« Voyez s'il n'y a pas une preuve évidente de ce qui précède dans l'application du sulfure de carbone contre le phylloxéra. Certes, c'est pourtant un des agents les plus terribles, comme insecticide, et cependant depuis quatre ou cinq ans qu'il est appliqué, on n'a pu parvenir à sauver définitivement la vigne. C'est que, avec cet agent, ou ses similaires, on ne frappe que les *effets* de la maladie, c'est-à-dire l'insecte, tandis que c'est sur les *causes* qu'il faut frapper ; mais cette dernière manière de procéder entraîne avec elle des lenteurs qui, pour être supportées, exigent une forte dose de persévérance sans laquelle, d'ailleurs, on arrive rarement au succès. »

V

Nous allons maintenant examiner ce qu'il peut y avoir de commun entre l'acide phosphorique et la vigne.

L'acide phosphorique est le produit d'un élément minéral avec un élément organique : le *phosphore* et l'*oxygène*, qui y entrent dans les proportions de trente parties environ pour le premier élément, dit minéral, et de quarante environ pour le second, dit organique.

Cet élément se trouve dans les phosphates de chaux d'os, dans lesquels on trouve également le carbonate de chaux ; mais il est encore et surtout fourni par les phosphates minéraux dont la masse terrestre a procuré à la science et à l'industrie de nombreux et inépuisables gisements.

Dans ses rapports avec les végétaux, l'acide phosphorique présente un caractère particulier que n'ont pas les autres éléments minéraux. Ainsi, tout en remplissant le rôle de *dominante* pour certains végétaux, comme le maïs, le topinambour, le colza, etc., il exerce, en outre, une action indispensable dans la formation de tous les végétaux et notamment sur ceux à racines pivotantes, ou types plantes-racines, comme les betteraves, navets, carottes, etc.,

sur lesquels il exerce pour ainsi dire une action pondéra-
trice.

Le rôle que joue l'acide phosphorique dans la famille
végétale toute entière a encore ceci de particulier : c'est
qu'il semble en quelque sorte servir de véhicule aux divers autres éléments minéraux qui, fournis par le sol ou
l'atmosphère et absorbés par l'action nutritive, vont chacun se concentrer dans leur organe spécial et concourir au
tout qui forme la composition du sujet végétal.

Mais, tandis que la concentration de ces derniers ne se
fait que graduellement et que, l'évolution végétative du
sujet accomplie, ils sont distribués d'une façon progressive
et régulière depuis les racines jusqu'aux graines du végétal, celle de l'acide phosphorique se produit, au contraire,
brusquement, presque sans transition. Après avoir évolué
dans l'action végétative de l'ensemble des organes du
sujet, tant que cette action a duré, il va se concentrer
précipitamment dans l'endosperme des graines du végétal,
après n'avoir laissé que de faibles traces dans les autres
parties constitutives du sujet.

Ainsi, prenant l'analyse approximative des végétaux en
général, nous trouvons que la potasse, par exemple, figure
environ pour les 3\|100 dans les racines, les 15\|100 dans
les tiges, feuilles, paille ou bois, et pour les 30\|100 dans
les graines ou fruits ; tandis que l'acide phosphorique y
figure simultanément dans les proportions de 2\|100 dans
les racines, de 2\|100 dans les tiges, feuilles, paille ou
bois, et pour 45\|100 en ce qui concerne les graines ou le
fruit du végétal. Ces proportions s'appliquent, bien entendu, aux végétaux ayant conquis leur maturité complète.

Il est cependant bon de remarquer qu'en ce qui concerne

la vigne les proportions qui précèdent ne sont pas rigoureusement exactes. L'acide phosphorique n'atteint pas ces
proportions, et se trouve à peu près exclusivement concentré dans les graines du raisin ; tandis que la potasse
peut atteindre, suivant les conditions climatériques et les
dispositions du sol, des proportions plus élevées et gra-
duées progressivement depuis les racines jusqu'à l'épiderme granulaire du fruit.

Mais ce n'est point seulement dans la généralité des
sujets du règne végétal que l'acide phosphorique joue le
rôle indispensable dont nous venons de parler ; il exerce
aussi une action analogue dans l'économie des sujets du
règne animal. Leur structure osseuse en est abondamment
et constamment pourvue sous peine d'inertie ou de
faiblissement.

Nous avons dit qu'il existe entre les sujets du règne
animal et ceux du règne végétal une analogie physiologique ; eh bien, cette analogie se manifeste précisément
d'une façon significative dans l'action générale de l'acide
phosphorique. En effet, si l'ossature du sujet animal doit
son activité et sa force à cet élément universel, les tissus
du sujet végétal ne peuvent se lignifier, se fortifier et s'é-
lancer dans leur élan végétatif que proportionnellement
à l'action coopératrice que peut exercer l'acide phosphorique qu'ils ont à leur disposition.

Nous avons dit également que l'azote est la force motrice, l'agent direct de la végétation, disons maintenant
que la consistance et la vigueur de la membrane du végétal ont pour propulseur l'acide phosphorique. Ainsi,
par exemple, l'expérience a démontré que là où l'acide
phosphorique fait défaut, la céréale a beau être poussée
par l'impulsion d'un sol richissime en azote, elle verse

infailliblement et le développement de son grain, privé
du concours de l'acide phosphorique nécessaire, s'accomplit défectueusement.

Il ne sera pas, je crois, hors de propos de parler ici d'un
cas intéressant, autant par son caractère d'actualité que
par sa relativité avec ce qui précède, et que, à mon
avis, feront bien de méditer tous les viticulteurs en général et ceux du Midi en particulier, que la nature transforme sans pitié et plus ou moins provisoirement en agriculteurs.

Dans nos contrées méridionales, où la plantation de la
vigne avait envahi, à peu près sans exception, la totalité
de la surface des terrains cultivables, et où cette plantation générale remonte à quinze ans et au delà, on voit
communément ces agriculteurs, improvisés pour la plupart, transformer sans la moindre réflexion agricole en
champs de céréales des terrains d'où ils viennent d'arracher la vigne pour cause de mortalité.

Or, selon que ces vignes arrachées étaient jeunes ou
vieilles, qu'elles ont plus ou moins fructifié et végété et
ont été entretenues en éléments minéraux utiles et nécessaires, notamment en phosphates, leur sol se trouve
plus ou moins appauvri en acide phosphorique, élément
si nécessaire, comme nous disions plus haut, au développement et à la grainaison de la céréale.

Eh bien, de ces *plus* ou *moins* qui précèdent, c'est le *plus*
qui prévaut en général dans nos contrées méridionales.
Aussi, ne faut-il pas s'étonner si, malgré une température
suffisamment favorable et une excitation végétative provenant des engrais azotés, comme les tourteaux, par
exemple, que l'on a prodigués pendant ces dernières
années à la vigne qui, se mourant, n'a pu les absorber·

les céréales se caractérisent par une production en grains relativement médiocre.

Il serait bien facile cependant d'éviter ce désagrément agricole, en remédiant à la défectuosité accidentelle du sol qui a pu le susciter. Les agriculteurs bien avisés et soucieux de leurs intérêts futurs n'hésiteront pas à amender leurs nouveaux champs obligatoires au moyen d'engrais riches en phosphates.

Ainsi, sans parler des engrais chimiques, qui se recommandent d'eux-mêmes en cette circonstance, suivant leur titre en acide phosphorique, les fumiers de ferme eux-mêmes devraient être appropriés spécialement à ce sujet. Serait-ce bien difficile pour l'agriculteur de se procurer de bons phosphates minéraux, dans les prix de cinq à six francs les cent kilogrammes, et, tous les soirs au moment de faire la litière, d'en répandre autant de kilogrammes qu'il y a d'animaux domestiques dans ses écuries ?

Il en est de même évidemment pour le petit bétail, auquel cas, l'épandage pratiqué dans la bergerie pourrait être calculé à raison de trois ou quatre kilogrammes de phosphates par centaine de moutons. Ajoutez à cela, et à poids égal à celui de phosphate, un épandage simultané de plâtre au sulfate de chaux qui, à l'avantage d'apporter au fumier ce dernier élément nécessaire, joint celui d'activer la dissolution des phosphates introduits, et l'on aura alors le fumier le plus complet que l'on puisse désirer pour le cas que nous venons de spécifier et conséquemment le mieux combiné pour remédier à la pénurie d'acide phosphorique qui s'est produite dans les terrains où la vigne a passé.

Mais, me semble-t-il entendre dire à quelques-uns des

intéressés, la mise en céréales de nos terrains, fraîchement débarrassés, de la vigne, n'est en effet qu'une mesure provisoire, une transition préparatoire à une nouvelle reconstitution de nos vignobles disparus, au moyen
de cépages indigènes peut-être ou, très probablement, à ce
qu'il paraît, au moyen de cépages exotiques résistants.

Soit, mais je ne puis m'empêcher de faire remarquer
qu'en vertu des principes exposés dans le cours de cette
étude, que chacun est libre d'ailleurs, je le répète, d'adopter ou de répudier, la première de ces deux hypothèses
est encore, en l'état de la pratique viticole exercée jusqu'à
ce jour, tout au moins aléatoire. Et quant à la seconde,
relative à la reconstitution de la vigne au moyen des cépages exotiques, on peut bien dire, sans la moindre intention de blesser l'amour-propre ou la conviction de leurs
courageux expérimentateurs, qu'elle est encore très pro-
blématique.

J'ai publié il y a déjà longtemps, dans la presse régio-
nale, mon opinion à leur égard. Cette opinion, basée sur
un examen préalable de la physiologie des végétaux et,
en tous cas, émise avec la plus parfaite bonne foi, cette
opinion, d'où toute arrière-pensée systématique a été franchement exclue, je la maintiens et je la maintiendrai
jusqu'à preuve convaincante et décisive du contraire; mais,
pour le moment, j'estime cependant que le praticien per-
sévérant, quel qu'il soit et quel que soit l'objet qui captive
ses efforts, a droit à l'intérêt et à la bienveillance de
tous.

Du reste, une nouvelle publication de ce traité de physiologie végétale fait partie du programme que je me suis
tracé dès le commencement de cette étude. Nous y reviendrons donc en temps et lieu, dans le cours de cet ouvrage,

avec l'appui de nouveaux arguments et surtout des faits
nouveaux qui se sont produits depuis, comme de ceux
qui pourraient encore se produire.

Mais en attendant et pour répondre aux deux hypothèses,
formulées ci-dessus, je dirai simplement que, pour l'une
comme pour l'autre, l'emploi des fumures précitées ne
peut être qu'avantageux, car, tout en sauvegardant le
présent, c'est-à-dire la céréale transitoire, elles sont
aptes à restituer au sol un élément dont il est plus ou
moins dépourvu et à le rendre propre à recevoir l'adaptation de nouvelles vignes qui ne pourront s'en dispenser,
si françaises ou étrangères qu'elles soient.

Revenons maintenant à l'acide phosphorique et sur ses
rapports avec les végétaux. Nous avons dit que cet élément exerce une action capitale dans l'économie de la
généralité des sujets du règne végétal. Il resterait maintenant à définir de quelle façon cette action indispensable
s'accomplit. Mais, présentée sous cet aspect, cette question est complexe, et sa solution nécessite la mise en
scène et l'examen de quelques éléments qui se trouvent
dans le sol et que nous n'avons pas encore mentionnés.

Ces éléments, qui sont : l'*humus*, le *sable* et l'*argile*,
se distinguent des dix éléments minéraux que nous avons
énumérés dans le cours de cette étude, en ce que ceux-ci
jouent un rôle actif dans la production des végétaux et
forment même la substance de leur composition ; tandis
que les trois nouvellement introduits n'exercent qu'une
action purement passive et ne participent ni à la vie, ni à
la composition de ces derniers, mais ils leur servent en
quelque sorte de point d'appui et, par leur présence dans
la matière organique du sol, dans laquelle se concentrent
les éléments minéraux et organiques, ils activent la diffu-

sion de ces éléments fertilisants et leur servent pour ainsi dire d'adjuvants, de distributeurs, à mesure que, par leur absorption nutritive, les végétaux s'assimilent ces éléments actifs.

C'est sans doute pour bien caractériser le rôle spécial des uns et des autres, que l'on a désigné les dix éléments minéraux actifs sous le nom d'*éléments assimilables*, et les trois éléments passifs, dont il vient d'être parlé pour la première fois, sous celui d'*éléments mécaniques*. En effet, leur nom seul indique leurs fonctions respectives.

De ces trois *éléments mécaniques*, c'est-à-dire l'*humus*, le *sable* et l'*argile*, nous allons prendre le premier, parce que son action agit principalement sur l'acide phosphorique qui nous occupe dans ce chapitre. Nous retrouverons les deux autres un peu plus tard, dans le cours de cet ouvrage et à leur place naturelle.

L'*humus*, que l'ancienne culture a considéré comme un élément direct, primordial de fertilité, n'est tout simplement qu'un *agent* rotateur, activant le mouvement de la mécanique qui fait mouvoir l'activité générale, c'est-à-dire que, suivant les termes consacrés et plus connus, il favorise l'assimilation des éléments fertilisants par les végétaux.

L'*humus* est un composé d'*hydrogène*, d'*oxygène* et de *carbone*, c'est-à-dire de trois éléments atmosphériques. On voit bien *a priori* qu'il ne peut être par lui-même un élément fertilisant, mais sa présence dans le sol exerce incontestablement de bons effets. Ainsi, il a d'abord la propriété d'absorber beaucoup d'eau et de maintenir par suite dans le sol l'humidité, c'est-à-dire l'hydrogène nécessaire à l'évolution du système radiculaire du végétal.

En second lieu, il exerce encore une action qui n'est pas

moins importante que celle qui précède : il contribue à
fixer l'azote aérien dans le sol, qu'à travers sa perméabilité l'atmosphère lui fournit et qu'il s'approprie par sa
capillarité attractive. Après avoir coopéré à la combinaison de cet élément organique avec le sol, l'humus tient
pour ainsi dire en réserve non seulement cet azote naturel, mais encore celui qui a pu être introduit dans la
terre au moyen des fumures, les défend contre la filtra-
tion violente des eaux torrentielles et peut ainsi, quand
le moment de la nutrition végétale est arrivé, céder aux
plantes cet aliment si favorable, comme nous l'avons dit,
à leur action végétative.

La troisième et principale action qu'exerce l'humus par
sa présence dans le sol consiste dans sa propriété dissolvante du calcaire et des phosphates que ce dernier renferme et pour lequel, par leur nature primitive, insoluble
et par conséquent d'une assimilation impossible par le
végétal, ils sont des éléments inertes qui, par leur effet
négatif, ne peuvent donc pas, par eux-mêmes, se rendre
propices et concourir à la fertilité du sol qui les contient.

Mais, de même que l'industrie, sur les données chimiques que la science lui a fournies, attaque les phosphates
minéraux au moyen de l'acide sulfurique et que, par cette
opération, elle les rend solubles pour le sol et assimilables
par le végétal ; de même l'humus, par sa présence dans
le sol, attaque et dissout, d'une façon plus lente mais
continue, les phosphates que ce dernier contient et les
rend, en dégageant leur acide phosphorique inefficace
avant son action dissolvante, propres à concourir à la
vigueur, à la formation et à la composition du végétal.

Il y a, au sujet de l'humus, une remarque singulière à
faire, et dans laquelle on peut voir encore l'admirable

combinaison des divers éléments du règne minéral qui, s'entraidant mutuellement les uns les autres, constituent dans leur ensemble les rouages multiples de la *mécanique* qui détermine l'activité des sujets du règne végétal.

Ainsi, nous avons dit que l'humus est un composé d'*hydrogène*, d'*oxygène* et de *carbone*. Ajoutons qu'il a pour origine la substance même des végétaux, de laquelle il faut déduire une partie d'*hydrogène* et d'*oxygène* à l'état d'eau que sa décomposition lui a fait perdre.

Or, l'humus proprement dit, n'est autre chose que cette matière noire que l'on découvre dans l'eau qui coule du fumier et dans les terrains où des détritus de végétaux ont séjourné. Dans sa nature primitive, il est insoluble et, par voie de conséquence, d'une action directe inefficace. Il a besoin, lui aussi, d'agents déterminant sa solubilité. Les éléments caustiques qui se trouvent à son contact, comme la potasse et la chaux, par exemple, se chargent de lui donner cette propriété indispensable à son activité.

Ainsi, par exemple, et cet exemple n'est pas du tout hors d'à-propos je crois [1], le fumier de ferme a été considéré comme l'engrais type par excellence, à cause de l'humus qu'il renferme. Or, à son début, c'est-à-dire fraîchement déjecté, le fumier ne contient que la matière élémentaire de l'humus, car, à vrai dire, cet agent ne se forme qu'au fur et à mesure que la décomposition de la masse des excréments s'opère. Eh bien, de cette décomposition surgit la formation des nitrates, la potasse se dégage et, par son action caustique, elle attaque l'humus en

---

1. En effet, les fumiers se font en général, dans nos contrées surtout, sans l'observation d'aucun principe. Nous reviendrons, plus loin, sur ce sujet, au chapitre spécialement consacré aux fumiers de ferme.

formation qui acquiert ainsi sa solubilité et peut, dès lors, agir à son tour sur la chaux et les phosphates que le fumier peut contenir et leur donner la solubilité nécessaire à leur future assimilation.

Il résulte de ce qui précède que l'opération consistant à injecter par-dessus le tas de fumier le purin qui coule en dessous est une opération capitale que ne doivent point oublier ou dédaigner de faire tous ceux qui sont vraiment soucieux d'utiliser tous les éléments que la nature leur offre pour faire de leur fumier de ferme un engrais aussi parfait que possible.

Quant à l'humus, que certains sols contiennent par suite d'une décomposition spontanée des détritus de végétaux qui y ont séjourné, il serait aussi nul et sans effet si ces sols ne renfermaient point en eux-mêmes l'élément potassique nécessaire à sa transformation en agent dissolvant et assimilateur des éléments minéraux.

On voit se produire spontanément ce phénomène dans les forêts dont le sous-sol contient suffisamment l'élément potassique, et dont les roches éruptives forment la base du phosphate et du calcaire. Là, la force de combinaison est au complet, les détritus végétaux jonchent constamment le sol, la formation de l'humus en permanence et sa transformation en agent militant s'accomplit sans relâche, son action dissolvante contre le phosphate et le calcaire que renferme le sol s'exerce continuellement et la végéfation, favorisée par cet admirable et exceptionnel concours des éléments, consacre, par son exubérance et sa vigueur exceptionnelles, la tangibilité et la visibilité du phénomène.

Disons enfin que, par sa présence dans le sol, l'humus a la propriété d'absorber l'oxygène aérien ; or, de même

que, par l'effet de la respiration, nous absorbons nous-
mêmes cet élément atmosphérique, et qu'en sa qualité
d'agent de combustion l'oxygène entretient dans notre
organisme la chaleur vitale, en consumant peu à peu l'espèce de charbon que contiennent notre corps et notre sang
et qui a besoin d'être sans cesse consumé et renouvelé, de
même l'humus, par suite de son absorption de l'oxygène,
subit une combustion lente, mais continue, d'où surgit un
acide carbonique qui détermine précisément cette action
dissolvante dont nous parlions tout à l'heure, qui attaque
les phosphates insolubles du sol et favorise, en faveur
des végétaux, l'assimilation de l'acide phosphorique qui
se dégage de cette dissolution.

En résumé et pour clore l'étude du rôle important que
joue l'acide phosphorique dans la formation du végétal et
de ses graines, remarquons simplement que la confirma-
tion de la théorie qui précède peut bien se déduire, non
seulement du fait de la présence à peu près uniforme de
cet élément dans l'essence de tous les végétaux, sans exception, mais encore et surtout dans sa brusque concentration dans leurs graines, où une prévoyance tutélaire
semble l'avoir voulu fixer comme une réserve indispensable pour assurer à l'embryon, lors de sa future germination, ce qui lui est nécessaire pour accomplir son
premier acte de la vie végétale.

VI

L'analyse du fumier de ferme convenablement réussi
révèle, dans la composition de cet engrais naturel, la présence des quatre principaux éléments suivants : l'azote,
la potasse, l'acide phosphorique et la chaux, lesquels,

pour cette raison même, sont généralement considérés comme les *quatre termes* d'un engrais complet.

Ce sont là, en effet, les quatre éléments qui constituent la valeur fertilisante du fumier, lequel n'est en somme qu'une modification des végétaux que la digestion animale a transformés en une combinaison où figurent tous les éléments que la nutrition végétale a puisés dans le sol.

Les quatorze éléments minéraux et atmosphériques que nous avons énumérés, concourant tous à la formation du végétal, ils révèlent également tous, mais à des degrés différents, leur présence dans sa composition et, par voie de conséquences, dans celle du fumier également qui n'est, comme nous l'avons dit, qu'un dérivé des végétaux.

Or, sur ces quatorze éléments qui déterminent l'activité végétale, les quatre spécifiés ci-dessus sont les seuls que la culture *alternante* puisse enlever, jusqu'à épuisement, au sol sur lequel elle est pratiquée, et à laquelle est obligatoirement imposée la loi des restitutions, au moins équivalentes, que l'agriculture doit appliquer au moyen de fumures compensatrices. Quant aux dix autres éléments, la nature y pourvoit continuellement et dans les proportions les plus suffisantes pour qu'il n'y ait pas lieu de s'en préoccuper.

Ces quatre éléments *épuisables*, c'est-à-dire l'*azote*, la *potasse*, l'*acide phosphorique* et la *chaux*, figurent pour les *trois centièmes* environ dans la composition des végétaux. Le restant des éléments minéraux, c'est-à-dire le *chlore*, le *silicium*, le *soufre*, le *fer*, le *manganèse*, le *magnésium* et le *sodium*, y figurent aussi, dans leur ensemble, pour les *trois centièmes*. Mais, ces éléments étant *inépuisables* puisque, comme il a été dit, la nature y pourvoit constamment, il n'est donc pas nécessaire d'opérer à leur égard une restitution envers le sol. Enfin, les trois éléments organiques suivants : le *carbone*, l'*oxygène* et l'*hydrogène* entrent dans la substance du végétal pour les 94|100 et se trouvent dans le même cas que les précédents, c'est-à-dire que leur épuisement n'est pas plus à redouter que la suppression de l'atmosphère terrestre qui nous entoure.

On voit donc que, sur les *cent parties* que lui fournit le végétal, l'agriculture est tenue, sous peine de voir se produire l'infertilité du sol, de restituer a ce dernier *trois parties* seulement de cet enlèvement total, desquelles les quatre éléments susceptibles d'épuisement dont nous avons parlé suffisent à faire le compte.

Mais s'il en est ainsi pour la culture *alternante*, c'est-à-dire celle des céréales et des graminées en général, il ne doit pas en être tout à fait de même pour la culture *invariable*, sans solution de continuité, comme la vigne, par exemple.

En effet, avec la première de ces cultures, et suivant la méthode des assolements qui est à peu près généralement adoptée, l'épuisement du sol, ou plutôt des quatre éléments dits *épuisables*, ne peut se produire que très lentement et suivant que la restitution *obligatoire* qui les concerne est nulle ou insuffisante ; mais en somme, si le sol est en déperdition graduelle des éléments nécessaires à sa fertilité, cette diminution se produit par une attaque de front, par une atteinte simultanée de tous les éléments actifs, jusqu'à ce que la terre, dépourvue les éléments qui la rendaient féconde, devienne finalement improductive ou tout au moins d'un rendement médiocre et proportionné à la pénurie qui s'est produite dans sa constitution et au concours unique des éléments aériens qui, eux, ne font jamais défaut.

Tandis qu'avec la seconde culture, comme celle de la vigne, le sol est obligé de fournir *invariablement* et tous les ans les mêmes éléments que réclame la production *invariable*, également, du végétal qui y est adapté, et ceux qui forment *dominante* comme ceux qui sont d'une utilité secondaire, mais indispensable, sont soumis, par degrés relatifs, à une contribution perpétuelle d'autant plus forte que la production du végétal est poussée à un plus haut degré d'intensité.

Il résulte donc que, pour ce genre de culture, l'épuisement du sol ne se produit pas par un appauvrissement uniforme et simultané des éléments qui forment la base de sa puissance végétale. Ainsi, par exemple, on peut voir un cep de vigne souffrir d'une pénurie excessive de potasse et jouir en même temps d'une surabondance d'azote ou de tout autre élément. Anomalie que ne présente pas la culture des céréales si, bien entendu, le système des assolements lui est appliqué, car il est évident que s'il y avait similitude de causes, il y aurait assurément concordance d'*effets*.

Mais entre la culture *variable*, c'est-à-dire celle des céréales, et la culture *invariable*, à laquelle se rattache la vigne, il y a encore une remarque à faire : c'est que, en ce qui concerne la première, il suffit, pour parer aux emprunts minéraux faits au sol dans lequel elle est pratiquée, de borner la restitution obligatoire, au moyen des fumures, aux quatre éléments épuisables dont nous avons parlé ; tandis que, relativement aux restitutions à faire concernant la seconde culture, il est nécessaire d'y introduire *en plus* des éléments à prendre parmi ceux réputés *inépuisables*.

Nous dirons un peu plus tard, dans le cours de cette

étude, pourquoi cette introduction additionnelle est nécessaire. Pour le moment et pour ne pas trop intervertir le cours de notre examen, après avoir passé en revue l'azote, la potasse et l'acide phosphorique, nous allons maintenant examiner le rôle que peut jouer la *chaux* dans les végétaux en général et par rapport à la vigne en particulier.

Sous la même dénomination générique, la chaux prend, suivant les combinaisons qu'on lui fait subir après son extraction du sol, diverses formes différentes de composition les unes des autres.

Dans son état primitif, c'est un protoxyde de *calcium*, c'est-à-dire que, tout en ayant pour base cet élément minéral, ce qu'elle contient le moins c'est l'*oxygène*, élément organique qui formera précisément la prédominance de sa composition quand elle aura subi sa transformation en chaux *vive*, ou chaux proprement dite, qui prend alors la dénomination conventionnelle d'oxyde de calcium.

On sait que, sous cette forme, elle a atteint l'exclusion la plus intense de l'eau et du moindre atome d'hydrogène et que, après avoir été *éteinte* avec l'eau dont elle est très avide par suite de sa nature même, elle sert aux travaux de maçonnerie, après avoir été préalablement mêlée avec du sable qui permet l'introduction dans sa masse de l'acide carbonique de l'air, au contact duquel elle durcit quelquefois plus que les pierres elles-mêmes auxquelles elle a servi de trait-d'union.

Le marbre, la craie, la pierre à plâtre et même les meilleures pierres à bâtir, etc., ont pour base l'élément calcaire. Les phosphates minéraux sont également à base de chaux, mais ils renferment en plus le *principe* de l'acide phosphorique. Je dis le « principe » parce que, sous cette forme naturelle, la matière qui constitue cet élément proprement dit, ainsi d'ailleurs que celle qui a trait à la chaux, sont l'une et l'autre à peu près insolubles et conséquemment non assimilables pour les végétaux.

Nous avons dit que l'humus joue, à l'égard des phosphates ou plutôt de l'acide phosphorique qu'ils contiennent et que le sol renferme dans son sein, le rôle d'agent dissolvant et d'assimilateur envers les végétaux. Son action agit également sur le calcaire, de sorte que cet agent *mécanique* peut faire naturellement, lentement, mais sans discontinuation, ce que la science est parvenue à faire artificiellement et promptement au moyen d'opérations spéciales.

Ainsi, en traitant les phosphates de chaux par l'acide sulfurique, leur acide phosphorique acquiert un degré convenable d'assimilation et la chaux qu'ils contiennent à l'état primitif est, par la même opération, transformée en sulfate de chaux, forme sous laquelle il est permis aux végétaux de l'absorber.

Cette nouvelle forme acquise par la chaux n'est autre chose que ce que l'on désigne vulgairement sous la dénomination de plâtre, que l'on extrait d'abord des carrières de gypse à l'état hydraté, c'est-à-dire que la composition de ces pierres contient une certaine partie d'eau que l'on fait disparaître en les faisant chauffer dans des fours spéciaux, dont la température doit s'élever au moins à 120 degrés.

C'est alors que la chaux, étant passée sous cette forme à l'état de sulfate anhydre, c'est-à-dire sans eau, prend la dénomination de plâtre, ou de sulfate de chaux, avec une composition où l'acide sulfurique et la chaux assimilable dominent.

Aussi, est-ce à cette composition particulière que le sulfate de chaux doit la faveur d'être, pour les végétaux, le composé calcaire le plus efficace; car, outre l'avantage qui résulte du degré d'assimilation que possède la chaux qu'il renferme, l'acide sulfurique qu'il contient peut aussi exercer son action dissolvante contre les phosphates naturels et insolubles dont le sol peut être pourvu et servir en quelque sorte d'auxiliaire à l'humus dans les fonctions assimilatrices qui lui incombent et dont nous avons parlé.

En effet, par sa forte teneur en oxygène, l'acide sulfurique est dans une certaine mesure, et par rapport aux végétaux, presque un congénère de l'humus et, s'il ne lui est pas possible de le remplacer absolument dans l'accomplissement de la tâche que la nature lui a assignée, il peut au moins, je le répète, lui servir d'auxiliaire dans une action commune dirigée contre les éléments minéraux réfractaires du sous-sol.

Le sulfate de chaux répandu sur les prairies artificielles au moment où la nature leur a imprimé le premier mouvement végétatif, c'est-à-dire vers le mois de mars ou d'avril, est également très efficace, en ce sens que, par sa combinaison d'acide sulfurique et de chaux active, il produit sur ces genres de végétaux une sorte de répercussion des éléments organiques de l'atmosphère; notamment de l'azote et du carbone.

Par l'effet de ce phénomène, ces éléments atmosphériques sont fixés, comprimés pour ainsi dire dans l'essence même de ces végétaux qui bénéficient incidemment d'un supplément de vigueur relativement à l'azote concentrée et d'une recrudescence de verdeur suscitée par le carbone absorbé par suite de cette surexcitation végétative.

Il y a une certaine analogie entre le phénomène qui précède et celui qui résulte du chaulage de la végétation aérienne de la vigne. Seulement, ici, la chaux vive est préférable et nous allons en donner la raison. Comme nous l'avons dit, la pierre à chaux est, dans sa nature primitive, dépourvue d'oxygène, mais, après avoir passé par l'opération des chaufourniers, c'est au contraire l'oxygène qui forme chez elle l'élément principal et, comme nous l'avons dit également, avec exclusion complète d'hydrogène.

Or, la chaux vive, indépendamment de sa forte teneur en oxygène, qui lui fait exercer sur la vigne une action analogue à celle qui résulte de l'épandage du sulfate de chaux sur les prairies, la chaux vive, disons-nous, a encore l'avantage d'acquérir une propriété insecticide, si le chaulage se pratique par des matinées calmes, pendant lesquelles les pampres et le feuillage de la vigne sont imbibés de l'humidité résultant des rosées matinales.

C'est en considération de ces deux avantages reconnus dans la chaux vive qu'il est préférable de l'employer sous cette forme pour le saupoudrage de la végétation aérienne de la vigne. En effet, en les examinant au point de vue de leur action physique, il est permis de se rendre compte des effets qui en découlent.

Nous venons de dire que l'oxygène prédomine dans la composition de la chaux vive. Or, cet élément est pour ainsi dire concentré et fixé dans les molécules du calcium, matière à peu près insoluble qui détermine néanmoins la consistance de la chaux et favorise son durcissement avec l'aide du sable siliceux et le concours de l'acide carbonique aérien.

Nous avons dit également, dans un des chapitres précédents, que les végétaux se procurent par leurs racines les éléments dont dispose la couche de terre dans laquelle ils sont adaptés et qu'ils puisent par leurs feuilles ceux que fournit l'atmosphère. Nous avons dit, enfin, qu'il y a des végétaux qui prennent de préférence leur azote dans le sol, tandis que d'autres, desquels la vigne fait partie, le demandent volontiers et quelques-uns même exclusivement à l'atmosphère.

Or, la vigne, par ses abondantes et larges feuilles, est susceptible de s'approprier aisément l'azote atmosphérique, de même qu'elle peut, plus facilement encore, absorber le carbone de l'air, mais dans des proportions dépendant de circonstances naturelles ou artificielles. Les premières ont pour déterminante la pluie et la chaleur solaire. Quant aux secondes, elles constituent précisément le sujet que nous traitons en ce moment.

La vigne, disons-nous, puise dans l'air la majeure partie de son azote, mais à l'état de gaz élémentaire ; elle absorbe le carbone, mais sous forme d'acide carbonique. Il résulte de là que ces deux éléments atmosphériques ne sont assimilables pour elle qu'après avoir subi une modification que la nature opère par d'admirables combinaisons, dans lesquelles l'oxygène aérien joue un rôle souverain.

En effet, ce n'est qu'après avoir acquis un degré suffisant de solidification que l'azote gazeux de l'atmosphère peut faire partie intégrante du végétal, et c'est par l'action directe de l'oxygène que cette nouvelle combinaison est déterminée ; de même que, par la puissance de combinaison du même élément, le carbone aérien est attaqué et, de sa combustion incessante qu'entretient l'oxygène, se produit l'acide carbonique si favorable à l'évolution végétale.

Eh bien, ces principes naturels exposés, il est facile de

se rendre compte de l'effet produit sur la vigne par la chaux vive. L'oxygène qu'elle contient produit, nous avons dit, sur les rameaux de la vigne un effet analogue à celui qui résulte de l'action du sulfate de chaux sur les prairies.

Ici l'opération vient également en aide à la nature ; elle favorise la fixation d'une plus grande quantité d'azote élémentaire, de même que l'absorption du carbone est facilitée par suite du supplément de transformation en acide carbonique qu'elle provoque et après avoir accompli ce phénomène, l'oxygène retourne à l'atmosphère, son asile naturel, laissant imprimées sur la végétation les traces de son action bienfaisante, qui se traduisent par un surcroît de vigueur et surtout par une accentuation du coloris vert foncé du feuillage.

C'est ce qui explique pourquoi une vigne chaulée à plusieurs reprises, pendant les mois de mai et de juin, présente une couleur verte que n'ont pas ses voisines privées de cette opération, contraste qu'ont pu constater tous ceux qui, me faisant l'honneur de me lire, ont quelquefois tenté cette expérience facile et profitable.

Quant au deuxième avantage que présente la chaux vive, relativement à la propriété insecticide qu'elle acquiert, en vertu de sa causticité résultant de sa combinaison avec l'hydrogène des rosées printanières, c'est là un principe qui n'est pas à dédaigner, je crois, par le temps d'invasions parasitaires qui court, et qui motive, lui aussi, la préférence d'adoption qu'il convient d'accorder à la chaux vive pour le saupoudrage de la vigne.

Suivant le moment de son application, le chaulage peut produire deux effets nuisibles aux parasites de l'arbuste vinicole. Le premier peut les atteindre dans leur développement et le second peut entraver la reproduction de ces hôtes pernicieux.

Le premier de ces effets résulte d'une application faite en mai et juin, époque à laquelle ces malfaiteurs infiniment petits mais infiniment nombreux, provenant d'une éclosion récente, s'épanouissent au soleil printanier et demandent aux jeunes et tendres rameaux de la vigne sur lesquels ils évoluent capricieusement, un premier tribut de subsistance.

Le second découle du chaulage pratiqué dans le courant des mois de juillet et d'août, pendant lesquels les divers genres de parasites animaux procèdent à leur reproduction et déposent leurs pontes d'où surgissent, au printemps suivant, de nouvelles colonies déprédatrices.

Dans le premier cas, l'insecte est attaqué à l'état de nymphe, alors que son développement est encore incomplet ; aussi la causticité de la chaux exerce-t-elle sur son épiderme, non encore crustacé, un effet toujours funeste, sinon mortel. Dans le second cas, l'insecte ayant acquis sa conformation parfaite, sa force de résistance s'en trouve évidemment accrue d'autant, mais, par suite de la répugnance instinctive qui lui rend difficile son séjour dans le feuillage chaulé, il se produit une entrave à l'exercice de ses fonctions ovipares, qui se réduisent à quelques rares dépôts dont la plupart ne résistent pas non plus à l'effet caustique résultant de leur contact avec la chaux vive hydrogénée.

Maintenant, après avoir examiné le rôle de la chaux, prise d'abord comme élément fertilisant du sol, puis comme agent favorable d'amendement, envers la végétation aérienne de la vigne et enfin comme agent insecticide, il conviendrait d'examiner celui qui a trait à sa coopération dans la formation même des végétaux.

Nous avons dit précédemment que l'analyse de tous les végétaux en général fait découvrir, dans leur substance, la présence de la potasse dans les proportions approximatives de 3[100 dans les racines, 15[100 dans les tiges, feuilles, paille ou bois, et 30[100 dans les graines ou fruits. De même que l'acide phosphorique y figure pour les 2[100 environ dans les premières, les 2[100 également dans la végétation aérienne et pour les 45[100 dans les graines ou fruits.

Nous avons fait en temps et lieu, sur ces deux éléments minéraux, les remarques relatives à leur concentration dans les divers organes des sujets végétaux, coopérant ainsi à la constitution de la force motrice qui active chez eux l'évolution végétale et fructifère, en même temps que par cette même coopération les embryons reproducteurs des espèces sont pourvus de ce qui leur est nécessaire pour épanouir leurs germes et les livrer à la nature chargée de leur développement.

Ajoutons, maintenant que la chaux figure, à son tour, dans la composition des végétaux pour *un centième* environ dans leurs racines, *quatre centièmes* dans leurs tiges, feuilles, paille ou bois, et pour *un centième* à peu près dans leurs graines ou leurs fruits.

Remarquons, tout d'abord, l'inégale répartition opérée par la nature dans la distribution de ces trois éléments minéraux envers les végétaux. Ainsi, d'après les chiffres énoncés plus haut, nous voyons que, à partir des racines jusqu'au faîte de la végétation, la potasse est l'objet d'une distribution graduellement progressive jusqu'à sa principale concentration dans les ovules du végétal, favorisant ainsi par sa présence la détermination de leur maturité.

L'acide phosphorique est aussi l'objet d'une distribution progressive mais plus saccadée. En effet, il laisse à peine des traces dans les racines des végétaux, il en laisse également et dans les mêmes proportions dans leur végétation aérienne, mais, en sa qualité d'agent propulseur de leur reproduction, il va se concentrer brusquement et presque exclusivement dans la région des glomérules et, plus spécialement encore, dans les graines même du végétal.

Tandis que la chaux, après avoir laissé une faible trace dans le système radiculaire du végétal, quadruple brusquement sa quotité dans la composition des tissus végétaux aériens et retombe, contrairement à la potasse et à l'acide phosphorique, à la faible proportion de 1ɪ100 dans les gousses et les graines des végétaux.

Il résulte donc d'une simple comparaison des chiffres énonçant la distribution respective de ces trois éléments minéraux dans la composition des végétaux, que le rôle de la chaux se borne à l'exercice d'une action directe sur les organes aériens du végétal, mais ayant peu ou point de rapports avec les parties extrêmes du sujet, si ce n'est par la prodigieuse faculté d'absorption que possède le système radiculaire et par celle non moins étonnante de transmission qui lui fait envoyer,— presque sans réserve, — aux organes supérieurs les éléments qu'il puise dans le sol.

En effet, le végétal s'approprie par ses racines la chaux assimilable que le sol tient à sa disposition et, par l'effet de la nutrition végétale, cet élément se transporte et se fixe incontinent dans la sphère que la nature lui a assignée pour remplir sa mission, et là, dans les tissus fibreux des tiges végétales, il attend au passage l'acide phosphorique qui vient aussi des profondeurs du sol et, l'attaquant dans ses parties encore rudimentaires, il le rend indéfiniment assimilable et propre désormais à continuer son ascension vers les parties supérieures du végétal, pour y remplir les fonctions spéciales dont nous avons parlé.

La présence stationnaire de la chaux dans les tiges végétales et dans leurs ramifications adjacentes a encore pour but de favoriser l'absorption par le végétal des éléments organiques de l'atmosphère ; elle sert, pour ainsi dire, d'introductrice, à travers les pores des tissus cellulaires de la végétation aérienne, à ces éléments qui s'y condensent dans de telles proportions qu'ils atteignent à eux seuls les 94ן100 environ de la composition du végétal.

Aussi, tous les végétaux sont-ils avides de l'élément calcaire, s'il se trouve à leur disposition sous une forme assimilable. Mais, cette avidité est encore plus intense pour les sujets qui demandent de préférence leur azote à l'atmosphère ou si, par leur abondant feuillage, ils sont plus aptes à absorber l'élément carbonique de l'air. Or, ןa vigne est de ce nombre et c'est pourquoi, comme nous l'avons dit du reste dans le cours de ce chapitre, la chaux produit-elle sur elle d'excellents effets, tant sous forme de chaux vive épandue sur sa végétation aérienne que mêlée aux fumures sous forme de *carbonate* ou, *mieux encore,* sous celle de *sulfate.*

Je dis *mieux* sous la forme de sulfate de chaux parce que, sous cette forme, la chaux présente un degré d'assimilation prompte et facile qu'elle offre moins sous d'autres formes, avantage qui n'est pas à dédaigner pour les chercheurs de résultats immédiats.

VII

Il s'agit maintenant de rechercher quelle peut bien être l'action du *fer* sur l'arbuste vinicole.

Nous avons dit précédemment que, pour les cultures *variables*, telles que les céréales et toutes les graminées en général, les restitutions à opérer envers le sol relativement aux éléments minéraux soutirés par ce genre de culture, il était suffisant de borner la compensation aux quatres termes suivants : l'*azote*, la *potasse*, l'*acide phosphorique* et la *chaux* ; mais que, pour les cultures *invariables*, pour les végétaux à production uniforme et continue, comme la vigne, ces éléments ne sont pas suffisants.

Nous avons dit ensuite qu'en ce qui concerne cette dernière culture, l'adjonction d'autres éléments est devenue indispensable, quoique ces éléments aient été considérés jusqu'à ce jour comme inépuisables dans le sol. Assurément cela était vrai autrefois, même pour toutes les cultures *variables* ou *invariables*, mais aujourd'hui cela n'est plus exact en ce qui touche la deuxième de ces cultures.

Or, le *fer* appartient au nombre de ces éléments réputés inépuisables. Sans utilité autrefois, avons-nous dit, il est aujourd'hui d'une nécessité absolue pour la vigne et cela depuis que les conditions culturales ont changé pour elle. En effet, jadis cet élément ne lui était pas plus nécessaire que le soufre : aujourd'hui, elle ne peut se passer ni de l'un ni de l'autre. A quoi cela tient-il ? Du moment qu'il n'y a pas d'effets sans cause, il suffit, pour trouver celle-là, de comparer l'ancienne culture de la vigne avec celle d'aujourd'hui.

Vous tous qui me lisez et qui pouvez reporter votre mémoire à trente ans en arrière, à quelque région d'ailleurs que vous apparteniez, veuillez vous souvenir des vieilles vignes qui existaient alors dans vos contrées et dites-moi si par leur exposition, la nature de leurs terrains d'adaptation, l'altitude des lieux et l'intensité productive recherchée, elles ne présentaient pas un saisissant contraste avec les conditions culturales adoptées de nos jours !

On se plaint aujourd'hui du *mildew*, du *pourridié*, de l'*oïdium* et de tant d'autres maladies cryptogamiques qui désolent la viticulture. Eh ! mon Dieu, mais ce sont là des conséquences naturelles de l'adaptation de vignes dans les terrains bas et humides ! Autrefois, nos pères n'avaient pas à craindre de pareilles calamités et l'adoption d'une nouvelle culture de la vigne eût dû avoir au moins pour corollaire une nouvelle méthode de traitement.

Mais non, la nouvelle méthode n'a eu en vue qu'un seul objectif : produire du vin en quantité et n'importe où, en songeant le moins possible aux voies et moyens propres à conjurer les fatales conséquences d'une extension viticole démesurée et d'une production fructifère poussée jusqu'à l'excès !

Or, les vignes d'autrefois, complantées dans les conditions que l'on sait, n'avaient pas à subir l'influence pernicieuse de l'humidité hivernale, puisque leurs terrains étaient généralement peu disposés à détenir, d'une façon constante, les eaux pluviales. Aussi, à l'apparition de chaque nouveau printemps, leur système radiculaire ayant conservé sa consistance membraneuse,— à laquelle nuit toujours un trop long séjour de l'eau, ou même seulement d'humidité intense, —pouvait-il développer à son aise une myriade de nouvelles radicelles qui, à chaque retour de la belle saison, fournissaient une sève rajeunie et vigoureuse à la végétation aérienne du cep.

Quand le soleil d'été dardait ses rayons caniculaires sur ces vignes, il pouvait se produire dans leurs terrains une siccité plus ou moins intense; un arrêt plus ou moins prématuré de la sève ascendante pouvait même en résulter; mais les moindres ondées dont généralement cette saison n'est cependant pas exclusivement privée, suffisaient à atténuer les proportions de ces effets de chaleur, laquelle n'est pas d'ailleurs, je crois, bien contraire à l'évolution fructifère de la vigne.

Tandis que les vignes d'aujourd'hui ont été complantées indistinctement dans tous les terrains, et même la grande production a eu principalement pour base la mise en vignes des terrains du fond des vallées et des basses plaines, où l'humidité est pour ainsi dire en permanence en été après que les eaux pluviales y sont restées généralement stagnantes tout l'hiver.

Il y a là deux inconvénients fort contraires aux principes viticoles et qui ont nui bien plus qu'on le pense à l'existence même de la vigne. Aussi est-ce là que les maladies cryptogamiques prirent naissance. Les unes attaquèrent en été la végétation aérienne; d'autres, agissant en hiver, s'en prirent aux racines mêmes de la vigne et, qu'on le remarque bien, toutes, malgré des dénominations différentes, toutes ont pour unique cause l'humidité!

Il résulte donc qu'une humidité prolongée est préjudiciable à la culture de la vigne. Voilà encore, je crois, un semblant de paradoxe, qui ne siéra peut-être pas à tout le monde, mais il n'y a pas ici à séduire ou à mécontenter qui que ce soit. Je me borne simplement à émettre une opinion que je n'hésite pas à élever à la hauteur d'un principe et que je livre sans crainte au contrôle de l'avenir.

Ah! je sais bien que des méandres de la discussion pourront surgir des contradicteurs pour en contester la valeur, mais, tôt ou tard, j'en ai la conviction, la vérité se tracera sa voie à travers les préjugés et les intérêts... occurrents qui s'agitent dans notre époque à particule?...... variées.

Le *fer* employé sous forme de sulfate avait un grand rôle à jouer, à partir de l'époque des plantations à outrance de la vigne dans les terrains humides, en ce sens qu'il eût atténué l'influence nuisible de cette humidité envers la vigne. En effet, de même que le carbonate de plomb ou blanc de céruse huilé préserve les bois ouvrés des intempéries et des humidités aériennes, de même le sulfate de fer eût pu atténuer les effets de l'humidité du sous-sol contre les parois des radicelles de la vigne en les rendant réfractaires aux atteintes excessives de cet inconvénient souterrain.

Car ce n'est pas en vain que l'on trouve dans la composition moyenne d'un fumier de ferme convenablement réussi 1,50 environ pour cent de péroxyde de fer, c'est-à-dire un peu moins que la part contributive de la potasse (3 pour cent environ) et un peu plus que celle de l'acide phosphorique (1,10 pour cent à peu près).

Il est évident que si la nature cherche à se pourvoir à elle-même par ses combinaisons intimes,—et le fumier de ferme est en effet une combinaison naturelle, — nous devons nous appliquer, non pas à enfreindre ses lois, mais à l'imiter et à l'aider en suivant rigoureusement la voie qu'elle nous trace au sujet des restitutions compensatrices et obligatoires que nécessitent les déficits suscités dans le sol par l'effet de la nutrition végétale.

Or, si le fumier de ferme, l'engrais type, l'engrais naturel par excellence, contient lui-même cet élément minéral : le *fer*, sous une forme quelconque mais en tout cas favorable aux végétaux, et dans des proportions supérieures à celles de l'acide phosphorique, cet autre élément dont nous avons indiqué le rôle indispensable à la constitution des végétaux, il est indubitable que le *fer*, disons-nous, doit être compris par la nature parmi les éléments utiles quoique secondaires que doivent contenir les restitutions compensatrices à opérer envers le sol.

Remarquons toutefois que l'observation qui précède et relative aux dispositions de la nature à se pourvoir à elle-même au moyen des engrais *végétaux* ne peut s'appliquer évidemment qu'à la culture *variable*, c'est-à-dire celle des céréales et des graminées en général, pour laquelle la balance des cultures qui résulte des assolements peut entretenir celle des éléments que le sol est chargé de fournir, et empêcher qu'un minéral quelconque puisse être épuisé plutôt que les autres.

Car, je le répète, il peut y avoir dans ce genre de culture insuffisance de restitutions envers le sol, mais la balance n'en existe pas moins entre les divers éléments dont le sol est en perte, car, s'il y a diminution, tous ont périclité simultanément et en proportions équivalentes aux besoins des végétaux qui ont provoqué ce déficit dans la constitution du sol. Voilà pourquoi le *fer* ne joue, dans ce genre de culture, qu'un rôle très secondaire.

Mais enfin, puisque, comme la nature nous l'indique par la composition du fumier de ferme, — éminemment naturel, je le répète, puisqu'il n'est qu'un dérivé des végétaux transformés par l'effet de la digestion animale, — les céréales, — qui ne restent adaptées au sol que l'espace d'un printemps et dont le système radiculaire ne consiste qu'en une simple touffe de racines chevelues dont les filaments s'enfoncent à peine dans le sol, — ont besoin de l'élément ferrugineux, que ne doit-il pas en être pour les végétaux qui, comme la vigne, sont destinés à fournir une production *invariable* d'abord et à rester ensuite adaptés indéfiniment au sol, dans lequel un système radiculaire compliqué et à ramifications nombreuses évolue dans tous les sens et pénètre à diverses profondeurs, suivant les dispositions des couches souterraines du sol, pour y absorber avidement des éléments de nutrition ?

On me dira, peut-être, que les produits de la vigne ne portent que faiblement les traces de l'action de cet élément minéral : sans doute, mais il convient de ne pas oublier que le *fer* n'exerce une action directe que sur le système radiculaire du végétal, auquel il imprime une action expulsive qui lui permet de résister aux excès de l'humidité du sous-sol. — De là, la possibilité d'éviter à la vigne, au moyen du sulfate de fer, les effets du *pourridié*, cryptogame si commun de nos jours, nous avons vu pourquoi, et qui s'attaque aux racines de la vigne comme le *mildew*, l'*oïdium* et autres étreignent sa végétation aérienne, et qui ont tous, je le répète, l'humidité pour cause déterminante.

Or, il résulte de ce principe que la sève ascendante, — n'emportant avec elle que les effets d'une vigueur acquise ou maintenue simplement par le fait de cette rébellion à l'accident souterrain précité, — ne peut dès lors transmettre *que faiblement* aux organes supérieurs du végétal des principes minéraux pour lesquels la base d'action n'a pu guère s'étendre au delà des parois de l'épiderme radiculaire, puisque, par leur nature peu soluble, ils ne font pas partie des éléments dits « assimilables ».

Maintenant, en outre de ce principe favorable du *fer* envers les végétaux en général et pour la vigne en particulier, il resterait à l'examiner sous un autre point de vue et rechercher si, relativement à la vigne, cet élément minéral ne présenterait pas encore un autre avantage non moins précieux. Est-ce que, appliqué sous forme de sulfate de fer, par exemple, il ne renferme pas des principes insecticides?

En effet, je crois bien que, dans un sous-sol saturé d'une dissolution de sulfate de fer, les organes souterrains du végétal, qui en sont enduits également, doivent offrir peu de prise au suçoir des parasites qui vivent de leur sève ou de leur substance.

Non pas précisément que le résultat nuisible qui en découle pour l'insecte agisse sur lui par ingurgitation absolument toxique, — car le sulfate de fer ne possède, envers les insectes, qu'une force toxique relative, — mais bien par voie d'acreté imprimée sur l'épiderme des racines et qui trouble incessamment les fonctions nutritives de l'insecte qui trouve par suite l'anémie, — et sans doute la mort, — dans un élément du principe duquel l'homme tire, au contraire, les moyens de combattre la sienne.

Terminons enfin l'examen relatif aux rapports du *fer* avec la vigne en faisant observer que si, dans le cours de cette étude, il n'a été question de l'emploi de cet élément minéral que sous forme de sulfate, c'est qu'il n'y a guère de meilleures combinaisons qui le rendent, non pas précisément assimilable par l'arbuste, — car nous avons dit qu'il n'appartient pas à la catégorie des éléments minéraux assimilables, — mais soluble pour le sol et conséquemment apte à jouir envers le végétal qui y est adapté, le rôle qui lui est assigné par la nature.

VIII

Nous aurions encore, pour compléter cette étude, à passer en revue le *magnésium*, le *sodium*, le *chlore* et le *silicium* qui complètent la série des éléments du règne minéral que la nature a mis à la disposition des besoins de vivification des sujets du règne végétal et du règne animal.

Mais le développement de l'examen de ces quatre éléments ne peut comporter qu'une faible étendue, car leurs rapports avec les végétaux ne sont pas non plus de nature à préoccuper trop sensiblement dans l'application de la loi des restitutions envers le sol.

Toutefois, le *magnésium* figure encore dans la composition du fumier pour 1 ⁣/ ⁣100 environ et dans des proportions moindres mais bien déterminées dans la substance même des végétaux, dans la formation desquels cet élément suit une progression graduelle depuis les racines du sujet jusqu'à ses graines, mais dans tous les organes duquel se trouvent les traces positives de sa distribution.

Mais cet élément se maintient dans le sol d'une façon suffisante et sans s'en préoccuper spécialement. En effet, avec le concours des divers agents de dissolution qu'il renferme et dont nous avons parlé, le sol tire du sein de ses couches souterraines ce qui lui est nécessaire de cet élément, dont l'insolubilité primitive se trouve constamment en butte aux attaques des agents dissolvants que la terre végétale renferme, avons-nous dit, et, de ces attaques incessantes, il résulte pour le sol une alimentation suffisante de cet élément.

Du reste, un retour au sol de ce minéral se produit, — également sans s'en préoccuper, — par les fumures natu-

relles ou artificielles. Le fumier, avons-nous dit, en contient 1⌐100 environ et les engrais chimiques ne peuvent
guère être combinés sans que la présence d'un sulfate de
magnésie s'y révèle, car l'action dissolvante dirigée préalablement par l'industrie contre les phosphates atteint
également une partie du *magnésium* qui s'y trouve et en
détermine la solubilité.

Quant aux autres éléments, quoique leur présence soit
signalée aussi bien dans le fumier naturel que dans la
substance même des végétaux, ils y figurent par des quo-
tités si restreintes que, s'il n'est pas permis de dire que
leur concours est inutile à la formation des végétaux, on
peut du moins affirmer que, soit que le sol ait la faculté
de se pourvoir surabondamment à lui-même sur leur
compte, soit que les fumures naturelles ou artificielles renferment toujours en elles-mêmes ces éléments secondaires,
il n'y a pas lieu de leur chercher une place spéciale
dans les combinaisons restituantes que le sol nous demande.

Voilà donc la force motrice qui fait mouvoir le mécanisme merveilleux du règne végétal au sein de la nature,
dont les lois immuables régissent la famille végétale tout
entière. Depuis l'arbre gigantesque, — montrant au loin
ses cimes orgueilleuses, — jusqu'à l'humble violette, —
cachant sa beauté emblématique sous les ronces et la
mousse qui recouvrent le pied séculaire de ce roi de la
forêt, mais d'où s'exhale un suave parfum qui trahit la
modestie de cette fleur des bois, — tous les sujets végétaux obéissent à ces lois invariables et sont soumis au
même ordre déterminé de la nature.

Or, il est permis à l'homme de l'imiter en se conformant
à ses enseignements; il est du devoir de l'homme d'aider

la nature dans la manifestation de ses effets sur la végétation : il n'a pour cela qu'à suivre ses traces.

Mais si l'humanité vient à s'oublier jusqu'à enfreindre
ses règles souveraines....., Oh ! alors....., malheur à
elle !!! Car la nature, en dépit des défis ironiques du genre
humain , renverse impitoyablement l'œuvre sacrilège
qu'on a édifiée sans elle et, envers et contre tous, elle
arrive toujours à la revendication de ses droits.....
parce qu'ils sont imprescriptibles !

Décembre 1878.

MŒURS ET CARACTÈRES

Des principaux parasites de la vigne

Avant d'indiquer les moyens de combattre et de vaincre les divers parasites animaux et végétaux dont la vigne est souillée, il convient, ce me semble, de déterminer les mœurs et caractères des plus importants d'entre eux. Mais ces sujets ayant été traités de tous côtés, leur définition va être faite ici le plus sommairement possible. Du reste, quoique ces connaissances ne soient point absolument inutiles au viticulteur, on voudra bien convenir que l'enseignement le plus utile au vigneron est celui qui lui montre les moyens de maintenir sa vigne en bon état et de la soustraire ainsi aux atteintes des hôtes habituels de la décrépitude.

I

Cycle biologique du phylloxéra.

A tout seigneur, tout honneur ! C'est, avons-nous dit, le roi des parasites. Aussi fort qu'Attila au point de vue de la dévastation, il le dépasse comme extension de conquêtes. Son champ de bataille est aussi grand que le monde viticole et nul endroit du globe ne peut dire qu'il ne verra pas apparaître tout au moins ses avant-postes.

Et pourtant, ces vandales d'un nouveau genre sont bien petits ; mais ils sont si nombreux, leur reproduction est si prodigieusement phénoménale et leur morsure étant, pour comble de malheur, d'un caractère hémorragique, que les traces de leur passage ont constitué un fléau rappelant les sept fameuses plaies d'Égypte.

Les phylloxéras qui se trouvent dans le sol n'ont pas d'ailes et sont par suite désignés sous la dénomination d'*aptères*. Ils s'attachent aux racines où ils subissent plusieurs mues successives avant d'atteindre leur grosseur normale. Après la troisième mue, ils offrent tous le caractère particulier de pouvoir, sans accouplement, pondre des œufs qui, au bout de quelques jours, donnent naissance à de nouveaux insectes semblables à leurs auteurs. Tous ces nouveaux-venus de l'éclosion ovaire deviennent après trois mues de nouvelles pondeuses.

La vie de ces pondeuses et leurs reproductions successives durent tant que le froid ne se fait pas sentir. Dès lors, les insectes issus des dernières pontes se cantonnent dans les interstices des racines et s'engourdissent dans un sommeil hibernal. Mais dès que la belle saison recommence, ces hibernants se réveillent et recommencent leurs exploits, leurs mues et leurs reproductions.

Quand viennent les mois de juillet et d'août, certains sujets ne se transforment pas en pondeuses et, subissant un plus grand nombre de mues, se trouvent dotés d'ailes rudimentaires : ce sont les nymphes des phylloxéras ailés en cours de développement. Quand ce développement sera complet et les ailes absolument formées, ils iront en essaims porter ailleurs, quelquefois bien loin, suivant leur caprice ou la force des vents, le siège de leurs méfaits.

Les phylloxéras ailés sont tous femelles et, également sans accouplement, pondent des œufs fécondés sur le revers des feuilles de la vigne. De ces œufs naissent : des plus gros, des femelles, et des plus petits, des mâles. On les désigne sous le nom de sexués et les organes nutritifs leur font défaut aussi bien que le suçoir. Aussi, à peine éclos, cherchent-ils à s'accoupler, pour le mâle mourir incontinent et la femelle après son dépôt, — sous l'écorce du bois de deux et trois ans de la souche, — de son œuf unique : c'est l'œuf d'hiver.

Cet œuf est ainsi désigné parce que, pondu vers le mois de septembre, il reste tout l'hiver et attend le printemps pour éclore et donner la vie à un nouvel insecte *aptère*, qui s'empresse de gagner les profondeurs du sol, se fixe sur les racines et là sert de point de départ aux pontes successives parthénogénésiques dont nous avons parlé.

L'œuf d'hiver est donc le nœud de la biologie phylloxérique. Dès lors, sachant où il est déposé et reste si longtemps, Messieurs les microbiens exclusifs eussent eu là un repaire relativement facile à atteindre. Mais nous l'avons dit et les faits l'ont surabondamment prouvé, la destruction de l'insecte ne suffit pas au salut de la vigne, il faut encore et surtout qu'elle soit l'objet d'une culture rationnelle et de fumures appropriées à ses besoins, telles qu'elles seront indiquées plus loin.

II

La Pyrale de la vigne.

Tortrix Pilleriana.

La Pyrale, connue des vignerons sous le nom de *Babot*, est un parasite qui a exercé de grands ravages dans les vignes. A l'état parfait, la Pyrale est un petit papillon jaune plus ou moins doré dont les ailes sont d'ordinaire repliées sous l'abdomen. La longueur du corps est de onze à quinze millimètres. La tête, d'un jaune fauve, porte deux antennes filiformes jaunes recouvertes de poils blancs et de petites écailles noirâtres. Chez ce papillon, qui ne mange pas, la trompe est courte. Les ailes antérieures ont un reflet vert doré, avec une tache près de leur base et trois bandes transversales brunes, les deux premières obliques, la troisième presque droite.

Chez les mâles, cette tache et ces bandes sont plus accentuées que chez les femelles. La coloration des ailes de ces dernières subit de nombreuses variations. Les ailes postérieures sont grises, uniformes. Les pattes et l'abdomen sont d'un jaune gris.

A l'état adulte, la chenille est d'un vert jaunâtre avec des bandes longitudinales vert jaune; elle porte des taches punctiformes blanchâtres munies chacune d'un poil. La tête et le premier anneau sont noirs. Elle a deux millimètres de longueur au sortir de l'œuf; à la fin de la croissance elle atteint trois centimètres. La chrysalide est brun marron, de petites épines sont implantées sur le bord des segments, le dernier est garni de huit petits crochets, la longueur ne dépasse pas dix millimètres.

Au commencement de juillet, ce papillon commence à éclore ; il meurt dès l'accouplement terminé. Le soir, au coucher du soleil, et le matin, au crépuscule, on voit les papillons voltiger : la nuit au contraire et dans la journée ils restent accrochés aux feuilles et aux tiges.

Après l'accouplement, les femelles pondent, sur la partie supérieure des feuilles, des œufs disposés en petites rangées contiguës, l'ensemble forme sur la feuille des plaques verdâtres contenant environ 60 œufs. Ceux-ci sont liés l'un à l'autre et aux feuilles par un liquide mucilagineux.

Les mères pyrales pondent non seulement sur les feuilles des vignes, mais encore sur les chardons, aubépines, églantiers, liserons, etc. La couleur verte des œufs passe au jaune, puis au brun, quand arrive le moment de l'éclosion des jeunes larves.

A la sortie de l'œuf, les petites chenilles se répandent sur les feuilles, se suspendent aux bords avec un fil de de soie ; poussées par le vent, elles viennent s'accrocher au cep, à l'échalas, dans les moindres interstices. Elles se filent une coque de cinq ou six millimètres ovoïde, où elles resteront immobiles jusqu'au printemps.

Vers la fin avril, les coques s'ouvrent, les chenilles montent sur les jeunes pousses successivement ; le réveil durant de 15 à 20 jours, elles tendent des fils, rapprochent par ce moyen les feuilles les unes des autres. Les chenilles atteignent un centimètre de longueur à la fin mai, quittent alors les bourgeons, se portent sur·les feuilles et les grappes, empêchent la floraison, parfois même les grains sont attaqués.

Cette dévastation s'arrête, la chenille se blottit dans la loge édifiée au milieu des feuilles raccornies et devient immobile pour accomplir sa métamorphose. Au bout d'une quinzaine, la chrysalide se fend sur le dos, le papillon en sort pour continuer la reproduction de l'espèce.

La Pyrale choisit de préférence les endroits abrités, exposés au midi, et les vignes vieilles sont plus atteintes que les jeunes. Enfin les pluies et les gelées contrarient les métamorphoses de ce lépidoptère.

III

La Cochylis.

Il est une autre espèce de ces parasites que l'on confond assez généralement avec la précédente, c'est la Cochylis. C'est qu'en effet leurs mœurs comme leurs formes ne sont guère dissemblables, et le principal caractère qui les distingue c'est que, pendant la période déprédatrice de leur existence, la Pyrale établit son repaire dans les feuilles, qu'elle recoquille, et s'en forme un abri, tandis que la Cochylis s'installe au sein même des grappes qu'elle enchevêtre d'une toile soyeuse.

Aussi, de deux vignes atteintes l'une de la Pyrale, l'autre de la Cochylis, les fruits de la première seront moins maltraités que ceux de la deuxième. Il s'ensuit également que, leurs évolutions étant identiques, le même moyen, que nous indiquerons plus loin, peut servir à les combattre.

IV

Le Mildew, l'Oïdium, l'Anthracnose.

Le Mildew ou mildiou est une affection cryptogamique, due au *Peronospora viticola*, champignon parasite de la vigne.

Le Péronospora se montre sur les feuilles, mais il vit dans l'intérieur de la feuille et non à la surface, comme l'*Oïdium*.

Les spores de ces champignons sont déposés sur la face supérieure de la feuille ; elles pénètrent à l'intérieur où le micélium se développe et produit les efflorescences blanches qui paraissent sur la face inférieure et qui sont les organes de fructification. Elles attaquent quelquefois les grappes ainsi que les rameaux du voisinage des feuilles atteintes.

On voit d'abord des taches blanches d'aspect cristallin sur la face inférieure des feuilles, surtout le long des nervures et à l'extrémité des lobes de la feuille. Ces taches ne tardent pas à s'étendre, la feuille se crispe, se dessèche et tombe. Les rameaux eux-mêmes sont quelquefois atteints pour se dessécher entièrement.

Le Péronospora se propage par des spores d'été dont la faculté de reproduction et la dissémination sont considérables, ainsi que par des spores d'hiver, dites spores dormantes, qui peuvent braver les conditions les plus défavorables de la mauvaise saison, pour entrer en végétation au moment propice.

La chaleur et l'humidité sont les conditions favorables au développement du Péronospora. Avec le temps sec, les spores perdent de leur faculté germinative. L'étude

des champignons parasites de la vigne offre des phénomènes forts curieux.

Ainsi, l'Oïdium et l'Anthracnose sont des cryptogames
analogues, mais ils n'ont pas, comme le Péronospora, des
spores d'hiver dormantes. Ces deux parasites demeurent
sur les rameaux, où le micélium ne meurt pas mais passe
l'hiver. On pourrait donc, en enlevant les parties malades,
recueillant et emportant au loin les feuilles et les rameaux détachés par la taille [1], supprimer la réinvasion ou
l'atténuer sensiblement. Les feuilles pourraient être
mangées par les animaux ou être employées comme litière sans aucun inconvénient et, au contraire, avec
avantage.

Avec le *Peronospora viticola*, comme avec les autres pé-
ronosporées, c'est tout différent. La digestion ni la putréfaction ne peuvent détruire les spores dormantes, et on
ne peut sans imprudence conserver ou utiliser les débris
provenant des végétaux atteints. Il faudrait les détruire
par le feu.

On a prétendu que cette cryptogame a été importée
d'Amérique. On doit plutôt reconnaître que c'est là une
affection inhérente à la vigne américaine et, à ce point
de vue, qui n'est pas du tout la même chose, la prétention peut être fondée. En tout cas, je le répète, on ne
connait les maladies cryptogamiques que depuis la plantation des vignes dans les terres humides. Mais si la
vigne indigène est parfois atteinte du Mildew ce n'est que
par éclaboussures lancées par la vigne exotique du voisinage.

---

1. Il s'ensuit que le badigeonnage contre l'anthracnose, indiqué
page 127, doit principalement porter sur le bois jeune de la souche.

V

Les Rots noirs et blancs.

Le Rot noir se développe surtout sur les grains du raisin ; il se montre aussi sur les jeunes sarments, le pédoncule, la rafle, le pétiole, les nervures et le parenchyme des feuilles, mais jamais sur les sarments aoûtés.

La première action du Rot noir sur les grains de raisin ne se manifeste que quelque temps après la véraison. Elle se révèle d'abord par une tache circulaire, décolorée, mesurant à peine quelques millimètres de diamètre. Cette tache grandit et prend brusquement une teinte rouge livide, plus foncée au centre et diffusée sur les bords. A ce moment elle est assez comparable à une meurtrissure. Elle progresse très rapidement en surface et en profondeur ; après vingt-quatre heures ou peu après, toute la baie est altérée. Le grain présente alors une coloration rouge-brun livide. Sa surface est lisse encore et non déformée, mais la pulpe est un peu molle, spongieuse et moins juteuse qu'à l'état normal. A cet état, on peut le comparer aux grains grillés par le soleil. Bientôt après, il commence à se rider en prenant une teinte plus foncée vers le point où l'altération a débuté ; puis il se flétrit peu à peu et successivement. Au bout de trois ou quatre jours, quelquefois moins, il est complètement desséché, et d'un noir très foncé, avec des reflets bleuâtres. La peau et la pulpe, ridées et amincies, sont appliquées contre les pépins, sans présenter à leur surface ni excoriation ni lésion.

Lorsque le grain d'un rouge-brun livide passe à une

teinte plus foncée et commence à se rider, on voit apparaître, à sa surface, de petites pustules noires. Les ponctuations peu surélevées, plus petites que, la tête d'une épingle, mais visibles à l'œil nu, se multiplient rapidement. Lorsqu'elles ont envahi tout le grain, elles y sont très nombreuses, toujours rapprochées, parfois tangentes, ne laissant aucune place dégarnie. La peau, rugueuse, a alors un aspect chagriné.

Ces altérations se produisent dans l'espace de trois ou quatre jours. Le grain ne tombe pas aussitôt ; il reste adhérent à la grappe pendant quelque temps encore ; puis il se détache, soit avec la grappe entière, soit avec un fragment plus ou moins considérable, parfois même il n'entraîne dans sa chute que son pédicelle.

Le Rot noir ne se montre jamais simultanément sur toutes les grappes d'une souche ; rarement il attaque en même temps tous les grains de la même grappe. Généralement, il apparaît isolément sur un ou plusieurs grains et envahit ensuite les autres d'une façon assez irrégulière. On trouve ainsi, sur la même grappe, des grains à divers états d'altération. Certains sont entièrement noirs et desséchés, tandis que d'autres, situés tout à côté, sont partiellement d'un rouge-brun livide. Aussi, une grappe entière n'est-elle jamais détruite qu'au bout d'un temps assez long. Il arrive même que quelques-unes d'entre elles ont le quart, le tiers ou la moitié de leurs grains qui parviennent à maturité, mais seulement lorsque la maladie s'est montrée à une époque tardive. Le mal se propage moins vite, en effet, à partir de la véraison, quoique le parasite continue à se développer jusqu'à la récolte.

L'altération du grain peut gagner le pédicelle, puis le pédoncule, mais il est rare que ces derniers organes soient seuls attaqués. Dans ce cas, la grappe entière ou seulement une partie se dessèche.

Les caractères que le Rot noir présente sur les feuilles sont faciles à distinguer. La forme des taches est à peu près circulaire, parfois allongée. La plupart ont de deux à trois millimètres de diamètre ; d'autres mesurent un centimètre à un demi-centimètre ; d'autres ont jusqu'à deux centimètres de longueur ; quelques-unes s'étendent en nappe de deux centimètres de largeur sur trois et quatre centimètres de longueur à l'extrémité des lobes ; ces dernières proviennent toujours de la réunion de plaques plus petites. Elles sont disséminées sur toute la feuille, au nombre de dix à douze, mais sans jamais occuper plus du tiers de la surface du limbe.

Elles prennent brusquement une teinte *feuille-morte*, uniforme sur les deux faces. On n'observe pas les nuances successives, variant du jaune au brun, que prennent les taches du Mildew. Les tissus sont rapidement desséchés ; ce n'est que par exception et vers la fin de la végétation qu'ils se détachent en laissant un trou. En cet état, les taches ont la plus grande analogie avec l'altération qu'on appelle *coup-de-soleil*.

*_**

Le Rot blanc ou *Coniothyrium diplodiella* se manifeste par la dessiccation des raisins. Les grappes atteintes présentent un certain nombre de grains sur lesquels se montrent de petites taches livides. Ces taches s'accroissent avec rapidité et les tissus de la baie sont bientôt entièrement envahis. En même temps que l'altération progresse, de nombreuses petites pustules couleur brune, formées par les fructifications du *Coniothyrium diplodiella* se montrent à la surface. Bientôt après, les grains se flétrissent et se dessèchent, en prenant un aspect chagriné résultant du relief de ces pustules. Des altérations semblables se présentent aussi sur le pédoncule et sur les pédicelles de la grappe ; elles précèdent, dans la plupart des cas, celles des grains. Leur coloration est d'un brun plus foncé. Elles s'étendent assez rapidement sur tous les tissus environnants et finissent par envahir les grains, sur lesquels elles se manifestent tout d'abord, presque toujours, au point de leur insertion sur le pédicelle.

Les lésions sont fréquemment assez importantes pour déterminer la chute de la grappe, lorsqu'elles se produisent sur des cépages à rafle tendre. Dans tous les cas, elles entraînent la dessiccation de la partie de la grappe ou des grains qui sont situés au delà.

Les mêmes lésions, sur les sarments, paraissent se manifester lorsque les tissus ne sont pas encore lignifiés ; aussi sont ce les cépages à aoûtement tardif qui sont les plus atteints. Il est rare que l'altération se manifeste sur un point quelconque de l'entre-nœud ; dans la plupart des cas, elle se propage du pédoncule vers son point d'insertion sur le rameau. Elle envahit bientôt toutes les parties avoisinantes et s'étend tantôt régulièrement tout autour du sarment, tantôt sur une bande longitudinale plus ou moins large.

Dans le premier cas, il se forme au-dessus de la partie atteinte un fort bourrelet de tissus cicatriciels ; puis les feuilles prennent une coloration rougeâtre, tombent, et le sarment se dessèche. Les tissus altérés présentent tout d'abord une coloration noirâtre ; mais bientôt les pustules signalées sur les grains se montrent à leur surface et leur

donnent un aspect gris terreux. Ces pustules se développent surtout à la surface de l'écorce ; elles prennent
aussi naissance sur les parties altérées du bois. Dans ce
cas, l'écorce se soulève et se détache en lanières.

*
**

Tels sont les principaux types parasitaires dont la vigne
est atteinte, et la définition de leurs mœurs et caractères
tirée de celles d'ampélographes et d'entomologistes dis-
tingués. Sans doute, d'autres rongeurs viticoles seraient
à ajouter à ceux qui précédent, mais leurs exploits malfaisants n'ont pas encore atteint un degré de gravité pouvant leur mériter des mentions spéciales.

VI

Les ennemis de la vigne au XVe siècle.

Sous ce titre, l'éminent Président de la Société d'horticulture de Seine-et-Marne, M. le marquis de Paris, m'a
communiqué le curieux article suivant, qui, trouvant ici
sa place naturelle, sera comme une mise en parallèle
des rongeurs de la vigne d'autrefois et de ceux qui la dé-
vorent aujourd'hui.

« Au milieu du xve siècle, des myriades d'insectes ra-
vagèrent les coteaux bourguignons. Le mal fut si grand
dans la province, dit Courtépée, qu'il fut décidé en 1460,
avec les gens d'église, à Dijon, que pour remédier aux
urebéres et vermynes qui gâtaient les vignes, on ferait
une procession générale le 25 mars, que chacun se con-

fesserait et que défense serait faite, sur rigoureuses peines,
de jurer.

Cette véritable plaie des *urebérès*, *écrivains* et *vermynes*,
qui fit son apparition avant l'année 1460, ne finit selon les
uns qu'en 1500, et selon les autres que beaucoup plus
tard.

Tout porte à croire qu'à cette époque on était déjà en
présence d'une première invasion du phylloxéra. Les tra-
ditions locales de plusieurs villages de la Côte rapportent que nos pères, en souvenir sans doute de la trop
fameuse peste noire de 1349, donnèrent le nom de « maladie noire » au fléau qui sévissait sur les vignes.

Tout le vignoble fut détruit; il ne resta dans la contrée
beaunoise qu'un petit bouquet de vignes sur la montagne
de Pommard, qui fut appelé pour cette raison le « Petit-
Vignot », nom qu'il porte, parait-il, encore aujourd'hui ;
et quand on voulut replanter la Côte, on fut obligé de faire
venir des plants de Crimée.

Dom Henrique rapporte, dans les annales de Citeaux,
qu'il a vu sur un manuscrit de la bibliothèque de l'Abbaye
qu'au Clos-Vougeot le fléau consistait en un nombre infini
de petits insectes qui s'attachaient aux racines qu'ils dé-
truisaient en les faisant pourrir. Ils étaient comme des
grappes de « poux » attachés aux racines et vivaient
souterrainement; les feuilles commençaient par jaunir
et se flétrir; le bois séchait sur pied et le cep dépérissait
promptement.

Les moines en furent réduits à laisser les vignes en
friche pendant quelque temps, puis ils reconstituèrent leurs
vignobles par des « semis ». Peu de vignes furent épargnées et il fallut plus d'un siècle pour reconstituer tous
les vignobles de la Côte et de la Bourgogne.

N'y a-t-il pas entre cette grande invasion du xv⁰ siècle
et celle du xix⁰ une grande analogie ? Le phylloxéra de
nos jours n'est-il pas ce « pou » qui s'attachait aux racines de la vigne autrefois? Si le nom a changé, la forme
de l'insecte est bien la même : grosseur, forme, couleur,
vie physiologique, tout est bien semblable. La marche de
l'invasion paraît être la même, la nature des ravages ne
diffère point dans l'une et l'autre invasion.

Qu'est-ce à dire ?

En présence des faits actuels, on est tenté de croire
que l'invasion phylloxérique du xix⁰ siècle est une réédi-
tion de l'invasion d'insectes qui a ravagé les vignobles de
la Bourgogne au xv⁰ siècle. Les plus anciens vignerons
de Savigny ont entendu parler du « pou » de la vigne, mais
ils ne l'ont jamais vu; quelques-uns prétendent que le
phylloxéra n'est rien autre que ce « pou » dont il est parlé
dans les documents manuscrits du xv⁰ siècle, notamment
dans le mandement de l'évêque de Langres, en 1553 :
« Sommant les *écrivains*, *urebères* et autres bestioles nui-
sant aux fruits de la vigne, de cesser immédiatement de
ronger, de détruire et d'anéantir, etc..... »

On pourrait faire plusieurs remarques de ce rapproche-
ment de faits. Je me borne à n'en déduire qu'une, c'est
qu'au xv⁰ siècle les Bourguignons mirent plus d'un siècle
à reconstituer leurs vignobles et qu'ils y réussirent, —
tandis que les viticulteurs du xix⁰ ont cru pouvoir reconstituer les leurs en trois ou quatre ans. Réussiront-ils ?
Cela dépend et dépendra de la culture.

Car les premiers ne replantaient une terre que longtemps
après l'arrachage de la vigne : elle s'était donc désinfec-
tée et remise de ses pertes en éléments utiles, par la cul-

ture des céréales. Alors que les seconds paraissent se sou-
cier fort peu de ce point pourtant capital, ils arrachent
une souche et dans le creux même encore entr'ouvert ils
enfouissent un nouveau cépage. N'est ce pas à peu près
cela que l'on fait de nos jours?

NOTICE

RELATIVE A LA TAILLE DE LA VIGNE

La taille de la vigne, comme nous l'avons dit dans la première édition de cet ouvrage, a été considérée jusqu'à ce jour et à peu près généralement comme une opération vulgaire, sur laquelle a même été greffée une espèce de dicton que je me garderai bien de reproduire ici, tant à cause de son expression pittoresque que par protestation envers une formule égoïste qui, née d'une routine viticole dévoyée, a fatalement déterminé des effets d'autant plus pernicieux pour la vigne qu'ils ont échappé et se dérobent encore au discernement des masses viticoles.

Laissons donc les congénères du compagnon équestre de Sancho Pança tailler la vigne suivant les notions que la nature leur a inculquées sous forme d'instinct simplement herbivore et profondément rudimentaire ; mais taillons-là, nous, selon les règles déterminées par les lois naturelles qui régissent les végétaux et que nous tracent, en caractères lumineux, l'étude, la perspicacité et la raison qui forment le plus bel apanage du roi de la création.

Trois considérations principales doivent présider à l'accomplissement de cette amputation annuelle des pousses végétales de la vigne, laquelle, par suite de la captation de sa sève, est privée de sa liberté sauvage pour devenir l'esclave de la raison, des caprices et, trop souvent, hélas ! des exigences cupides du vigneron, auquel elle est condamnée, par cette opération, à payer son tribut de fructification.

Ces trois conditions à observer pour la taille de la vigne, sont : l'opportunité de l'époque ; une température favorable, non seulement au moment de l'opération, mais encore, autant que possible, pendant celui qui précède et qui suit immédiatement la coupe des sarments, surtout celui en ce qui concerne la section des *cots* ou boutures à fruit ; et enfin la distribution des coursons de la souche et celle de leurs boutures et bourgeons fructifères qui doivent toujours être en proportions concordantes avec la nature du sol dans lequel la vigne est adaptée, ainsi qu'avec la dimension, la vigueur et l'âge de la souche.

C'est donc en s'appuyant sur ce trépied de circonstances formant la base d'une taille bien ordonnée, que nous allons aborder cet examen et rechercher les effets favorables qui peuvent résulter pour la vigne de l'observance de ces principes ; de même que nous essaierons de démontrer les effets pernicieux qui peuvent découler de l'inobservance des règles naturelles.

II

A quelle époque doit-on tailler la vigne ? Tel est le premier sujet à traiter dans notre examen. Évidemment une décision pratique à cet égard a d'abord pour obligation absolue de se conformer au principe fondamental des lois végétales ; elle reste ensuite subordonnée aux exigences individuelles des sujets végétaux.

Ce principe fondamental fixe invariablement l'exécution de la taille de la vigne à l'époque où la végétation, ayant acquis la parfaite consistance du bois, se trouve plongée dans son sommeil léthargique hivernal, mais plus spécialement au moment où ce repos va prendre fin, c'est-à-dire celui qui précède immédiatement le premier mouvement de la sève que réveillent chaque année les premiers rayons solaires précurseurs du printemps.

Tandis que, d'autre part, les divers cépages vinicoles, par des dispositions plus ou moins sensibles ou réfractaires aux premières caresses de la nature, en subissent différemment l'influence qui détermine chez eux un degré de précocité ou de tardiveté relatives, en avançant ou retardant leur sécrétion de sève et conséquemment le moment psychologique de leur taille conformément au principe dont il vient d'être parlé.

« Mais, dira-t-on, si l'on peut aligner aisément sur le papier ces phrases théoriques, peut-on, tout aussi facilement, en observer les indications sur le terrain de la pratique ? Est-ce matériellement possible de tailler en quelques jours des vignobles embrassant presque exclusivement la totalité des terrains de régions entières ?

« Nos pères pouvaient bien, objectera-t-on sans doute encore, suivre les errements superstitieux de leur époque et adopter religieusement, pour la taille de leurs vignes, le mois lunaire qui précède immédiatement celui de l'équinoxe du printemps ; car ils croyaient, eux, à l'influence de la lune sur l'amputation et l'émondage des arbustes, et puis, n'ayant que quelques lopins de vigne à tailler, ils pouvaient à leur gré choisir pour cette opération une époque lunaire officielle.

« Mais aujourd'hui, résumera-t-on enfin, — à part de rares exceptions attardées dans les sentiers d'une vieille

routine, — nous nous sentons trop entraînés par l'esprit
de... progrès de notre siècle... sceptique pour que nous
acceptions l'héritage de simplicité et de foi que possé-
daient nos pères dans l'exercice de leurs pratiques viticoles.

« Sous l'inspiration des trois faux dieux du jour : l'é-
goïsme, le scepticisme et le positivisme, après avoir ébau-
ché sur ces vieilles routines un sourire de commisération,
nous laissons bon gré mal gré aux éléments leur libre
arbitre au sein de la nature, aux planètes leur faculté
de circonvolution autour de leurs orbites et, nous souciant
fort peu des uns comme des autres, nous marchons au gré
de nos intérêts immédiats, ou, si l'on veut, des hommages
à rendre aux idoles du jour. »

Certes, en présence de l'extension viticole poussée, — on
peut le dire, — jusqu'à outrance de nos jours, il n'est guère
facile de s'affranchir des nécessités formulées par les
objections qui précèdent; mais il n'est pas moins vrai qu'il
est possible, avec un peu de bonne volonté et d'ordre méthodique, d'en atténuer les conséquences en se conformant,
autant que possible, aux exigences naturelles.

Si, à cause de trop grandes surfaces de vignes, on se
trouve obligé de commencer leur taille de bonne heure —
alors que le bois nouveau, à peine aoûté, contient encore
un restant de sève qui empêche le durcissement de ses
tissus que l'hiver seul peut opérer par sa provocation de
l'engourdissement total des humeurs vitales de l'arbuste, —
il serait bon de borner l'opération à un nettoyage de tout
le bois inutile de la souche et de surseoir, jusqu'au moment propice, à la taille définitive des *cots*, que l'on peut
raccourcir provisoirement pour la facilité des travaux
hivernaux du sol.

Ce faisaut, on évitera la décomposition partielle qui peut atteindre dans ce cas, non seulement l'orifice de la coupure du *cot*, mais encore quelquefois, suivant les rigueurs atmosphériques du moment, la nodosité même des yeux ou bourgeons laissés pour bases végétative et fructifère, lesquels, par suite de cette atteinte, peuvent néanmoins bien végéter mais mal fructifier.

Les conséquences de cet inconvénient peuvent devenir plus intenses et conséquemment plus appréciables si cette opération est pratiquée ainsi prématurément pendant quelques années de suite sur la même vigne, et surtout s'il s'agit d'un cépage demandant la taille courte, c'est-à-dire à deux yeux, comme l'exigent la plupart de nos cépages méridionaux.

Si, au contraire, on procède tardivement à cette opération, c'est-à-dire au moment où chaque coup de serpette fait jaillir un jet de liquide séveux qui afflue déjà aux extrémités des sarments, il se produit alors pour l'arbuste, par suite de la perte du fluide contenu dans ses parties amputées, un affaiblissement analogue à celui qui résulterait d'une hémorrhagie violemment provoquée sur l'espèce humaine par un chirurgien inexpérimenté ou maladroit.

Évidemment, le moment psychologique de la taille dépend de la nature plus ou moins précoce du cépage. C'est là un point à élucider par le vigneron lui-même qui peut, mieux que tout autre, juger de l'*allure* végétale des diverses variétés qui peuvent composer son vignoble.

Au surplus, en taillant de bonne heure un cépage précoce, même au cœur de l'hiver, c'est-à-dire après que son bois a acquis sa pleine consistance, il est à craindre que sa précocité ne soit surexcitée et que, par suite, ses bourgeons trop hâtivement éclos soient exposés aux atteintes des premières gelées blanches du printemps. C'est donc sur ces genres de cépages précoces que doit surtout se porter l'attention des viticulteurs pour l'adoption du moment favorable à cette opération.

Les jeunes plantiers, quels que soient les cépages qui les composent du reste, doivent également être soumis à l'exercice d'une taille au dernier moment propice, car la simplicité même de leur système radiculaire les rend très susceptibles aux premières impressions printanières, partant plus précoces et, par suite, plus exposés aux froides matinées qui se produisent ordinairement au début du printemps.

III

La seconde condition nécessaire à la taille de la vigne consiste à pratiquer cette opération par une température favorable, non seulement, avons-nous dit, au moment même de l'exécution, mais encore, autant que possible, pendant celui qui la précède et celui qui la suit immédiatement.

Cette température, pour être favorable, doit être relativement douce et, en tout cas, au-dessus des degrés de congélation, car il en est des amputations d'organes végétaux comme de celles relatives aux organes des sujets du règne animal. Une coupure violemment faite et livrant subitement des tissus internes et délicats, — d'autant plus délicats qu'une cuirasse dermique intercepte pour eux la vivacité des influences externes, — aux étreintes spasmodiques d'une température glacée, procure indubitablement à l'organe amputé une sensation plus ou moins manifeste

8

et durable, suivant le degré d'impressionnabilité du sujet et de l'intensité de l'empreinte atmosphérique.

De cette sensation découle pour l'organe végétal amputé une décomposition partielle des tissus qui le composent; quelquefois même, qand les froids sont persistants, il s'ensuit une décomposition totale, surtout pour les sujets qui, par leur nature frileuse, demandent à être adaptés dans les régions où les hivers sévissent avec peu de rigueur [1].

La prudence la plus élémentaire exige donc que l'on s'abstienne de tailler la vigne dans ces moments de rigueurs climatériques. Cette réserve doit s'étendre à tous les cépages en général, quoique certaines variétés paraissent peu s'émouvoir des atteintes de l'atmosphère, auxquelles un caractère plus rustique et peut-être aussi une rudesse plus accentuée de tissus plus lignifiés leur permettent d'opposer une plus forte résistance.

Car il ne saurait être douteux que cette résistance invincible, peut-être, à l'attaque limitée d'une seule opération pratiquée dans ces conditions pernicieuses, ne finît par faiblir, même pour les plus forts de ces cépages privilégiés, s'ils étaient condamnés à subir pendant quelques années consécutives cette façon de procéder désastreuse au premier chef.

Nous ne pouvons sans doute pas disposer à notre gré

---

1. Ce fait s'est produit dans notre région et dans ma localité en particulier, en 1880. Une série de gelées blanches s'étant produites, en janvier de cette année, pendant plus de 25 jours consécutifs, les grenaches qui avaient été taillés depuis peu furent tellement saisis par ces intempéries qu'ils ne végétèrent qu'au mois de juillet, et encore ne vit-on surgir leurs pousses que dans les pieds des ceps, les coursons et les cols étant devenus inertes par suite d'une décomposition totale de leurs tissus.

des éléments, qui peuvent quelquefois trahir notre bonne volonté et déjouer nos plus habiles précautions, mais il n'est pas moins vrai qu'en principe, la taille de la vigne comporte la nécessité absolue d'une formation de tissus cicatriciels sur la plaie de la coupure, pour qu'il y ait interception entre les tissus internes mis à nu du cep et l'atmosphère, avant qu'un froid intense ne se produise et ne puisse agir d'une façon préjudiciable à la vigne fraîchement amputée; inconvénient fatal que doit chercher à éviter, autant que possible, tout viticulteur soucieux de la vitalité et de la force de fructification de sa vigne.

IV

La troisième et non moins importante des conditions à observer dans la taille de la vigne réside dans une distribution rationnelle des coursons de la souche et des *cots* chargés de sa futur refructification, qui doivent être, les uns comme les autres, comme nous l'avons dit, en proportion directe et constante avec la dimension, l'âge, la vigueur de la souche et le degré de fertilité du terrain dans lequel elle est adaptée.

Qui pourrait soutenir que ce n'est point là la condition qui a été la moins observée dans ces derniers temps ? Quels sont ceux qui pourraient nier que c'est à cheval sur cette inobservance même que la plupart des viticulteurs sont partis en guerre, l'oriflamme de la cupidité en tête, pour la conquête des quantités fructifères ? Et cela sans réfléchir, dans leur *furia francese,* — ou tout autre, si l'on veut, — aux suites fatales de leur inconséquence !

Et n'aurait-on pas dû songer, — avant de subir l'en-

traînement de cette fougue tentatrice, — que l'émission
de sève d'une souche a ses limites ? Une réflexion eût
pu constituer à ce sujet un frein modérateur pour cette
effervescence cupide, qui a pu, peut-être, procurer quelques avantages éphémères à ceux qui en ont été atteints,
mais qui a été fatale à l'arbuste vinicole, dont l'épuisement a été la suite naturelle du barbarisme qui l'a offert
en sacrifice aux intérêts pressés du jour.

Est-ce que, en effet, la sécrétion séveuse d'un arbuste
n'est pas toujours subordonnée et, par suite, proportionnelle au développement de son système radiculaire ? Est-
ce que cette production du fluide vital n'est pas également
soumise et proportionnelle à la quotité des éléments nutritifs que le sol peut fournir à la spongiosité des racines
du végétal?

Dès lors, il devient évident qu'en condamnant, par une
taille exorbitante, une vigne à fournir ses sucs nourriciers au développement de trop nombreuses grappes, on
provoque chez elle un épuisement analogue à celui qui
résulterait pour des bimanes ou quadrumanes, aux fonctions mammifères desquelles on imposerait l'obligation
de pourvoir à la subsistance de plusieurs nourrissons à
la fois.

Partant de ces principes naturels, on doit donc procéder avec mesure à la distribution des bras de la souche,
ainsi qu'à celle des *cots* et de leurs yeux ou bourgeons
fructifères, en ne perdant jamais de vue qu'une surabondance de sève résultant d'une restriction distributive de
ces divers organes peut, tout au plus, entraver quelquefois les fonctions fructifères de l'arbuste, mais ne peut
jamais atteindre sa vitalité ; tandis qu'une insuffisance de liquide séveux dans l'alimentation de l'orga-

nisme de trop nombreux *nourrissons végétaux* suscite chez l'arbuste nourricier un affaiblissement compromettant pour sa constitution.

Comment se fait-il donc qu'on ait pu procéder en sens inverse de ces principes fondamentaux ? Ah ! c'est qu'en ces derniers temps, on a pu entendre certains vignerons s'exprimer en ces termes : « Les jours de la vigne étant comptés, il nous faut la pressurer à outrance jusqu'à sa fin prochaine ! »

Reste à savoir si ces tortures égoïstes n'ont pas précisément précipité cette fin et ne sont pas en outre une reproduction du sacrifice de la poule aux œufs d'or !

Par ce temps de mortalité de la vigne, n'aurait-on pas mieux fait de supprimer au contraire une partie des coursons de la souche ? Dans nos contrées méridionales, la souche se compose ordinairement de 3 à 6 bras, suivant le degré de fertilité du sol, et chacun de ces bras porte à son faîte un *cot* à deux yeux, d'où s'épanouissent au printemps les deux bourgeons fructifères. Ce sont là les moyennes raisonnablement adoptées, avant les maladies de la vigne, pour les divers cépages de nos contrées, proportions qui, sous aucun prétexte, n'auraient jamais dû être dépassées.

Pourquoi donc, aujourd'hui surtout que la vigne est affaiblie, anémique et, par suite, pauvre en fluide végétal, pourquoi la surcharger en taillant les *cots* à plus de deux yeux ? — auquel cas les yeux supérieurs végètent toujours au détriment de celui de la base du *cot*, l'œil fructifère par excellence [1]. — Pourquoi encore doubler

---

1. Qu'il y ait certains cépages faisant exception à cette règle, peu importe ; il ne s'agit ici que de la règle générale ; à chacun de parer aux exceptions.

et quelquefois tripler les *cots* sur le même courson, quand, au contraire, il eût été logique de réduire le nombre des bras de la souche et d'en descendre la moyenne à 2 ou 3, et 4 au maximum, au lieu de 3 à 6, en ne leur laissant à chacun qu'un *cot* pourvu seulement des deux yeux réglementaires?

Qui peut dire que si ces mesures avaient été scrupuleusement observées, et qu'elles eussent coïncidé avec une application méthodique de fumures reconstituantes et de bonnes façons culturales envers le sol, telles vignes qui ont sombré ne rapporteraient pas encore à leurs propriétaires des revenus plus rémunérateurs, plus connus et plus sûrs que ne les comporteront jamais certaines combinaisons éventuelles en perspective?

Il resterait bien encore à examiner une autre considération qui, pour n'être pas de nature à affecter le principe vital même de l'arbuste vinicole, ne mérite pas moins de fixer l'attention du vigneron. Je veux parler du degré d'élévation, — à partir de la base du sol, — qu'il convient d'adopter dans la formation même de la souche.

Mais, ayant déjà signalé, dans un exposé suffisamment développé, je crois, les inconvénients ou les avantages — suivant que la hauteur adoptée est rationnelle ou non, — qui peuvent résulter de cette condition secondaire et dont les produits fructifères de la vigne peuvent seuls être affectés, je crois devoir en faire ici une simple mention et reporter le lecteur au chapitre IV de l'étude sur les rapports des éléments minéraux et atmosphériques avec la vigne, que renferme cet ouvrage.

Taille préliminaire de la vigne pour la mise en terre des engrais.

Avant d'entrer en la matière, je voudrais d'abord, amis lecteurs, vous demander si ce sont des engrais de ferme ou des engrais chimiques que vous allez appliquer à vos vignes. Peut-être sont-ce les deux ? *A priori*, cette question peut paraître anodine, mais elle a une importance fort appréciable tant au point de vue matériel de l'application qu'à ceux de l'efficacité de l'engrais et de l'observance des principes qui doivent régir la taille de la vigne.

S'il s'agit d'un engrais de ferme, il faut d'abord le compléter; car, en dépit de vieux préjugés qui ont encore cours, si peu dignes qu'ils soient de notre époque, *le fumier de ce genre le mieux fait est toujours incomplet pour la vigne* [1]. Cette vérité fondamentale est, je le sais bien, comme un hiéroglyphe pour la compréhension des masses, parmi lesquelles la vieille routine règne encore, hélas! en souveraine.

Quand donc aura-t-on fait comprendre aux trop nombreux déshérités de la science agricole la différence qu'il y a entre la culture *d'assolements*, c'est-à-dire celle des céréales en général, et une culture *invariable*, intensive parfois jusqu'à l'excès, comme celle de la vigne [2] ?

Par la première, si l'on applique régulièrement un fumier de ferme *bien fait*, on entretient constamment dans le sol la balance des éléments qu'il est chargé de fournir

---

1. *Voir* à ce sujet les pages 60 jusqu'à 90, et notamment les formules d'engrais indiquées plus loin.
2. Lire attentivement la page 82 et les suivantes.

aux végétaux, parce que ceux-ci étant semés alternati-
vement, on n'exige jamais de la terre la même *dominante* ;
de telle sorte qu'un élément quelconque ne peut s'épui-
ser plutôt que les autres : c'est l'avantage des assolements.
Et si le fumier fait défaut à cette terre, à laquelle on appli-
quera quand même le système des assolements, elle s'ap-
pauvrira, mais la balance n'en persistera pas moins entre
les éléments dont elle sera en perte, car tous auront périclité simultanément et en proportions équivalentes aux
besoins des graminées qui auront provoqué ce déficit dans
la constitution du sol.

Mais par la deuxième, la culture *invariable*, celle de la
vigne, dont la *dominante* est, comme l'on sait, la *potasse* et
aussi quelque peu le *phosphore*, on aboutit, s'il y a défaut
de restitutions au sol, à un résultat contraire et surtout
bien plus calamiteux. En effet, *tous les ans, sans alternance,*
on soutire du sol ces deux éléments minéraux que la vigne
absorbe en plus grande quantité proportionnellement aux
autres minéraux. A tel point que si, par défaut absolu de
fumures ou par des restitutions insuffisantes, l'épuisement du sol vient à se produire, les *dominantes* de la vigne
sont totalement absorbées alors que les autres minéraux
subsistent dans la terre en quantités appréciables. La
balance est donc rompue et les effets, comme on a pu le
voir, en deviennent désastreux : la vigne souffre, devient
anémique et.... meurt ! non sans avoir produit la contagion, même sur des vignes peu disposées à en subir les
étreintes.

Ainsi donc, dès que le fumier de ferme est approprié à
la vigne, il convient évidemment de le mettre en terre le
plus tôt possible, afin que les pluies hivernales l'y trouvent ; car, contrairement aux engrais chimiques, ce genre

de fumier a besoin, pour acquérir son degré maximum d'assimilabilité, de la réaction chimique et naturelle de certains agents du sous-sol [1]; réaction qui ne peut se produire sans le secours de l'eau plus ou moins abondante, selon la densité, la préparation du fumier et l'état de décomposition de ses matières organiques.

Mais pour pouvoir opérer cette mise en terre en décembre, il faut avoir préalablement procédé à la taille de la vigne. Or, avant cette époque, cette opération est trop prématurée et expose même la vigne aux dangers signalés précédemment de la page 109 à la page 115.

Elle est trop prématurée et dangereuse parce que, en novembre, le bois, à peine aoûté, contient encore un restant de sève qui empêche le durcissement de ses tissus, que l'hiver seul peut opérer par sa provocation de l'engourdissement total des humeurs vitales de l'arbuste. La taille faite dans ces conditions peut provoquer une décomposition partielle pouvant atteindre non seulement l'orifice de la coupure du *cot*, mais encore quelquefois, suivant les rigueurs atmosphériques du moment ou celles qui peuvent survenir, la nodosité même des yeux ou bourgeons laissés pour bases végétative et fructifère, lesquels, par suite de cette atteinte, peuvent néanmoins bien végéter, mais mal fructifier.

Les conséquences de cet inconvénient peuvent même devenir plus intenses et conséquemment plus préjudiciables, si cette opération est pratiquée ainsi prématurément quelques années de suite sur la même vigne, surtout s'il s'agit d'un cépage demandant la taille courte, c'est-à-

---

1. *Voir* à ce sujet la page 66 précédente.

dire à deux yeux, comme l'exigent la plupart de nos cépages méridionaux.

Enfin, la taille prématurée, surtout s'il s'agit d'un cépage précoce, peut faire craindre que la précocité ne soit surexcitée et que, par suite, les bourgeois trop hâtivement éclos soient exposés aux atteintes des premières gelées blanches du printemps. Les jeunes plantiers notamment, quels que soient d'ailleurs les cépages qui les composent, doivent être l'objet de grandes précautions dans cette taille prématurée, car la simplicité même de leur système radiculaire les rend très susceptibles aux premières impressions printanières, partant plus précoces et, par suite, plus exposés aux froides matinées qui se produisent ordinairement au début du printemps.

Mais la mise en terre de bonne heure de ce genre de fumure obligeant *absolument* l'enlèvement préalable des sarments encombrants, il convient d'adopter, d'une façon également *absolue*, un mode de taille transitoire ou préliminaire : on doit se borner à un nettoyage de tout le bois inutile de la souche et surseoir, jusqu'au moment propice déterminé précédemment à la taille définitive des *cots* et des *astes*, que l'on peut raccourcir provisoirement pour la facilité de l'exécution de la fumure et de tous les autres travaux d'hiver.

S'agit-il au contraire d'appliquer un engrais chimique? S'il est bien combiné et judicieusement approprié aux exigences de la vigne, la question d'époque de mise en terre est bien différente. En effet, ici, pas n'est besoin de l'action des agents naturels dont nous avons parlé et que le fumier de ferme réclame impérieusement dans le sol pour atteindre son suprême degré d'assimilabilité.

Cette action, l'engrais chimique l'a subie dans le cours

même de sa manipulation, de laquelle il est sorti si bien assimilable par l'arbuste, que la moindre ondée de pluie suffît pour que celui-ci en absorbe *immédiatement* les éléments fertilisants. Mais encore faut-il, pour que ces éléments soient *immédiatement* élaborés, que l'arbuste se trouve en pleine action nutritive. Or, durant décembre, janvier, février, la vigne reste dans un engourdissement complet : elle *dort* et, ce faisant, ne demande absolument à la terre autre chose qu'une humidité relative. Ce n'est que vers le mois de mars que la nature la secoue, la *réveille* et la met en demeure de reprendre l'exercice annuel de ses fonctions nutritives.

Il résulte donc des observations précédentes que, jusqu'à la veille de la reprise végétative, un engrais chimique mis en terre en décembre ou janvier ne produit pas plus d'effet sur la vigne que si on l'eût tout bonnement laissé dans sa toile de transport; sans compter que, suivant la nature et les dispositions du terrain, un entraînement des éléments fertilisants de cet engrais si délicat peut être provoqué par les grandes pluies d'hiver.

Dès lors, pourquoi ne pas ajourner jusqu'en février ou même mars la mise en terre de ce genre de fumure ? D'autant plus que, ce faisant, on n'enfreint aucune des conditions rationnelles auxquelles est soumise la taille de la vigne et dont l'inobservance peut amener des mécomptes profondément regrettables.

En résumé, les beaux jours dont décembre peut nous gratifier doivent être consacrés à la taille *préliminaire* des vignes destinées à recevoir exclusivement des fumiers de ferme dont on doit pratiquer sans retard l'enfouissement, de peur qu'Éole, lâchant subitement ses ouragans de neige, ne vienne interrompre le travail inachevé. A chaque jour suffit son œuvre, dit le proverbe : le viticulteur qui, pendant l'inconstant et critique mois de décembre, aura procédé uniquement mais complètement au nettoyage de ses creux à fumier au profit de sa vigne, n'aura pas quand même perdu son temps.

LE RÉGÉNÉRATEUR DE LA VIGNE

(Breveté en France et à l'Étranger s. g. d. g.)

Nous avons démontré dans ce qui précède les causes de maladie ou de mort pour notre cher sujet ; nous allons indiquer, dans ce qui va suivre, avec le développement strictement indispensable, les moyens pratiques, rationnels, naturels pour ainsi dire, d'y remédier.

Ces moyens consistent en deux opérations distinctes : l'une préventive et l'autre curative.

La première, appliquée principalement aux jeunes vignes, vierges de toute atteinte parasitaire, a pour but d'enrayer l'invasion venant du dehors par la migration des légions d'insectes qui n'auraient pu se produire dans un sol encore réfractaire, par sa bonne constitution, au développement du parasitisme.

La seconde, toute fondamentale, répare lentement, graduellement mais d'une façon progressive, les défectuosités organiques de la vigne dans lesquelles le parasitisme animal a trouvé l'occasion de se produire et surtout son élément pour y vivre, s'y développer et s'y reproduire.

Cependant, en présence de l'infection générale, le concours simultané des deux opérations n'est pas inutile, il est au contraire indispensable aux vignes indemnes comme préservatif, mais encore et surtout aux vignes malades.

Il va sans dire, toutefois, qu'il ne faut pas songer à

ressusciter des cadavres, c'est-à-dire des vignes trop gravement atteintes, car la lutte serait trop longue, trop onéreuse et sans compensation rémunératrice suffisante.

DESCRIPTION DES TRAITEMENTS

Opérations préventives.

I

Aux mois de juillet et d'août, c'est-à-dire lors de l'essaimage des phylloxéras ailés, des papillons nouvellement éclos, des chrysalides résultant de la transformation de la pyrale; au moment aussi où les divers types du parasitisme animal songent à leur reproduction au moyen de leurs pontes ; au moment enfin où les germes cryptogamiques, tels que l'*Oïdium*, le *Mildew*, l'*Anthracnose*, les *Rots* et autres cryptogames, les unes indigènes, les autres d'extraction exotique, mais toutes, je le répète, ayant leur cause dans l'humidité des terrains où l'on a planté la vigne, vont se développer et exercer leurs ravages sur la végétation et sur les jeunes grappes, à ce moment, prendre :

33	kilogrammes	soufre pur,
33	—	sulfate de fer,
33	—	chaux vive,
1	—	pétrole.

Soit : 100 kilogrammes.

Le tout bien mélangé et pulvérisé.

Avec ce composé, et au moyen d'un soufflet à soufrer, saupoudrer la vigne autant de fois qu'il est possible.

Dans cette opération, *préventive par excellence*, chacun connaît l'action du soufre contre l'*Oïdium;* celle du sulfate de fer contre le *Mildew* est physiologiquement identique [1].

La chaux proprement dite (oxyde de calcium) est non seulement un amendement très favorable à la végétation, mais encore elle est un répulsif pour les insectes qui sont même détruits, s'ils sont atteints par l'action caustique résultant de la combinaison de l'oxygène de la chaux avec l'hydrogène de la rosée si, comme on doit le faire autant que possible, on opère par des matinées humides.

II

Vers le mois de mars, dès le commencement du réveil de la sève et après son premier mouvement ascendant, prendre :

98 kilogrammes sulfure de carbone,
2 — acide phénique.

Soit : 100 kilogrammes.

Dont le tout, à peine secoué, forme une solution parfaite.

Avec ce liquide, au moyen d'un bidon en fer blanc, de la contenance de 1 ou 2 litres, à goulot recourbé et dont

1. Depuis la publication de cette formule, en 1883, la conception humaine en a fourni une foule d'autres plus ou moins compliquées et plus ou moins efficaces, surtout contre le mildew et les rots. On a voulu qu'en la matière le cuivre soit supérieur au fer : c'est possible ; mais que l'on n'oublie pas qu'en général le simple vaut plus que le compliqué, de même que l'attaque des causes est plus rationnelle que celle des effets. Quant à l'anthracnose on peut, quand l'intensité l'exige, l'attaquer victorieusement par le badigeonnage au moyen d'une solution de 50 0[0 de sulfate de fer et de 2 0[0 d'acide sulfurique dans 100 d'eau, au moyen du pinceau ou tout autre instrument et pendant le mois de février. L'anthracnose est également combattue, comme du reste tous les spores cryptogamiques atteints, — au moyen de l'arrosage indiqué au titre II suivant.

le tube, à la sortie du liquide, doit avoir un millimètre environ de diamètre,

. Arroser les coursons ou bras de la souche, depuis le dessous du premier œil fructifère jusqu'à la bifurcation des divers bras, à leur concentration au tronc.

Il n'est pas rigoureusement nécessaire d'arroser ce dernier, car ce n'est pas là que se logent de *préférence* les diverses larves d'insectes ou que sont déposés d'ordinaire les œufs fécondés du phylloxéra ; leur repaire préféré se trouve dans les coursons.

Il faut bien se garder d'arroser les bourgeons dont l'éclosion a commencé, car, dans ce cas, tout bourgeon arrosé est infailliblement brûlé. Mais cependant l'opération est plus facile qu'on ne pourrait le penser, peu coûteuse et surtout très expéditive, puisqu'un homme peut arroser de 250 à 300 souches ordinaires à l'heure.

Avec un litre de ce liquide on peut parfaitement opérer une centaine de souches d'une grosseur moyenne [1].

Cette opération offre un avantage singulièrement remarquable : elle provoque une répercussion de sève immédiate. Or, la sève refoulée redescend intoxiquée vers le système radiculaire et, jusqu'à la reprise de son mouvement ascendant, suscite un empoisonnement des insectes qui se trouvent dans le périmètre de ce mouvement insolite de la sève.

Cependant cette action répercussive cause un retard dans la végétation, mais ce retard n'a rien d'effrayant ; car, quand elle reprend son mouvement ascensionnel, la sève, saine et vigoureuse, favorise énergiquement la végétation qui a bientôt rattrapé le temps perdu.

---

1. *Voir* plus loin une étude spéciale sur l'action du sulfure de carbone.

De plus, les vapeurs du sulfure, traversant de part en part les coursons de la souche, asphyxient les œufs d'hiver du phylloxéra, à la veille d'éclore, les larves d'insectes, ou les insectes constitués qui peuvent s'y trouver.

Mais il arrive quelquefois que, par leur nature plus poreuse, ou par une fissure quelconque, certains coursons reçoivent jusqu'à leur moelle le sulfure en nature, c'est-à-dire en liquide ; alors, dans ce cas, ces coursons sont paralysés, ne végètent que tardivement et quelquefois même jamais plus.

Mais c'est là une exception qui se produit assez rarement pour qu'il n'y ait pas lieu de s'y arrêter.

Ce qui serait plus grave, ce serait de pratiquer l'arrosage par ces matinées à rosée froide, à peu de degrés au-dessus et pis encore au dessous de zéro. Alors, par exemple, la répercussion de sève est si violente que les conséquences peuvent équivaloir à celles d'une forte gelée blanche qui arriverait en mai ; les souches n'en meurent pas, mais elles ne végètent dans la suite que dans les pieds des ceps.

A part cette exception, on peut opérer par toute température, mais il serait bon d'opérer de préférence dans les après-midi et par un temps sec. Toutes ces réserves faites, l'action de cette opération produit sur la vigne un effet vigoureux tel, que l'on serait tenté de dire qu'elle joue en quelque sorte sur elle le rôle d'engrais.

III

Par la destruction radicale des œufs d'hiver du phylloxéra atteints par le liquide [1], l'opération qui précède

---

1. *Voir* plus loin, à ce sujet, l'étude sur le badigeonnage , et précédemment celle sur le cycle biologique du phylloxéra.

tend à enrayer l'invasion causée par l'essaimage d'un voisinage infecté et laissé sans traitement. Cette opération peut donc,—suivant les goûts de chacun,—être remplacée par le sulfurage du sol.

En ce cas, il est préférable de se servir de la charrue sulfureuse [1] et, par des doses de 180 à 200 kil. de sulfure à l'hectare, tracer une raie de sulfure de chaque côté de la rangée des ceps, à 30 ou 40 centimètres de la souche. Si les rangées de ceps ont entre elles plus de un mètre cinquante, une ou plusieurs raies au milieu deviennent nécessaires, de façon que les raies de sulfure n'aient pas entre elles une distance parallèle de plus de cinquante centimètres.

Si elle est bien conduite, une seule opération suffit par an. Mais il faut *toujours* sulfurer *avant* la fumure et jamais après, surtout si cette fumure doit se faire en engrais chimiques, car, s'ils sont bien composés, leurs éléments sont si sensibles que le sulfure de carbone les désagrège facilement. Les fumiers de ferme ne sont pas si susceptibles, mais il convient cependant d'en faire l'objet des mêmes précautions.

Enfin, en ne faisant qu'un sulfurage annuel, il conviendra de traiter une année dans un sens de la vigne et l'année d'après dans l'autre, c'est-à-dire en croisant les opérations annuelles l'une sur l'autre.

OPÉRATION CURATIVE

C'est purement et simplement un engrais dont voici le tableau de sa composition chimique et son prix de revient approximatif.

---

1. *Voir*, à la deuxième partie, l'étude : Cacophonie viticole.

Première formule.

DOSAGES		DÉSIGNATION	PRIX APPROXIMATIFS	
par souche.	par 100 kilg.	DES MATIÈRES PREMIÈRES.	le kilogr.	TOTAUX.
0 k. 0075	1 k. 500	Azote..................	2 fr. 00	3 fr. 00
0 0150	3 000	Acide phosphorique assi- milable...............	1 00	3 00
0 0050	7 000	Potasse, au titre pur......	0 57	4 00
0 2000	40 . 000	Sulfate de fer...........	0 10	4 00
0 0250	5 000	Pétrole.................	0 50	2 50
0 2175	43 500	Chaux vive et sulfate de chaux (par moitié)........	0 02	0 87
0 k. 5000	100 k. 000	Pour 200 souches, Coût...		17 fr. 37

Le poids des éléments accessoires qui pourraient accom-
pagner l'azote, l'acide phosphorique et la potasse doit être
déduit d'autant sur celui de la chaux ; mais, autant que
possible, on doit maintenir le dosage de cette dernière.

On voit par les chiffres énoncés que le coût de composition revient à 0 fr. 09 environ par pied de vigne. Ces
prix sont basés sur des achats de détail. Il est certain que
l'acheteur en gros de ces diverses matières premières
bénéficierait d'une diminution relative.

2ᵐᵉ formule.

Il est une seconde combinaison pour faciliter la composition de l'engrais. La voici : achetez un engrais chimique [1] dont le dosage, formellement garanti et rigoureusement contrôlé par une analyse sérieuse, donne les
proportions suivantes :

---

1. Il faut pour cela s'adresser à des fabricants sérieux et surtout
consciencieux ; j'offre aux viticulteurs qui ne seraient pas fixés à ce

1º De 3 à 4 0[0 azote ;

2º De 5 à 6 0[0 acide phosphorique assimilable ;

3º De 12 à 14 0[0 potasse.

Prendre alors :

200 grammes de cet engrais.

   Y ajouter :

200 grammes sulfate de fer,

  25 — huile de pétrole,

  75 — chaux vive et sulfate de chaux (par moi-
  ——   tié).

Soit 500 grammes, toujours par pied de vigne. Le tout bien mélangé préalablement.

Ces deux formules doivent être mises en terre vers les mois de février ou de mars. On peut voir pourquoi cette époque est la meilleure, dans la deuxième partie de cet ouvrage, au chapitre sur *là taille préliminaire de la vigne pour la mise en terre des engrais.*

3ᵐᵉ formule.

Voici une troisième combinaison que les précédentes éditions donnaient sous toutes réserves parce que l'expérience n'avait pas prononcé, ce qui depuis a été fait.

Elle consiste à prendre :

1º   25 grammes huile de pétrole ;

2º 200 — sulfate de fer ;

3º 100 — superphosphate à 15º, acide phospho-
              rique ;

4º 100 — sels de potasse, titrant 35º0[0
              potasse pure ;

---

sujet de leur indiquer des maisons de fabrication présentant sous ce rapport d'excellentes conditions.

5° 175 — chaux vive et sulfate de chaux (par moitié);

6° 400 — fumier de ferme.

———

Soit 1000 grammes par souche.

L'application de cette formule peut se faire de bonne heure, c'est-à-dire en décembre, et la raison en est également indiquée dans l'étude désignée dans la note de la précédente page. Elle comporte en outre quelques développements que ne donnaient pas les précédentes éditions.

D'abord, le fumier de ferme peut être faible par le fait d'un excès de litière ou d'une tenue défectueuse. En ce cas, en effectuant le mélange, on peut forcer en proportion la dose du fumier. Si, au contraire, celui-ci est riche et bien tenu, on peut réduire de moitié les doses de superphosphate et de potasse.

Ensuite, le mélange peut se faire de deux façons : d'avance, lors du tassement à *la fosse à fumier* ou au moment même de la mise en terre. Celle-ci est la plus facile et la meilleure au double point de vue de la célérité et de l'exactitude des dosages.

Aiusi, supposons une vigne de mille souches à fumer, nous prenons :

1° Pétrole............	25 gr. ×	1000	= 2 kil. 500	
2° Sulfate de fer.......	200 gr. ×	»	= 200 kil.	
3° Superphosphate....	100 gr. ×	»	= 100 kil.	577 kil. 500
4° Sels de potasse.....	100 gr. ×	»	= 100 kll.	
5' Chaux et sulfate de chaux............	175 gr. ×	»	= 175 kil.	

que nous mélangeons bien à la pelle, dans un hangar quelconque. Puis, nous mettons le tout dans des toiles et le transportons à la vigne où, le fumier mis d'abord dans le creux circulaire de la souche, nous ajoutons la millième partie , c'est-à-dire 577 grammes, du mélange , au moyen d'un récipient quelconque mesuré *ad hoc*.

Enfin, il est bon d'ajouter une observation motivée par diverses consultations qui me sont parvenues, au sujet de ce mélange, dans le but de savoir la différence qu'il y a entre les phosphates fossiles et les superphosphates.

Cette différence consiste en ce que les phosphates fossiles ont, dès leur extraction du sol, leur acide phosphorique insoluble pour sa plus grande part. Tandis que, par suite de leur traitement à l'acide sulfurique, l'acide phosphorique des superphosphates est éminemment soluble et partant immédiatement assimilable par le végétal.

Il s'ensuit que s'il s'agit d'additionner un engrais de ferme ou un engrais chimique à la veille de l'application à la vigne, c'est le superphosphate qu'il faut choisir.

Tandis que s'il est question d'amender le fumier de ferme à l'étable ou lors de sa mise à la *fosse* à fumier [1], alors qu'il restera un certain temps à être appliqué à la vigne, c'est le phosphate minéral que l'on peut employer. Car, outre que la solubilité de son acide phosphorique se dégagera dans le travail chimique du fumier, son prix d'achat est bien moindre que celui des superphosphates d'os ou minéraux.

*_**

Il va sans dire que, quoique muni de brevets, je donne à chacun le droit de combiner son engrais *pour ses besoins personnels ;* mais si, pour une cause quelconque, certains viticulteurs trouvaient bon d'éviter ce travail, je me tiens toujours, je le répète, à leur disposition pour leur indiquer

[1]. *Voir* à ce sujet la page 61.

des maisons sérieuses qui leur fourniront l'engrais tout composé, à la condition toutefois que, dès réception, le destinataire me fera parvenir un échantillon de la marchandise reçue.

En effet, et on le concevra facilement, je ne pourrais absolument admettre que, par suite d'une erreur quelconque, on reçût un engrais qui ne serait pas exactement conforme à mes prescriptions.

L'application de cet engrais doit être répétée deux ou trois années consécutives, selon qu'il s'agit de vignes plus ou moins atteintes.

Après cela, les applications bi-annuelles peuvent être adoptées.

Sa forte composition donne satisfaction aux principes développés dans le cours de cette brochure. Il est de plus insecticide.

Et, à ce sujet, il y a une remarque singulière à faire. Le pétrole, mis en nature au pied d'une souche, lui est toujours nuisible, quelle qu'en soit la dose, mais au-dessus de 40 grammes il la tue infailliblement.

Et cependant, après quatre applications annuelles de l'engrais précité, la souche en a reçu 100 grammes, dose épouvantable, s'il était mis en nature, même employé graduellement par dosages annuels.

Mais faisant partie intégrante de l'engrais, il acquiert l'innocuité et rend, après quatre ou cinq applications, le sol végétal lui-même insecticide, c'est-à-dire inhabitable pour les parasites qui, venant du dehors, tenteraient d'y élire domicile.

A ce principe acquis, ajoutons la reconstitution naturelle du sol végétal par le rétablissement de l'équilibre des éléments minéraux, rompu par une intensité cultu-

rale qui était dépourvue d'un retour compensateur ; alors
non seulement les insectes parasites ne peuvent plus se
développer au milieu d'éléments qui ne sont plus les leurs,
mais encore la sève, saine et vigoureuse, ne peut plus en
favoriser la production.

Enfin la nature secondée fournit, avec l'air et l'eau, le
complément nécessaire.

MODE D'EMPLOI

Déchausser la souche comme pour les fumures ordinaires, de façon cependant à ce que l'engrais répandu ne
soit pas en contact direct avec le tronc et les racines, et
recouvrir aussitôt que possible.

La seconde année, déchausser la souche au moyen d'un
creux circulaire autour de la fumure de l'année précédente, de façon que l'engrais ne soit enlevé qu'après deux
ans de séjour dans le sous-sol.

Lors de l'adoption des applications bi-annuelles on
pourra se soustraire à cette façon de mise en terre de
l'engrais, sans qu'il y ait inconvénient à la continuer.

Cet engrais convient à tous les terrains, quoique tous
les sols végétaux ne présentent point la même similitude
dans leur proportion en éléments minéraux. Mais le plus
en tel ou tel élément ne pourrait nuire à l'équilibre et
partant à la vigne, puisque celle-ci ne prend que ce dont
elle a besoin, sauf peut-être en ce qui concerne l'azote
qui pourrait susciter un affolement dans la végétation.

Mais son dosage relativement peu élévé permet de ne
point redouter cet inconvénient.

QUESTIONS IRRÉFLÉCHIES

De temps à autre, on me demande d'expliquer pourquoi, comme je le dis à la page 27, la vigne phylloxérée
ne peut pas se guérir en 24 heures.

« Est-ce que, me dit-on, si l'on trouvait le moyen de
détruire instantanément *tous* les pucerons qui se trouvent
sur le système radiculaire de la vigne, elle ne serait pas
guérie et n'émettrait-elle pas immédiatement des pousses
vigoureuses? »

Eh bien, je réponds de suite : non, elle ne serait pas
guérie instantanément par ce seul fait, et les pousses
qu'elle pourrait émettre seraient d'une vigueur *toujours*
proportionnelle au degré de mortification de son système
radiculaire.

Croyez-moi, viticulteurs, c'est là précisément ce qui a
pu faire éclore les prétentions alléchantes et surtout le
primo mihi des *chercheurs* égoistes et pressés qui ont
défilé autour de votre perplexité crédule quelquefois pour
les choses impossibles ! *Credo quia absurdum.* C'est là
aussi l'écueil contre lequel sont venues se heurter les illu-
sions de beaucoup d'entre vous : et de ce choc ont jailli
les déceptions qui ont fini par vous décourager et vous
faire exclamer, dans un accès de désespoir, ces mots lu-

gubres : « Malgré tout et contre tous, la vigne est condamnée à périr ! »

Eh bien, il n'en eût pas été ainsi si, quand ceux qui croyaient suffisant de s'être écriés, comme autrefois Archimède : Eureka, pour vous offrir le salut de votre vigne, — au moyen de procédés capables de détruire instantanément son ennemi mortel et de lui faire émetttre immédiatement des pousses de plusieurs mètres alors que les précédentes n'avaient que quelques centimètres, — vous leur aviez présenté ces quelques observations qu'ils connaissaient probablement aussi bien que la vigne qu'ils n'avaient quelquefois jamais vue.

« La vigne que vous allez me traiter est peu ou point malade. Dès lors, pour peu qu'elle végète en bon terrain et que je l'aie amendée, elle émettra de belles pousses en dehors de l'application de votre insecticide et, en tout cas, sa belle végétation ne pourra être considérée comme le résultat de votre procédé.

« Ou bien cette vigne est entrée dans la phase aiguë de la maladie, laquelle se caractérise alors par de maigres pousses végétales aériennes de quelques centimètres seulement de longueur. Dans ce cas, si votre procédé possède réellement des qualités insecticides énergiques, il pourra détruire une gra nde partie, la totalité si vous voulez, des pucerons qui peuvent *encore* exister sur les racines *décomposées* de la souche.

« Or, ces deux derniers mots soulignés ont une signification très importante.

« D'abord, toute vigne entrée dans la dernière période de la maladie phylloxérique ne peut émettre que quelques petites brindilles aériennes, n'est-ce pas ? Et pourquoi ? Eh, mon Dieu, tout simplement parce que son sys-

tème radiculaire est totalement détruit: les grosses racines peuvent être encore relativement vertes dans leur
cœur et leur aubier, mais leur épiderme a acquis la triste
consistance et l'effrayante couleur du bois pourri; tandis
que les radicelles et le chevelu qui en forment l'appendice
indispensable sont totalement pulvérisés par suite des
déprédations de l'insecte.

« Maintenant, étant donné que tout être animé, — et le
phylloxéra est de ce nombre,— a absolument besoin,
pour vivre, d'avoir à sa disposition des aliments spéciaux
à sa nature, il résulte indubitablement que dans ce système radiculaire *décomposé* il reste peu ou point de phylloxéras vivants. Dès lors, quand il s'agira d'examiner le
résultat de votre application, sous le rapport de la destruction des insectes, il faudra tenir compte de cette
situation acquise tout naturellement et ne pas attribuer à
l'effet de votre procédé l'absence de l'insecte.

« Quant à la reprise vigoureuse immédiate que vous
me promettez, par suite de l'application de votre système,
elle a contre elle une objection formidable ; la nature
elle-même se dresse en travers en obstacle insurmon-
table. En effet, à cette souche, dont le système radiculaire est dépourvu des radicelles et du chevelu *nécessaires
à la détermination de sa vigueur* [1]; à cette souche, dont les
grosses racines qui convergent à son tronc sont même
à moitié décomposées, vous avez beau y introduire l'in-
grédient que bon vous semblera : sa végétation aérienne
restera malingre bien après votre application, lors même
qu'elle aurait exterminé toute la gent ampélophage qui
s'y trouvait.

---

1. Voir, à cet effet, l'étude sur les travaux de la terre.

« En effet, admettons que par suite de la disparition totale de ses ennemis, la vigne soit guérie instantanément de la maladie phylloxérique, il n'en sera pas moins vrai qu'il lui faudra d'abord, avant de pouvoir émettre une végétation aérienne vigoureuse, réformer son système radiculaire détruit.

« Sans doute, les radicelles et leur chevelu se reforment promptement dans un sous-sol fertile, mais à la condition que les nodosités de l'épiderme des grosses racines convergentes soient bien saines. Or, tel n'est pas le cas dont il s'agit.

« Dès lors, la cicatrisation des tissus externes de ces grosses racines, c'est-à-dire le rétablissement de leur épiderme et des nodosités qui en forment la force attractive, demandant un certain temps, — au moins un an, n'est-ce pas? — il résulte que la végétation aérienne restera stationnaire pendant ce laps de temps et en dépit de toute application quelconque.

« Et ce ne pourra être qu'à partir de ce moment que les pousses aériennes pourront s'étendre *graduellement* et dans les proportions rigoureuses de l'extension également *graduelle* du système radiculaire de la vigne, exactement comme fait une simple bouture mise en terre pour devenir, avec le temps, une vigne adulte.

« Ne venez donc pas nous dire qu'au moyen d'un insecticide *inconnu*, nos vignes seront radicalement guéries et *qu'aussitôt* une reprise vigoureuse s'étalera à nos yeux... étonnés. Au surplus, insecticide pour insecticide, mieux vaut prendre le *connu;* la science nous a indiqué le sulfure de carbone et l'on parviendra difficilement à le détrôner. »

Voilà, viticulteurs, ce que vous auriez dû dire à certains prétendus sauveurs de la vigne. Ce faisant, vous auriez, d'abord, fait comprendre à ces messieurs qu'ils auraient dû préalablement examiner et connaître intimement l'arbuste vinicole, et puis vous vous auriez évité les déceptions, — bien naturelles pourtant, — qui vous ont conduit à désespérer de son salut, que vous avez pourtant entre vos mains, ·si vous savez le rechercher et l'attendre avec persévérance.

Un pendant au précédent ou disparition spontanée du phylloxéra.

Depuis près de vingt ans, il ne se passe guère de printemps sans que l'on voie signaler dans un journal quelconque certains cas de reprise des vignes phylloxérées.

Des annonces de cette nature sont certes bien séduisantes pour les propriétaires de vignes indigènes, mais aussi bien faites pour entretenir l'apathie qui étreint toujours les masses vigneronnes dont les dispositions sont, quoi que l'on ait dit ou fait, portées à espérer un miracle de la nature plutôt qu'à croire et à se conformer aux moyens de salut que la science leur indique.

Pour qui vit au sein des masses et en recueille les échos, il est facile de voir que, pour elles, la science est peu de chose en matière viticole, tandis que le hasard et la vieille routine sont l'*ultima ratio*. « Les savants, disent-elles, n'y entendent pas plus que nous ; il n'y a d'ailleurs rien à faire et il est inutile de s'en préoccuper : le phylloxéra disparaîtra tout seul comme il est venu. » Telle est l'opinion générale qui domine dans les campagnes, et, cette théorie absurde ayant été mise en pratique, on a laissé marcher les choses toutes seules, le désastre s'est aggravé tous les ans et menace maintenant de s'étendre aux nouvelles plantations, et le phylloxéra ne paraît pas songer encore à disparaître tout seul comme il est venu!

Franchement, si nul ne sait à quelles limites s'arrêtera la science humaine, nul ne saurait non plus sonder la profondeur que l'ignorance de l'homme peut parfois atteindre! Car, enfin, ces reprises spontanées de vignes phylloxérées ne constituent pourtant pas des phénomènes bien extraordinaires. Elles sont, au contraire, dans l'ordre naturel, une conséquence prévue, inévitable même du cycle de la maladie elle-même, et si elles peuvent surprendre quelqu'un, ce ne peut être que ceux qui n'en peuvent voir les causes éphémères.

Et pourtant, est-ce qu'à défaut d'aptitude pour apercevoir ces causes si évidentes, les leçons du passé que les pays voisins nous ont fournies ne devraient pas suffire au refroidissement de pareilles explosions d'enthousiasme? Combien en a-t-on vu, en effet, de ces cas de reprise spontanée, depuis quinze ans, et de Vaucluse ou d'ailleurs jusqu'ici? Combien en a-t-on vu, de ces vignes soi-disant phénoménales, se relever subitement sans nul concours, sans aucun aide de leurs propriétaires?

Mais, hélas! dans tous les cas où le vigneron a poussé la naiveté jusqu'à s'en rapporter exclusivement à la nature et croire inutile toute assistance de sa part, ces fameuses reprises ont tout juste duré le temps que vivent les roses: l'espace d'un printemps! C'est qu'en effet il ne saurait en être autrement.

Que mes lecteurs veuillent bien se reporter à la page 138 ils y trouveront ce passage: « D'abord, toute vigne entrée dans la dernière phase de la maladie phylloxérique ne peut émettre que quelques brindilles aériennes, n'est-ce pas? Et pourquoi? Eh, mon Dieu, tout simplement parce que son système radiculaire est totalement détruit : les grosses racines peuvent être encore relativement vertes dans leur cœur et leur aubier, mais leur épiderme a acquis la triste consistance et l'effrayante couleur du bois pourri, tandis que les radicelles et le chevelu, qui en formaient l'appendice indispensable, sont totalement pulvérisés par suite des déprédations de l'insecte.

« Or, étant donné que tout être animé, — et le phylloxéra est de ce nombre, — a absolument besoin, pour vivre, d'avoir à sa disposition des aliments spéciaux à sa nature, il résulte indubitablement que dans ce système radiculaire *décomposé* il reste peu ou point de phylloxéras vivants. »

Donc, étant donné qu'une vigne en cet état ne porte plus en elle l'insecte dévastateur, elle pourra, au printemps suivant, — pour peu que les pluies d'hiver aient agi sur le résidu des engrais appliqués les années précédentes au pied des ceps, et non encore totalement épuisés par suite de l'impuissance d'absorption des racines malades de la vigne, — émettre quelques radicelles ou plutôt quelques chevelus nouveaux qui surgiront de la partie souterraine du collet de la souche, au sein même des détritus du fumier; émission qui explique la reprise simultanée de la végétation aérienne.

Ainsi, j'étais précisément appelé, en août 1885, à examiner une jeune vigne de six ans, se trouvant favorisée par une de ces reprises naturelles et appartenant à M. D.., grand propriétaire de ma localité. Cette vigne présentait, l'année précédente à pareille époque, un état déplorable sous le rapport de la végétation et aussi, bien entendu, sous celui de la fructification : en un mot, elle était considérée comme morte, et si elle ne fut pas arrachée, c'est que le temps pour le faire fit défaut.

Or, lors de ma visite en question, elle portait une végétation assez belle et une récolte équivalant à la moitié à peu près de la normale. Comme cas de reprise spontanée, c'était magnifique, n'est ce pas? Tout fut bénéfice cette année-là, puisque ces effets se produisirent *spontanément*, c'est-à-dire sans aucun traitement spécial ni fumure, quelconques, mais seulement par suite de la disparition forcée de l'insecte, conséquence naturelle de la disparition du système radiculaire.

En outre de la vigueur relative de la végétation de cette vigne en reprise, on remarquait encore, deux mois avant, la couleur vert-foncé de ses larges feuilles, indice certain de l'émission d'un nouveau chevelu souterrain, et, en effet, lors de notre visite minutieuse d'août, nous pûmes constater de superbes radicelles nouvelles qui, partant du collet de la souche, étendaient leurs petites ramifications jusqu'à vingt ou vingt-cinq centimètres, avec absence complète de l'insecte.

Mais, objectai-je, en raison de la beauté verdoyante de sa végétation aérienne, cette vigne ne serait-elle pas, pendant l'arrière-saison estivale, le point de mire d'abord et le repaire ensuite des nombreuses phalanges de migrateurs ailés, dont les vastes foyers phylloxériques circonvoisins vont déterminer la formation et l'essaimage? Il est aussi peu possible d'en douter qu'il l'est du retour de la lune.

Que cette vigne, ajoutai-je, reste abandonnée à elle-même, et la réinvasion qu'elle va subir lui donnera, à coup sûr, au printemps prochain, le coup de grâce, et cela d'autant plus facilement que les racines à dévorer sont plus tendres, plus savoureuses et en plus petit volume. Et, en effet, au printemps suivant, l'affaissement fut complet et la vigne vouée au manège d'arrachage.

Car enfin, j'en ai vu beaucoup, depuis quinze ans, de
ces cas de reprise spontanée, et tous, tous sans exception
ont, comme ce dernier, abouti à la catastrophe finale. Et,
il en sera de même de tous ceux qui pourront se reproduire, tant qu'ils n'exciteront que l'enthousiasme con-
templatif des vignerons sans en secouer l'inertie.

Mais il y a là un enseignement de la nature dont devraient se pénétrer les masses viticoles. Ne leur montre-
t-elle pas, par là, que la vigne ne veut pas mourir, mais
que, pour vivre, elle a besoin du concours actif et non de
la contemplation platonique de son propriétaire? Ah! si,
— la nature ayant fait le premier pas, — le vigneron s'é-
tait fièrement rebiffé et mis sérieusement en travers des
réinvasions et des reproductions nouvelles de l'insecte;
s'il avait fait de sa vigne l'objet de soins minutieux, des
traitements que la science lui indique, de fumures rationnelles, d'une culture vraie, en un mot; si, surtout, les
voisins avaient, eux aussi, secoué leur coupable, très
coupable insouciance en arrachant impitoyablement toutes leurs vignes délabrées et abandonnées, s'ils avaient
supprimé ces foyers perpétuels étalés dans l'espace
comme un défi au progrès et même à l'existence viticole:
nul doute qu'alors ces reprises, localisées et secourues,
n'eussent été sérieuses et surtout *continues*.

En sera-t-il ainsi, dorénavant? Nous avons le droit de
l'espérer.

NOTES ET CORRESPONDANCES DIVERSES

SUR LES ENGRAIS ET TRAITEMENTS DIVERS

Énoncés dans les pages précédentes

I

De la tenue des fumiers de ferme.

Comme nous l'avons dit dans le cours de cet ouvrage, les fumiers de ferme sont généralement, notamment dans nos contrées méridionales, mal tenus et ne peuvent conséquemment produire les effets qu'on pourrait en attendre s'ils étaient l'objet de soins plus minutieux, surtout pendant leur séjour dans le *creux a fumier*.

Quatre-vingt-dix sur cent, au moins, procèdent d'une façon excessivement sommaire à ce sujet. Ils amoncellent tout simplement dans un coin du champ voisin ou de l'aire à dépiquer les fumiers de l'étable ou de la bergerie, au fur et à mesure que les déjections deviennent encombrantes et... voilà! Le soleil, les vents, les pluies et toutes leurs conséquences se disputent cet amas de détritus que l'on appelle néanmoins du fumier.

Que les vents et le soleil pénètrent en tous sens cette

précieuse masse et provoquent chez elle une dessiccation désordonnée ; que la pluie vienne après y exercer un lavage exorbitant : vétilles que tout cela. On retourne de temps en temps cette masse au moyen de la fourche, on livre ainsi les éléments fertilisants à demi décomposés au contact direct de l'atmosphère, et tout est dit!

Franchement, il me semble qu'il est possible et facile de faire mieux. D'abord, on peut, à l'étable même, — au moyen d'additions relatives à la culture en perspective, — augmenter la force fertilisante du fumier, comme nous l'avons déjà dit dans une étude précédente.[1]

Et puis, serait-ce donc bien difficile d'avoir les *creux à fumier* au-dessus du niveau des eaux pluviales stagnantes, en ayant soin que le sol d'assise soit rendu imperméable s'il ne l'est pas naturellement, afin que le purin, base de l'humus, puisse couler dans un récipient creusé *ad hoc* en contre-bas et à fond et parois imperméables également, pour, de là, être injecté sur la masse du fumier qui doit être tassé soigneusement ?

Enfin, serait-ce bien dispendieux que de ceindre de murs le *creux à fumier*, de façon que leur hauteur soit toujours supérieure à celle du fumier, et de recouvrir le tout sous forme de hangar, de façon cependant que les pressions atmosphériques puissent s'y faire ressentir au moyen de nombreux jours ménagés dans le haut des murailles et sur toutes leurs faces latérales et collatérales ?

Si l'on faisait le calcul de la déperdition des éléments fertilisants qui résulte de l'oubli de ces principes, l'agri-

---

1. *Voir*, pour ces additions, la page 61 de cet ouvrage.

culture serait effrayée des suites qu'elle subit par l'effet de ces inconséquences !

II

A propos du badigeonnage.

En janvier 1882, par suite d'une publication [1] relative à l'arrosage des soueches par le sulfure de cabone, en vue de détruire les divers parasites qui s'y trouvent blottis dans leur somnolence hivernale, ainsi que les œufs du phylloxéra qui y ont été déposés, je reçus une demande de renseignements de détail sur cette opération, demande qui motiva la réponse suivante :

« Talairan, le 9 janvier 1882.

Monsieur G. de X..., à X..., par Trèbes (Aude) [2].

« Je m'empresse de répondre à votre demande de renseignements sur l'emploi pratique du sulfure de carbone contre la Pyrale et les œufs du phylloxéra.

« En effet, comme vous l'exprimez, je ne pouvais guère m'étendre sur ces détails dans ma communication du 26 décembre, cet article étant déjà assez long ; mais je me proposais d'y revenir à la première occasion, et je suis heureux que vous ayez bien voulu me la fournir.

« Voici donc ma réponse aussi explicite que possible :

« 1° Le sulfure de carbone peut être employé pour l'ar-

---

1. *Voir* le *Salut*, journal de Carcassonne, numéro du 28 décembre 1881,
2. *Voir* le même journal..., numéro du 12 janvier 1882,

rosage de la partie aérienne des souches en vue de détruire la Pyrale et autres insectes parasites, pendant l'hiver, sous n'importe quelle température [1] ; son action insecticide, ou plutôt asphyxiante, ne dépendant pas des quelques *secondes* de plus ou de moins qu'il met à s'évaporer sous la pression d'une température plus ou moins basse ou élevée.

« Dans cette opération, l'effet produit sur l'insecte est aussi foudroyant que la foudre elle-même, car cet agent accomplit instantanément son œuvre destructive et, comme à peu près tous les fluides aériformes, il se dégage promptement dès qu'il est en contact avec l'oxygène de l'air, au sein duquel s'évaporent sans retard ses éléments sulfo-carboniques. Voilà pourquoi, versé sur la partie aérienne du cep, une dose relativement plus forte ne peut influer sur l'organisme vital de la vigne.

« Tandis que s'il s'agissait au contraire d'une injection souterraine contre le phylloxéra, l'effet se trouverait sensiblement différent, par suite de la différence d'oxygène (agent naturel de diffusion des éléments gazeux) que renferment plus ou moins les diverses natures de terrain que présente le sous-sol, et le degré de compacité ou de perméabilité dans lequel se trouve ce dernier au moment de l'injection. Mais ce n'est précisément pas là le sujet qui doit nous occuper.

« 2° En arrosant, dans leur partie ariéenne, les souches humides par suite d'une pluie récente [2], cette humidité

---

1. *Sauf* les réserves spéciales consignées à la page 129 du présent ouvrage, réserves que des expériences ultérieures ont consacrées.
2. Il ne faut pas confondre l'humidité pluviale avec celle qui résulte des rosées blanches, à moins que la pluie ne soit tombée sous forme de verglas. En tout cas, si les souches sont humides, la prudence indique de s'abstenir d'opérer par de trop basses températures.

ne peut arrêter l'action du sulfure de carbone. En effet, nous savons que ce dernier est plus lourd que l'eau, que par conséquent cette dernière ne peut ni l'arrêter dans sa marche descendante et extensible, ni en absorber le moindre atome puisque sa solubilité dans l'eau est impossible ; dès lors, le sulfure de carbone exerce son action asphyxiante à travers les écorces et les tissus de la souche jusqu'à son évaporation complète par l'absorption atmosphérique qui ne tarde pas à être consommée.

« 3° J'entends par collet de la souche le dessous immédiat des plus ou moins nombreux bras qui la forment. Quant au pied proprement dit, qui s'étend du dessous de ces bras jusqu'à la base du sol, en versant le liquide délétère sur les bras, on l'y voit descendre avec une extension précipitée entre les interstices des écorces. D'ailleurs, l'arrosage du pied de la souche, sans être absolument superflu, n'est pas non plus d'une nécessité absolument rigoureuse, car ce n'est précisément pas là que se logent de préférence les insectes malfaisants dont il s'agit.

« 4° Un centilitre de sulfure de carbone suffit parfaitement pour l'arrosage d'une souche de grosseur moyenne. Dans mes opérations de l'année dernière, c'est à-dire lors des applications expérimentales sur des vignes de 15 ans, complantées dans des terrains d'alluvion, très favorables comme on sait au prompt développement de la vigne, où l'on voit par conséquent des souches qu'à première vue l'on jugerait plus avancées en âge, j'en arrosais jusqu'à 130 avec un litre ; tandis que dans des vignes attenantes, mais ayant 30 années d'existence, et par suite des souches bien plus volumineuses, je n'en faisais que 80 seulement. C'est de ces proportions que j'établis la moyenne de 100 souches que l'on peut à peu près arroser avec un litre de liquide et obtenir des résultats excellents.

« 5° D'après ce qui précède, le prix de revient de cette opération, relativement au sulfure employé, est de 4 fr. environ par mille souches. Et pour la question de main d'œuvre, non seulement elle est d'une évaluation facile, mais encore elle présente un avantage également appréciable : c'est qu'un homme peut aisément opérer de 1.500 à 2.000 souches par jour, chiffre qu'aucun moyen connu jusqu'à ce jour n'a pu atteindre.

« 6° Quant à une addition de goudron de houille au sulfure de carbone pour cette opération, non seulement je n'y vois pas d'avantage, mais encore j'ai la conviction qu'il en résulterait certains inconvénients, et pour l'opération elle-même et sur l'effet produit sur la vigne.

« En effet, quoique le mélange des deux substances se fasse assez bien, le produit de leur union étant un peu gluant nécessiterait un bidon à goulot plus grand, de l'emploi duquel résulterait conséquemment un plus grand écoulement de liquide qui serait autant inutile que dispendieux.

« Et puis, le goudron de houille brut ne possède pas des qualités insecticides bien extraordinaires, mais en revanche il entraîne un inconvénient fâcheux pour la vigne, en ce sens que son action a pour effet immédiat d'intercepter, sur les parois extérieures du cep, l'intervention généreuse des éléments atmosphériques, en bouchant, pour ainsi dire, les pores qui leur donnent accès dans les tissus du bois qui, privé du concours aérien, se décompose et dépérit.

« Tel a été, du moins, le résultat d'expériences personnelles, non pas, à vrai dire, avec le goudron, mais avec le le pétrole, son congénère naturel,

« Je crois, Monsieur, n'avoir omis aucune des questions sur lesquelles vous avez désiré avoir une réponse. Quoi qu'il en soit, je me tiens toujours à votre disposition et vous remercie infiniment de votre offre gracieuse..... »

« Agréez, etc.

« S. P. »

LE BADIGEONNAGE (suite).

Toute la presse spéciale s'occupe depuis quelque temps de la question dénommée par le titre qui précède et que nous allons essayer de traiter à notre tour, car il faut qu'elle intéresse bien vivement, puisque son examen captive, même en ce moment peu psychologique, les savants viticoles[1].

En effet, un examen de ce genre ne paraît pas de saison à l'époque où nous sommes. Mais si ce n'est pas aujourd'hui le moment d'appliquer ce traitement préventif à la vigne, c'est celui de constater le résultat des diverses applications qui ont dû être pratiquées l'hiver dernier. Et puis, un vieux proverbe nous dit : « Qui de loin y pense !... » Il n'est donc pas superflu d'examiner à l'avance cette importante question et de se préparer à l'appliquer avec une connaissance de cause aussi étendue que possible.

Certes, et comme toujours du reste, mes lecteurs doivent moins s'attendre à des dissertations d'un docteur en Sorbonne qu'à des exposés de faits d'un praticien qui s'ap-

1. Cette étude a été publiée, en juillet et août 1885, dans trois journaux agricoles du Midi : *la Chronique vinicole* de Bordeaux, *l'Agriculteur de* Béziers et *le Vigneron narbonnais* de Narbonne.

plique, le plus possible, à asseoir ses théories sur des expériences préliminaires.

De même que ce sera moins pour revendiquer un droit quelconque d'antériorité pour l'opération du badigeonnage que je pratiquais à une époque où l'on n'y pensait peu ou point, que pour donner à mes lecteurs des renseignements qui pourront leur être utiles dans l'application future d'une opération qui eût dû être prise en considération avant de laisser s'étendre si déplorablement la tache phylloxérique que l'an de grâce 1885 étale à nos yeux attristés !

Dès l'année 1881, alors que cette tache était encore bien restreinte dans nos parages méridionaux, je conseillais à nos viticulteurs, par la voie d'un journal dévoué de Carcassonne, de procéder à la destruction de l'œuf du phylloxéra afin d'enrayer la reproduction de cet insecte malfaisant.

Que voulez-vous? Si, à cette époque, M. Balbiani avait fait entendre sa voix scientifique, peut-être bien que la viticulture eût écouté et suivi ses conseils préventifs ! Car, si pénible à faire que soit cette constatation, il faut bien l'avouer, il faut aujourd'hui des coups de tonnerre formidables pour secouer la torpeur somnolente de la viticulture, bercée qu'elle est par la divergence des nombreux intérêts plus au moins particuliers qui se disputent son empire !

Il peut y avoir plusieurs moyens de *résister* au terrible Attila qui dévaste nos vignobles, mais il n'y en aura jamais qu'un seul pour *l'anéantir* : celui qui l'atteindra dans sa reproduction et dans sa vitalité.

Or, — par sa tendance à détruire les œufs fécondés du phylloxéra déposés sur la partie aérienne du cep, — le badigeonnage est, dans son principe, la réalisation de la première partie de cette œuvre naturelle. C'est pourquoi, — résumant toute impression rétrospective par un simple « mieux vaut tard que jamais », — saluons la mise à l'ordre du jour de cette opération excellemment préventive.

Nous allons donc examiner quelles sont les conditions qui peuvent déterminer la réussite de cette importante opération.

Plusieurs versions assez différentes les unes des autres ont été émises au sujet de la reproduction du phylloxéra.

Les uns ont prétendu que cette reproduction procède tout simplement des effets génératifs qui résultent du contact des sujets sédentaires du sous-sol, lesquels effectueraient leur évolution reproductive dans les cavités même du système radiculaire de la vigne qui forment leur repaire.

Les autres ont cru que cette reproduction ne peut s'effectuer à l'ombre du sous-sol et que les légions innombrables des émigrants ailés sont seules chargées par la nature de cette besogne qui nécessite d'abord, pour l'accomplissement des fonctions ovipares de ces individus sexués, l'influence de l'atmosphère et puis les réchauffements de Phœbus pour couver et faire éclore, au moment psychologique, les myriades de pontes déposées dans les interstices de l'aubier du bois aérien de la souche.

D'autres, enfin, ont adopté un système mixte d'après lequel cette reproduction effrayante s'accomplirait au moyen des deux facultés qui précèdent, mais en faisant remarquer toutefois que les générations qui proviennent de l'évolution parthénogénétique du sous-sol deviennent graduellement anémiques, de façon que l'espèce elle-même ne tarderait pas à disparaître si les contingents d'origine aérienne n'apportaient annuellement le concours de leur force vitale au renouvellement des colonies souterraines en décadence.

Certes, les notions d'histoire naturelle, spéciales à l'entomologie, ne peuvent être l'apanage du premier viticulteur venu, car cette science n'est pas encore obligatoire, et puis, du reste, la nature ne fait pas surgir à profusion du sein des vignobles des Buffon spécialistes; mais il n'est cependant pas bien difficile, ce me semble du moins, de reconnaître au moyen d'observations attentives des effets mêmes produits par la vigne par les pérégrinations de l'insecte, — que la deuxième de ces versions définit assez bien les mœurs et la marche du terrible aphidien.

Dès lors, appuyés sur ce principe, on peut conclure qu'une opération tendant à supprimer, ou tout au moins à enrayer la reproduction annuelle du phylloxéra, c'est le premier pas vraiment sérieux que l'on puisse faire pour aboutir au but tant recherché, mais fuyant toujours, au-devant des viticulteurs ahuris, comme le mirage solaire des déserts au-devant du voyageur.

De là nécessité d'enduire la partie antérieure de la souche d'une substance assez puissante pour détruire les pontes phylloxériques, mais présentant en même temps une innocuité parfaite envers l'arbuste.

Sur des instances supérieures, M. Balbiani, partisan lui-même de la destruction des œufs fécondés du phylloxéra, fut chargé de formuler une solution en vue d'aboutir à ces fins. Dans sa composition, nous voyons figurer la chaux, la naphtaline, l'huile lourde et l'eau pour véhicule.

Certes, je me sens profondément respectueux envers
l'autorité scientifique qui entoure le nom du savant professeur au Collège de France ; mais, cependant, sauf avis
contraire émanant des expériences qui ont dû être faites
de sa formule, il me semble que notre maître a quelque
peu sacrifié l'énergie asphyxiante ou insecticide de sa
composition à la perspective de l'innocuité envers la souche. Sans doute, ces proportions ne sont pas faciles à définir du premier coup, et c'est pourquoi chacun doit apporter sa pierre à l'édifice commun en apportant dans
le débat le concours de ses propres expériences.

. . . .

. . . .

Cette étude sur le badigeonnage s'étend encore sur la
publication qui en a été faite dans les journaux spéciaux
dont parle la note de la page 152 ; mais, pour ne pas se
répéter sans nécessité, je crois devoir l'interrompre ici
et reporter le lecteur à la page 127 et suivantes de cet
ouvrage, où il trouvera les détails relatifs à la mise en
pratique de cette opération.

Seulement, comme ces détails ont été publiés en 1882,
et que les applications auxquelles ils ont trait avaient
été faites avant cette date, il est évident que, depuis cette
époque, ces applications se sont répétées et nécessitent,
par conséquent, quelques mots supplémentaires d'infor-
mation.

Le badigeonnage, ou plutôt l'arrosage des ceps au
moyen du sulfure de carbone additionné d'une petite partie d'acide phénique, a corroboré depuis les premières
constatations : 1° la force asphyxiante, envers l'insecte,
du liquide employé, auquel on opposera difficilement des
équivalents ; 2° son innocuité envers l'arbuste, et 3° le

coût presque insignifiant du liquide lui-même et de son application.

A ceux qui douteraient de l'exactitude de ces trois conditions excellentes, indispensables, devrais-je dire, je ne puis que répéter le passage de la lettre adressée à M. le Ministre de l'agriculture, et que l'on peut revoir à la page 20 de cet ouvrage :

« En effet, la faiblesse toxique des agents combinés par M. Balbiani est aussi évidente qu'est manifeste la force asphyxiante de ceux qui figurent dans ma brochure pour l'arrosage des ceps, en vue de détruire l'œuf du phylxéra et tous autres parasites constitués ou non.

« Du reste, dix minutes, consacrées à une expérience pratiquée simultanément pour les deux procédés, suffisent pour démontrer la supériorité de mon système, de l'application duquel il résulte une destruction instantanée et radicale des parasites, qu'ils se trouvent à l'état de germe ovipare, de larve, de nymphe ou d'êtres constitués. »

On le voit, d'après l'extrait qui précède et qui a été écrit sur le terrain même des applications, les résultats qui en découlent sont appréciables immédiatement pour les observateurs compétents et, pour les autres, aussitôt la reprise de la végétation suivante. Voici donc cette formule qui, pour n'être pas académique, n'en a pas moins fait ses preuves, lesquelles demandent à se généraliser.

« Vers le mois de mars [1], dès le commencement du réveil de la sève, et après son premier mouvement ascendant, prendre : 98 kil. de sulfure de carbone et 2 kilog.

---

1. On voudra bien remarquer la différence d'époque d'application qu'il y a entre ce procédé et celui de M. Balbiani, qui doit être appliqué en plein hiver, pendant la léthargie complète de l'arbuste.

d'acide phénique, soit un total de 100 kilog. qui, à peine secoué, forme une solution parfaite.

« Avec ce liquide, au moyen d'un bidon en fer-blanc, de la contenance de un ou deux litres, à goulot recourbé et dont le tube à la sortie du liquide doit avoir un millimètre environ de diamètre, arroser les coursons ou bras de la souche, depuis le dessous du premier œil fructifère inférieur jusqu'à la bifurcation des divers bras à leur concentration au tronc.

« Il n'est pas rigoureusement nécessaire d'arroser ce dernier, car ce n'est pas là que se logent *de préférence* les diverses larves d'insectes ou que sont déposés *d'ordinaire* les œufs fécondés du phylloxéra. Leur repaire préféré se trouve dans les coursons, c'est-à-dire dans la partie la plus jeune du bois de la souche.

« Il faut bien se garder d'arroser les bourgeons dont l'éclosion a commencé, car, dans ce cas, tout bourgeon arrosé est un bourgeon brûlé. Mais cependant l'opération est plus facile qu'on ne pourrait le penser, et surtout très expéditive, puisqu'un homme peut arroser de 250 à 300 souches à l'heure. Avec un litre de ce liquide on peut parfaitement opérer une centaine de souches d'une grosseur moyenne.

« Cette opération offre un avantage singulièrement remarquable : elle provoque une répercussion de sève immédiate. Or, la sève refoulée redescend intoxiquée vers le système radiculaire et, jusqu'à la reprise de son mouvement ascendant, elle suscite un empoisonnement des insectes qui se trouvent dans le périmètre de ce mouvement insolite de la sève.

« Cependant, cette action répercussive cause un retard dans la végétation, mais ce retard n'a rien d'effrayant ;

car, quand elle reprend son mouvement ascensionnel, la sève, saine et vigoureuse, favorise énergiquement la végétation qui a bientôt rattrapé le temps perdu.

« De plus, les vapeurs du sulfure, traversant de part en part les coursons de la souche, asphyxient les œufs d'hiver du phylloxéra à la veille d'éclore, les larves d'insectes ou les insectes constitués qui peuvent s'y trouver.

« Mais il arrive quelquefois que, par leur nature plus poreuse, ou par une fissure quelconque, certains coursons reçoivent jusqu'à leur moelle le sulfure en nature, c'est-à-dire en liquide et non en vapeurs seulement ; alors, dans ce cas, ces coursons sont paralysés, ne végètent que tardivement et quelquefois même jamais plus. Mais c'est là une exception qui se produit assez rarement pour qu'il n'y ait pas lieu de s'y arrêter.

« Ce qui serait plus grave, ce serait de pratiquer l'arrosage par ces matinées à rosée froide, à peu de degrés au-dessus et pis encore au-dessous [de zéro. Alors, par exemple, la répercussion de sève est si violente que les conséquences peuvent équivaloir à celles d'une forte gelée blanche qui arriverait en mai ; les souches n'en meurent pas, mais elles ne végètent dans la suite que dans les pieds des ceps.

« A part cette exception, on peut opérer par toute température, mais il serait bon d'opérer de préférence dans les après-midi et par un temps sec. Toutes ces réserves faites, l'action de cette opération produit sur la vigne un effet vigoureux tel que l'on serait tenté de dire qu'elle joue en quelque sorte sur elle le rôle d'engrais [1]. »

Voilà ce que l'expérience me permettait d'écrire dès

---

1. Cette formule se trouve à la page 127 mais, par suite de quelques petites additions, j'ai cru devoir la reproduire ici !

1881, de publier par la voie de la presse à cette même époque et, plus tard, en 1883, sous forme de brochure.

Mais en ce temps-là, c'est-à-dire en 1881-83, le monde viticole ne regardait pas de ce côté : M. Balbiani n'avait pas encore défini le but et les moyens de détruire l'œuf du phylloxéra ; on ne fit pas attention à cette question de badigeonnage ou d'arrosage des ceps, à laquelle je n'ai pas moins fait faire, de mon mieux, son chemin dans la voie des applications, à tel point qu'elles m'ont amené à me demander si, vraiment, certains écrivains viticoles du jour connaissent réellement la vigne !

La vigne est un arbuste qui ne peut vivre de théories plus ou moins spéculatrices, et, pour qui est au courant des discussions viticoles de notre époque, il n'est pas bien difficile de conclure que c'est presque le seul secours qu'on lui porte et qui n'arrête pas d'une minute la marche de sa décadence, sous quelque forme ou dénomination qu'elle soit cultivée !

Je conclus et je dis à tous, mais spécialement à ceux qui se plaisent à condamner sans appel nos vignes indigènes, appliquez-vous, au seul titre d'expérience si vous-voulez, à enrayer la reproduction du phylloxéra par la destruction de ses pontes aériennes, soit au moyen du procédé de M. Balbiani, soit par celui que je viens d'indiquer, ou mieux encore par l'expérience parallèle des deux ; traquez en même temps l'insecte dans ses repaires souterrains, agrémentez le tout de bons soins culturaux, et votre désespoir ou votre scepticisme subiront un temps d'arrêt pendant lequel vous pourrez bien vous dire que nos précieux cépages ne sont pas encore disposés, si nous le voulons bien, à nous faire leur éternel adieu ! ! !

S. P.

III

Deux cas de plagiat
l'un transatlantique et l'autre transalpin.

Après M. Riley, l'éminent entomologiste des États-Unis, venu en France faire valoir les qualités insecticides des huiles minérales de son pays, voici venir maintenant, de l'autre côté du mont Saint-Bernard, un compatriote de Dante et de Raphaël, M. Léopold Gigli, savant ingénieur de la cité des Médicis, lequel fait à son tour préconiser dans nos vieilles cités gallo-romaines l'efficacité du même produit contre la maladie de la vigne.

On lit, en effet, dans le numéro du 28 janvier 1885 de *la Dépêche*, journal s'imprimant à Toulouse :

« CONFÉRENCE SUR LE PHYLLOXÉRA
« PAR M. GASTON DEBOSQUE, INGÉNIEUR.

« Hier soir, à 8 heures 1[2, M. Gaston Debosque, ingénieur, a fait, au grand amphithéâtre de la Faculté des lettres, devant une salle archi-comble, la conférence que nous avions annoncée sur la destruction du phylloxéra par le procédé de l'ingénieur Léopold Gigli de Florence.

« Le conférencier nous apprend en débutant qu'il poursuit deux buts dans sa conférence : instruire les vignerons, menacés dans leur fortune, et apporter sa part de lumières pour éclairer, d'un jour tout à fait nouveau (???)[1] la question si controversée du phylloxéra.

---

1. D'un jour tout à fait nouveau ? Il suffit, pour s'en convaincre, de comparer le procédé de M. Gigli, exposé dans le cours de cette confé-

« . . . .

. . . . , ...

. . . . , . . . , ...

« C'est après vingt-cinq années d'une carrière laborieuse
et bien remplie en qualité d'ingénieur que le conférencier,
porté instinctivement vers l'étude de la vigne, vient faire
part à ses auditeurs de la savante découverte de l'ingénieur italien et de ses études personnelles sur la question
phylloxérique.

« Abordant alors son thème, le conférencier établit
qu'au début de la découverte du phylloxéra, on a observé
deux courants, l'un poursuivi par des savants cherchant
uniquement la vérité, l'autre où se sont engagés prématurément et sans réflexion des hommes d'un grand
talent, mais en allant chercher en Amérique ce qu'ils
avaient en France, sous la main, se sont lancés dans une
voie néfaste d'où ils ne peuvent ou ne savent comment
sortir.

« Avant d'aborder l'étude du phylloxéra, M. Debosque
examine la maladie qui l'a précédé, l'oïdium, qui a tant de
points de ressemblance pour les effets désastreux avec le
fléau actuel.

« En 1852-54, l'oïdium est signalé en France. Bientôt
après on le constate dans toute l'Europe ; ici le mal est
visible, il est facile de l'étudier et d'y porter remède. En
effet, Henri Marès, ingénieur de l'École centrale, trouve
le soufre, et dès lors le mal est conjuré partout où le
remède est appliqué.

« Mais là où il ne l'est pas la vigne meurt-elle ?

rence, avec mes publications depuis 1878, et notamment avec la première édition du présent ouvrage.

« Non ! elle souffre, s'étiole, ne donne plus ou presque plus de fruits, à part quelques rares exceptions qui sont à l'abri du fléau, et cet état peut durer des années, témoin les vignes du midi du Portugal, province de l'Alemtage qu'habitait en 1867-72 M. Gaston Debosque, et où il a pu constater que malgré l'absence complète du soufrage, quelques vignes résistaient encore.

« Là, comme partout ailleurs, on s'était trop hâté d'arracher les vignes atteintes d'oïdium, mal qu'on croyait d'abord incurable et qui ne détruisait, comme l'a fait le phylloxéra plus tard, que les vignes excessivement jeunes ou les vignes vieilles, peu vigoureuses ou anémiques.

« De 40 millions d'hectolitres que produisait la France en moyenne avant l'oïdium, la récolte annuelle descendit à 10 ou 12 millions, par suite de la disparition des vignes amenée par les effets de la maladie ou par l'arrachage précipité.

« Cette diminution de produits fit atteindre au vin un prix élevé. Dans l'Aude, on le vendit jusqu'à 70 fr. l'hectolitre, la fièvre de la plantation s'empara des esprits alléchés par l'appât du gain, et le gouvernement impérial força la note en publiant dès 1862 le rapport du docteur Guyot sur son *Etude de la Vigne Française*, proclamant que la fortune agricole de la France était dans la culture à outrance de la vigne.

« On vit alors le seul département de l'Hérault, sous cette impulsion, arriver à produire, vers 1876, quinze millions d'hectolitres en une seule récolte.

« Mais bientôt un nuage noir apparaît à l'horizon. Le phylloxéra fait son entrée en scène.

« Dès 1865-68 il est signalé dans la Gironde et dans le département de Vaucluse, aux abords de deux plantations américaines , immédiatement accusées d'être la cause du nouveau fléau.

« Ici, l'orateur démontre l'absurdité d'une pareille erreur; il suffit de citer ce trait, entre autres, qu'il signale: c'est que la vieille vigne du père Noé aurait la faculté d'avoir toutes les maladies, sauf celle du phylloxéra. Le phylloxéra, dit-il, *a été, il est et il sera.*

« Pour le combattre, deux courants se sont établis :

« 1° L'un consistant à créer de nouvelles vignes avec du plan américain; ce plant , d'après les auteurs du système, étant à l'abri des ravages du fléau et vivant en bonne intelligence avec lui ;

« 2° L'autre cherchant des remèdes contre le mal, en suivant la marche rationnelle, l'étude préalable de la maladie phylloxérique.

« C'est avec ce dernier que le conférencier a marché, car seul il devait arriver au but.

« L'affolement produit par les ravages terribles, stupéfiants du fléau dévastateur, a troublé les esprits et empêché de voir que la nouvelle maladie produisait les mêmes phénomènes que sa devancière : l'oïdium, c'est-à-dire dépérissement, d'abord, de la vigne; de çà, de là, mort instantanée, mais jamais anéantissement complet de l'espèce.

« Seules, quelques vignes jeunes périssaient dans la presque totalité. — Les vignes adultes résistaient, et partout une ou deux récoltes anéanties n'ont pas amené l'arrachage. Les fumures fréquentes, les soins culturaux bien entendus ont permis de résister à l'attaque.

« La vigne jeune, n'ayant pas un système de racines suffisamment développé, privée surtout de racines pivotantes, plongeant à de grandes profondeurs, formée d'éléments tendres et peu résistants, a donné prise à l'insecte qui en est facilement venu à bout. Trois, quatre ans au plus après l'apparition de la tache phylloxérique, et c'en est fait de la vigne attaquée.

« Chez la vigne adulte, au contraire, dont les racines sont fortement développées en tous sens et composées de parties résistantes, où la trompe de l'aptère ne peut pénétrer, l'action destructive du fléau se borne à quelques vaines tentatives contre des radicelles recouvertes d'une écorce ferme, dure, et, las de lutter pour son existence qu'il ne peut facilement se procurer sur la plante réfractaire, il va chercher fortune ailleurs.

« C'est parce que le phylloxéra a trouvé dans l'Hérault le Gard, le Vaucluse, la Gironde, etc., etc., de jeunes vignes plantées de 1858-60-65, c'est-à-dire âgées seulement de 8 à 12 ans, qu'il a produit des ravages aussi foudroyants.

« Partout où il existait des vignes adultes, âgées même mais vigoureuses, elles ont résisté. On trouve des exemples de ce fait en plein pays ravagé. Des vignes abandonnées d'abord ont pu être taillées de nouveau et produire des récoltes abondantes. Dans les villages du Gard, de l'Hérault, du Var, etc., les treilles ont été indemnes, tandis que les vignobles environnants disparaissaient.

« Le phylloxéra est vieux comme le monde. Les textes sacrés le mentionnent : les Hébreux, les Grecs, qui l'avaient baptisé du nom *phteir repens* (pou de la vigne), nous en ont transmis la tradition.

« Strabon, géographe grec, né cinquante ans avant l'ère chrétienne, parle du *pou de la vigne*, qui ravageait les vignes de l'empire romain, et qu'on combattait à l'aide du *catrancum* ou *huile bitumeuse*. — *Bitume de la mer Morte.*

« Le fléau apparaît de nouveau au treizième siècle. La chronique des moines de Citeaux en fait mention. En Arménie, on le combat à la même époque avec un mélange d'*huile lourde* bitumeuse et d'huile d'olive.

« Aujourd'hui, trois remèdes ont été appliqués au début :

1° La submersion ;

2° Le sulfure de carbone ;

3° Les sulfo-carbonates.

« Et dès 1876, après la découverte de l'œuf d'hiver, faite par Balbiani, arrivèrent les *cubes Rohart* et les badigeonnages aux *huiles lourdes bitumeuses*, acheminement vers le *remède des anciens.*

« Il fallait en effet, pour arriver au vrai remède (tout mal a le sien), que l'histoire naturelle du phylloxéra fût complètement connue, et elle ne l'est réellement et sans conteste, pour les vrais savants, qu'à partir de la remarquable découverte de Balbiani.

« Grâce à l'énergie des hommes de courage, tels que MM. Boiteau, Prosper de Laffite (celui-ci toujours sur la brèche pour soutenir nos plants français) et Balbiani, la lumière se fait autour du phylloxéra, et, en 1884, le savant ingénieur italien, Léopold Gigli, reprenant l'idée des *cubes Rohard* et la perfectionnant, arrive au vrai, au seul et unique remède employé par les anciens, *au charbon de bois imbibé de pétrole* (le pétrole n'est autre que du bitume raffiné) qu'il place sous les racines inférieures de la souche, de telle sorte que les vapeurs toxiques qui s'échappent d'une façon lente, constante et durable, tuent l'insecte ou le forcent à s'éloigner du foyer empoisonné.

« M. Debosque termine sa conférence en donnant des détails sur l'application des procédés qu'il préconise.

« L'opération est bien simple et peut se faire en tout

temps : il suffit de pratiquer, à l'aide du pal dont on se sert pour planter les vignes, un trou incliné de 30 à 40 centimètres, dont l'extrémité inférieure arrive sous les racines, et l'on met au fond de ce trou 200 ou 300 grammes de charbon de bois complètement imbibé de pétrole que l'on tasse et que l'on recouvre de terre.

« Si la souche a été fumée l'année précédente, une nouvelle fumure est inutile; dans le cas contraire, on doit la fumer après que l'opération a été terminée.

« M. Debosque a été vivement applaudi à la fin de sa conférence. Il est probable que la plupart des nombreux viticulteurs qui étaient présents se hâteront d'expérimenter le procédé de l'ingénieur Gigli, si bien mis en lumière par notre savant compatriote. »

A la publication du compte rendu qui précède je répondis la lettre suivante, qui fut insérée dans le même journal, numéro du 1er février 1885.

Talairan, le 30 janvier 1885.

MONSIEUR LE DIRECTEUR DE *la Dépêche*, A TOULOUSE.

« On lit dans votre journal du 28 courant le compte-rendu d'une conférence sur le phylloxéra, donnée à Toulouse par M. Gaston Debosque, ingénieur.

« Je n'ai pas à discuter ici le fond même de son exposé théorique, sur la maladie de la vigne; je suis même de son avis sur plusieurs points de son traité sur la biographie du terrible aphidien.

« Mais je crois toutefois devoir faire remarquer à M. Debosque que la découverte de M. Gigli, dont il se fait le propagateur dans nos contrées, n'est pas nouvelle en France ni ailleurs, car des brevets ont été délivrés antérieurement, sinon à la conception, du moins à la divulgation du savant *italien*.

« Inutile d'ajouter que la possession de ces brevets n'a pas empêché leur titulaire *français* de publier par la voie de la presse leur description intégrale, en donnant à tous le libre arbitre pour leur application.

« Je ne vois donc dans le procédé de M. Gigli qu'une espèce de greffage pratiqué sur la substance bitumeuse qui fait le fond de son système, après avoir fait celui d'études publiées depuis cinq ans et qu'ont corroborées certaines expériences.

« Agréez, etc. « S. P. »

Je n'ai pas besoin d'insister davantage, je crois, pour convaincre mes lecteurs qu'après des publications remontant à plus de cinq ans et relatives à l'emploi de la substance bitumeuse dont il est question, on ne saurait sérieusement venir nous dire qu'une découverte de ce genre est nouvelle.

Sans doute, on a changé le mode d'introduction dans le sol viticole de cette huile minérale, et certes, sous ce rapport, l'idée paraît passablement nouvelle; mais présentera-t-elle, dans ces conditions, l'efficacité annoncée? La nature même du véhicule adopté, — qu'une étude spéciale et déjà ancienne nous a fait connaître sous ce rapport, — permet tout au moins d'en douter.

Nous reviendrons ultérieurement sur ce sujet, s'il y a lieu, mais en attendant, je serais bien aise que l'on nous fît connaître la nature des vapeurs que peut émettre le charbon de bois en dehors de la calcination. Ayant affaire ici à des hommes de science, ils devraient bien nous faire cette démonstration nécessaire.

IV

Sur les conséquences d'un orage sur des raisins mûrs.

Le 21 septembre 1884, sévit sur ma localité un de ces cataclysmes qui détruisent en un instant le labeur d'une année entière. Voici ce que j'écrivis à ce sujet à un journal de Bordeaux [1], auquel j'ai l'honneur de collaborer :

Talairan, le 24 septembre 1884.

MONSIEUR LE DIRECTEUR,

« Dimanche dernier, vers les quatre heures de l'après-midi, à la veille des vendanges, un orage épouvantable s'est abattu sur nos campagnes.

« Une énorme trombe de pluie et de grêle à la fois a transformé, en quelques instants, les quelques vignes qui nous restent et les tronçons épars de celles que le phylloxéra a encore plus ou moins épargnées, en un bourbier sinistre dont les écoulements torrentiels ont couvert les raisins de vase, de feuilles abattues par des grêlons de la grosseur d'une noix et d'herbes ou de ronces de toute espèce.

« Les petites rivières qui reçoivent l'écoulement des eaux du territoire ont un instant rivalisé avec le Rhône ou la

---

1. *Voir* le numéro du 2 octobre 1884 de *la Chronique vinicole universelle*, organe spécial des intérêts de la viticulture et des produits vinicoles, 34, rue Tourat, à Bordeaux.

Garonne dans leur cours ordinaire, envasant tout sur leur passage et emportant dans leur fureur tout ce qui formait obstacle.

« Au degré de maturité que les raisins avaient atteint, la pluie seule, tombée avec cette violence, eût suffi pour compromettre la récolte ; mais la grêle s'est chargée de compléter le désastre en brisant en dix minutes le fruit d'une année de travail et d'espérance.

« Ici, l'exagération n'est pas possible : tels côtés où la récolte est *totalement* perdue, et tels autres, les moins éprouvés, où il sera peut-être possible d'en sauver une partie que je n'ose évaluer, car, si un temps sec et suffisamment chaud n'intervient pas pour dessécher la partie des raisins meurtris, la corruption totale pourrait s'ensuivre, et alors..... nous aurions vendangé pour cette année.

« La première opération, après un pareil désastre, est de déblayer les raisins des ordures putrescibles dont ils sont couverts, pour les faire bénéficier pendant quelques jours d'un soleil bienfaisant et d'un air nécessaire pour empêcher leur putréfaction d'abord, et puis pour que la partie meurtrie se dessèche complètement et tombe toute seule ou par les soins des vendangeurs. Mais cet air et ce soleil se produiront-ils ? *That is the question !!!*

« Il faudra enfin appliquer rigoureusement à la vendange les procédés de vinification que j'ai décrits dans mon étude sur la *Décadence de la vigne* [1], procédés que, je l'avoue, j'étais loin de me douter d'avoir moi-même à appliquer si tôt par suite d'un déchaînement si féroce des éléments.

---

1. *Voir*, pour cette description, la page 48 et les suivantes du présent ouvrage.

« Je demande bien pardon aux lecteurs de *la Chronique*
de leur avoir infligé cette diversion pour un accident atmosphérique purement local, mais il est si épouvantable
pour nous que je n'ai pu m'empêcher de le leur signaler.

« Agréez, etc.

« S. P. »

V

A propos de la garance employée comme engrais.

« A M. P. SERRES, à Talairan.

« Paris, le 12 mars 1885.

« MONSIEUR,

« J'espère n'être pas accusé par vous d'indiscrétion en
vous demandant les renseignements suivants qui peuvent avoir pour moi une grande importance.

« J'ai appris par M. X.., négociant en garance à Avignon,
que pendant plusieurs années vous lui avez demandé de
la garance en poudre que vous utilisiez comme engrais
pour vos vignes.

« J'ai eu, Monsieur, la même idée que vous, mais je l'ai
suivie sans régularité, de sorte que je ne suis pas fixé
du tout sur l'action de la garance sur la vigne, soit
comme fumier, soit comme préservatif du phylloxéra.

« C'est à ce double point de vue que je m'étais placé ;
mes fréquentes absences de mon département, que j'ha-
bite pourtant une partie de l'année, m'ont empêché de
suivre cette étude. Puisque vous avez employé la poudre

de garance à plusieurs reprises, je vous serais reconnaissant de me dire si vous avez remarqué :

« 1° La coloration en rouge du bois ;

« 2° Son durcissement ;

« 3° Ou simplement une plus grande végétation par
suite de la richesse en potasse 20 (°/o) et en chaux (24 °/o)
de cet engrais;

« 4° Le phylloxéra a-t-il attaqué et détruit aussi rapidement que les plants non traités ceux que vous aviez
fumés ?

« J'ai eu l'honneur de parler de ce traitement de la vigne à MM. Boussingault et Cornu, ces deux savants
seraient heureux d'être renseignés à ce sujet. M. Foëx a
fait aussi des expériences dont j'ignore le résultat.

« Je ne veux pas abuser de votre bienveillante attention. Laissez-moi espérer une réponse aux questions que
j'ai l'honneur de vous faire ; elles ont un intérêt général
qui domine l'avantage particulier que je pourrais retirer
de vos renseignements ; je ne doute donc pas de votre
zèle à me les fournir.

« Veuillez agréer, etc....

« Comte de Séguins-Vassieux,
« *Membre de la Société des agriculteurs de France.* »

Réponse à la précédente.

« Talairan, le 16 mars 1885.

« Monsieur,

« Je prends connaissance à l'instant de votre lettre arrivée en mon absence.

« J'y réponds sommairement, un nouveau départ pour
un voyage de quelques jours m'empêchant d'entrer aujourd'hui dans des détails sur l'action de la garance sur
la vigne et sur ses parasites.

« Ce travail comporte certaines définitions de physiologie végétale qui demandent du temps, plus que je n'en
dispose en ce moment.

« Si vous tenez à avoir ce traité, vous voudrez bien, vers
la fin de la semaine, m'en faire une nouvelle demande.

« Qu'il me suffise de vous dire aujourd'hui que j'ai pratiqué en effet, depuis 1881, plusieurs expériences annuelles
au moyen de la garance et, parallèlement, avec des substances bitumeuses.

« J'ai renoncé depuis à l'emploi de cette rubiacée, non
point à cause d'une inefficacité de son action, mais parce
que la quotité nécessaire pour la produire surélevait le
prix de revient à des taux impossibles.

« Et j'ai pu suppléer à son élimination au moyen d'autres
combinaisons qui m'ont donné satisfaction depuis...

« Veuillez agréer, etc...

« S. P. »

Nouvelle lettre de M. le comte.

« A M. Paul SERRES, à Talairan.

« Paris, 18 mars 1885.

« MONSIEUR,

« Je vous suis reconnaissant de l'empressement que
« vous avez bien voulu mettre à me répondre, je vous en
« remercie d'autant plus qu'il m'était permis de craindre

« qu'une demande comme celle que je formulais, faite par
« un *inconnu*, restât sans effet et sans réponse.

« J'accueillerai avec le plus vif intérêt tous les rensei-
« gnements que vous voudrez bien me donner, et s'il pou-
« vait vous être utile ou agréable de les voir passer sous
« les yeux de nos savants agricoles, mes bonnes relations
« avec quelques-uns d'entre eux me rendraient facile cette
« tâche si vous me faisiez l'honneur de me la confier.

« Je reviens à la question garance.

« En présence de l'inefficacité des insecticides et de toute
« matière n'ayant dans son application d'autre résultat
« que la mort du phylloxéra, et non la régénération de la
« souche, il est permis d'affirmer que ce n'est point par
« l'emploi de ces diverses substances que nos vignobles
« seront sauvés ou préservés. Nous sommes en présence
« de résultats négatifs trop nombreux pour que le doute
« soit permis et l'espérance possible.

« Il faut donc chercher autre chose. Ce qui distingue le
« plant américain de nos plants français, c'est la dureté
« de sa fibre ligneuse d'une part, et de l'autre le moins de
« fluidité de sa sève. C'est à ces conditions de sa structure
« organique qu'il doit de résister plus longtemps que nos
« cépages français, car il perd moins rapidement que ces
« derniers sa sève, force nutritive, sous les piqûres du
« phylloxéra.

« Le problème à résoudre est donc le suivant : Trouver
« une matière s'assimilant au cépage français pour modi-
« fier l'essence du bois en le durcissant, et rendre l'écou-
« lement de la sève, par conséquent l'appauvrissement
« d'abord et la mort ensuite moins rapides.

« Cette théorie, que j'ai eu l'honneur de soumettre à
« MM. Boussingault et Cornu, a été par eux trouvée exacte.

« A la même époque, on faisait des expériences d'inocula-
« tion d'acide phénique, de goudron, etc.

« Ces essais n'ont eu d'autre résultat que la mort des
« sujets qui les avaient subis.

« Il faut donc chercher une matière qui, sans nuire à la
« vitalité de l'arbuste, s'assimile à lui. Par ses propriétés
« tinctoriales, la garance peut remplir ce but, sa compo-
« sition chimique, que vous connaissez sans doute, en fait
« un engrais de premier choix. Son défaut serait l'éléva-
« tion de son prix! Sans en tenir compte outre mesure, il
« s'agirait de savoir quelle est la quantité nécessaire pour
« en *saturer un jeune plant, combien d'années durerait* l'effet
« de la garance?

« Je vais faire expérimenter chez moi un procédé usité
« en Portugal, dont les effets salutaires se font sentir
« pendant trois ans. Il est évident que s'il en était de
« même pour la garance, son emploi deviendrait pratique.

« En somme, le point intéressant de cette question est
« pour moi de savoir quelle a été sur vos vignes l'action
« de la garance :

« 1° Cette action s'est-elle manifestée par la teinture en
« rouge de la moelle?

« 2° Par le durcissement du bois ou bien agissant sim-
« plement comme engrais potassique, vos vignes ont-elles
« été plus fortes et plus productives ?

« Je devrais être depuis longtemps fixé sur ces ques-
« tions. Comme je vous l'ai déjà dit, mes absences trop
« longues m'ont empêché jusqu'à ce jour de faire avec
« méthode et suite tout travail agricole.

« M. X.., au courant depuis plusieurs années, m'écri-
« vait en 1882 « qu'il expédiait de la garance en poudre
« à un propriétaire de l'Aude ». Il ne vous nommait pas,

« et c'est en partant du Midi il y a trois semaines que je
« l'ai fait prier de me donner votre nom.

« J'ai tout lieu de m'en féliciter, votre lettre toute ai-
« mable et la promesse de renseignements me causent un
« regret, c'est celui, Monsieur, de ne m'être pas mis plus
« tôt en rapport avec vous.

« Veuillez agréer, etc.

« Comte de Séguins-Vassieux. »

Ma réponse à la lettre qui précède,
suivie des renseignements demandés.

« A M. le comte de Séguins-Vassieux, à Paris.

« Talairan, le 26 mars 1885.

« Monsieur,

« J'ai l'honneur de vous adresser par le même courrier
un paquet renfermant :

« 1° Une étude manuscrite répondant aux questions que
vous avez cru devoir me poser ;

« 2° Une exemplaire d'une brochure sur la vigne, que
j'ai fait paraitre en 1883.

« De l'étude de ces documents vous pourrez déduire que
je suis du même avis que vous avez exprimé dans votre
dernière lettre. Non, la maladie phylloxérique ne sera
jamais vaincue par le simple fait des insecticides [1]. Ils
peuvent, — je me plais à le répéter ici, — ils peuvent, ils
doivent même, dans la période aiguë où se trouve la ma-

---

1. *Voir*, pour plus amples détails à ce sujet, le chapitre relatif à
l'acide phosphorique, aux pages 57 et suivantes.

ladie, apporter leur concours salutaire dans une action commune dirigée contre une invasion dont les propor-tions n'ont pas de précédent, quoi qu'on en dise pour les besoins d'une cause quelconque.

« Mais, malgré leur énergie, ils ne viendront jamais à bout de sauver à eux seuls la vigne qui se meurt et qui succombera infailliblement malgré toute espèce de déno-minations différentes !

« Puisque vous avez l'honneur d'approcher les sommités agricoles, laissez-moi donc vous prier de leur dire de ma part qu'en subordonnant le salut de la vigne au traite-ment par les insecticides seuls, ou à un changement de nom, on ne fait que retarder le quart d'heure fatal !

« Et comme vous pouvez le voir à la fin de mon étude sur la garance, le praticien qui écrit ces lignes s'appuie sur une persévérance indomptable et est à la veille de démontrer qu'il y avait pour la Viticulture une meilleure voie à suivre.

« Entièrement à votre disposition,

« Veuillez agréer, etc.,

« S. P. »

ÉTUDE

SUR LES EFFETS PRODUITS PAR LA GARANCE SUR LE SYSTÈME
RADICULAIRE DE LA VIGNE ET RÉSULTANT D'UNE APPLICA-
TION SOUS FORME D'ENGRAIS.

Du genre des rubiacées et de la famille des dicotylédo-
nes, la garance possède éminemment la propriété tinc-
toriale ainsi que quelques principes médicinaux.

Chacun connaît la teinte pourpre qu'on imprime aux
tissus de laine et autres, au moyen de la poudre résultant de ses racines torréfiées.

Mais cette teinte artificielle des étoffes, au moyen de la
garance, n'excite pas la curiosité de l'observateur à un
degré si élevé que celle qui se produit naturellement,
pour ainsi dire, dans le système osseux des sujets du
règne animal soit par ingurgitation de décoction de la
poudre de cette plante, soit par un usage alimentaire de
ses tiges et de ses fanes.

En effet, dans les contrées où l'on cultive la garance,
les organes aériens de ce végétal sont consommés par les
animaux domestiques. Or, il résulte de la continuité de
cet usage que le système osseux de ces derniers acquiert
une teinture rougeâtre.

Comment se fait-il que cet effet singulier porte presque
exclusivement sur l'ossature de l'animal ? Sans doute
les urines portent bien également les traces du même coloris, mais en leur qualité de déjection elles n'entraînent
avec elles que la partie organique la plus brute de l'ali-

ment; tandis que les principes qui en forment la base s'assimilent aux organes actifs du sujet.

Pourquoi donc, disons-nous, cet effet est-il afférent au système osseux, plutôt qu'au système charnu ? Ici, les hypothèses sont ouvertes.

Cependant la plus plausible me paraît être celle qui découle des déductions tirées d'un examen physiologique des êtres organisés.

Or, étant donné que c'est l'acide phosphorique [1] qui détermine la *consistance membraneuse* de l'ossature des sujets du règne animal, et que cet élément lui-même est inséparable de l'élément calcaire, duquel il recherche même l'action assimilatrice, il est permis de supposer *que la chaux* que contient la garance est soumise à l'attraction naturelle des organes qui constituent, *par leur essence même*, un centre spécial à son action particulière [2].

Étant acquis d'autre part que, par répugnance ou par l'effet de principes plus ou moins toxiques, les insectes n'attaquent jamais les racines de la garance, on peut supposer également que l'ossature animale, saturée des propriétés répulsives ou toxiques de ce végétal, doit repousser les atteintes des larves, des helmenthes, ou d'animalcules quelconques qui voudraient tenter d'y élire domicile.

Or, par voie d'analogie naturelle, *les fibres ligneuses du végétal ont également pour agent propulseur l'acide phosphorique*, d'où il suit que, en ce qui concerne la garance, pour les sujets du règne végétal comme pour ceux du règne animal, les mêmes causes doivent produire les mêmes effets.

1. *Voir*, pour plus amples détails à ce sujet, le Chapitre relatif à l'acide phosphorique aux pages 57 et suivantes.
2. *Voir*, de même que dans la note précédente.

Telles sont les considérations qui, dès 1873, me suggé-
rèrent l'idée d'expérimenter la garance sur la vigne en
vue de la préserver du phylloxéra.

Mais dans l'exercice de ces expériences je me gardai
bien d'omettre la conciliation de ces considérations avec
la conviction, bien arrêtée déjà à cette époque, que le
phylloxéra est l'*effet* et non la *cause* de la maladie de la
vigne, et j'ajoutai conséquemment à la garance les éléments nécessaires à la nutrition de l'arbuste.

La garance fut employée par dosages de 100—200—300
—400 et 500 grammes, par souche et, tout à côté, à la ligne
parallèle, elle était remplacée par du pétrole, aux doses
de 25—50—75— 100 grammes, par souche également.

Les mêmes souches reçurent pendant deux années de
suite, en 1874 et 1875, deux applications annuelles et deux
autres bi-annuelles, en 1877 et 1879 ; sauf les souches qui
succombèrent sous l'action d'un dosage excessif du pétrole,
excès qui se manifesta dès la première année, depuis la
dose de 50 grammes et au-dessus.

En ce qui concerne la garance, les résultats furent
proportionnés aux dosages, mais nul d'entre eux ne fut
nuisible à la vigne : le dosage minima produisit des effets
insignifiants, pour ne pas dire nuls; tandis que la dose
maxima en produisit de complets ; s'il est permis de s'exprimer ainsi par suite d'expériences qui avaient maintenu
la force végétative et fructifère à des ceps adaptés à côté
d'autres ceps non traités et morts dès 1875, c'est-à-dire
quatre ans plus tôt que le moment de la quatrième application.

Oui, l'effet de la garance appliquée à haute dose avait
coloré non seulement les tissus du système radiculaire
de la vigne, mais encore sa moelle.

Oui, les effets de la garance, de concert avec ceux produits par les éléments nutritifs introduits simultanément avec elle, avaient rendu le bois radiculaire plus ferme et sans doute inattaquable, puis qu'il n'était possible d'y découvrir, même au cœur de l'été, que quelques rares phylloxéras inoffensifs.

Quant à la question relative à la durée des effets salutaires produits par la garance, il m'est plus difficile d'y répondre d'une façon précise.

Ayant cessé son emploi dès 1881 et l'ayant perdue de vue depuis cette époque, l'expérience, sur laquelle on doit toujours s'appuyer, me fait défaut sur ce point-là. Néanmoins, celles que j'ai pratiquées et qui sont relatées ci-devant me permettent d'affirmer que ces effets se font sentir deux ans au moins.

Et enfin, s'il est indiscutable que la garance, par sa teneur potassique, ait contribué aux fonctions nutritives de l'arbuste, il ne l'est pas moins que ses propriétés spéciales, en dehors de cette action fertilisante, n'aient produit la leur.

Si depuis que l'invasion phylloxérique a dévasté notre localité j'ai suppléé à la garance par le pétrole, pour le traitement de mes vignes, c'est que cette substance bitumeuse joue, à la dose de 25 grammes seulement, le même rôle avec un prix de revient presque insignifiant.

Peut-être bien qu'en réduisant de moitié les doses respectives, l'introduction simultanée de la garance et du pétrole dans l'engrais eût pu donner de bons résultats, tout en maintenant le prix de l'ensemble à un chiffre raisonnable. Mais sur ce point encore l'expérience fait défaut, les résultats probants obtenus autrement m'ayant

d'ailleurs empêché de songer à des essais de cette combinaison.

Talairan, le 25 mars 1885.

S. P.

Avis de réception de l'étude précédente
par M. le comte de Séguins-Vassieux

« A M. Paul SERRES, à Talairan.

« Paris, le 31 mars 1885.

« Monsieur,

« J'ai reçu, Monsieur, et lu avec le plus vif intérêt les
« documents que vous avez bien voulu mettre à ma dispo-
« sition. Bien que très récentes nos relations ont pris un
« tel caractère que vous me permettrez de vous dire que
« le seul reproche que l'on puisse faire à vos études, c'est
« de manquer de conclusion [1]. Et ce reproche est plus
« l'expression d'un regret qu'une critique.

« Vous avez me dites-vous traité pendant une certaine
« période de temps, vos vignes par la garance en poudre.
« Vous avez constaté que la garance avait coloré les tissus
« radiculaires et la moelle de la vigne et durci son bois.

« De plus vous avez constaté que les effets salutaires de
« ce traitement duraient pendant deux ans. Cela me ferait
« désirer la continuation de ce traitement.

« Je comprends très bien que, vu la différence du prix,
« vous ayez donné la préférence au pétrole, seulement
« je crois que le pétrole ne peut remplir que le rôle *d'in-*

---

1. Nécessairement cette conclusion ne pouvait se trouver dans un
simple extrait de mes travaux, mais on la trouvera complète à la fin de
l'ouvrage.

« *secticide*, tandis que, soutenant toujours ma théorie, la
« garance peut et doit transformer l'arbuste dans son
« essence, par conséquent, modifiant les causes, suppri-
« mer ou transformer les effets.

« La question du prix de revient me paraît bien facile
« à trancher dans un sens qui permettrait aux bourses
« les plus humbles son emploi. J'ai à cette heure quelques
« mille plants de vigne que j'ai fait planter de la manière
« suivante : Le trou a une profondeur de 0m. 60. Une cou-
« che de sable, une couche de garance, puis de la terre
« végétale pour arriver à la profondeur moyenne des
« plantations. Le plan placé *droit*, et non couché, est en-
« touré de garance et de sable. J'ai mis 50 grammes à
« chaque pied. Cette année-ci j'ai constaté une légère co-
« loration. En novembre j'ai fait le même dosage avec la
« conviction que mes ceps seront l'an prochain parfaite-
« ment durcis et colorés et indemnes du phylloxéra ??
« Cette opinion que nous avons partagée, cette idée de
« s'attacher à modifier l'essence de nos bois français par
« une matière quelconque, a été jugée trop bonne par
« des sommités scientifiques pour que je renonce à tenter
« de la résoudre, et pour ne pas vous dire à vous,
« Monsieur, dont les travaux et les études me prouvent
« le savoir et l'énergie : persévérez dans cette voie.

« Vous comptez dédier vos travaux à la Société des agri-
« culteurs de France, j'en suis membre depuis plusieurs
« années. S'il vous plaisait en faire partie je serais heu-
« reux de vous servir de parrain.

« J'avais prié mon… de me recommander à vous par
« l'intermédiaire du… de Talairan. J'ai reçu hier la
« lettre que vous lui avez écrite.

« Je compte rentrer en mai dans le Gard. Il serait pos-

« sible qu'à cette époque je vous demande la permission
« d'aller vous voir à Talairan. Je suis ici tout à votre dis-
« position, usez-en comme j'use moi-même de votre com-
« plaisance.

   « Veuillez agréer, etc.

                          « Comte de Séguins-Vessieux.

       « Monsieur,

   « En relisant vos lettres et mes réponses, je me suis
aperçu que j'ai laissé deux lacunes ouvertes dans mon
traité sur les effets de la garance.

   « En premier lieu, il me paraît que votre système consiste
exclusivement dans une reconstitution des vignes indigènes, *au moyen de plantations nouvelles*, dont les jeunes plants
seraient traités par la garance.

   « Et ma réponse est relative à des expériences que j'ai
pratiquées sur des souches vieilles et par suite très volumineuses.

   « Sans doute, tout étant relatif, le jeune plant mis en
terre récemment et dont le minuscule système radiculaire évolue dans une sphère restreinte, doit nécessiter
une bien moindre proportion de garance que la vieille
souche dont les racines volumineuses évoluent dans tous
les sens.

   « La dose de 50 grammes, que vous avez appliquée, peut
être suffisante pour un jeune plant d'un an ; mais à mesure que les racines se développeront il faudra augmenter
graduellement les dosages, sinon, malgré les bons effets
acquis au début, celui d'une insuffisance finirait par se
produire.

«Quant à la durée des effets de ce dosage sur un simple
plant, rien ne s'opposerait à ce qu'elle fût la même que
celle qui a résulté de mes expériences, mais il faut prendre garde que cette petite bouture, au lieu de rester stationnaire, va devenir vigne adulte dans trois ou quatre
ans, pour peu qu'un terrain azoté favorise sa végétation,
et alors cette progression subite pourra et devra affecter
la durée de ces effets.

« — En second lieu, la fin du cinquième alinéa de la seconde partie de mon traité sur la garance laisse à désirer en élucidation. En effet, il se termine ainsi : «..... par
suite d'expériences qui avaient maintenu la force végétative et fructifère à des ceps adaptés à côté d'autres ceps
non traités et morts dès 1875, c'est-à-dire quatre ans plus
tôt que le moment de la dernière application [1]. »

«Or, je dois dire que les expériences que je fis de 1874
à 1879 eurent lieu dans l'*Hérault*, n'ayant pu les faire chez
moi, attendu que nous n'avions pas encore le phylloxéra.

« Elles furent pratiquées sur un nombre restreint de sujets qui, en 1879, étaient encore dans toute leur force, tandis que les ceps non traités d'à côté étaient déjà morts
en 1875.

« Ce ne fut qu'à partir de 1881, alors que j'avais cessé
ces expériences lointaines, et après l'apparition du fléau
dans notre localité, que je soumis mes propres vignes au
traitement par la combinaison qui m'avait le mieux satisfait dans mes expériences préliminaires.

«Veuillez agréer, etc.

«Paul SERRES. »

---

1. *Voir* pour cette citation la page 180.

VI

UN DISCOURS MINISTÉRIEL [1]

M. LE MINISTRE DE L'AGRICULTURE

à la Distribution des Récompenses du Concours de Toulouse

LE 17 MAI 1885

« Le concours de Toulouse, Messieurs, est remarqua-
« ble à tous égards; il témoigne de progrès considéra-
« bles réalisés depuis quelques années. Les chevaux, au
« nombre de près de 200, sont de qualité supérieure; l'es-
« pèce bovine compte près de 300 têtes, l'espèce ovine est
« représentée par 81 lots, l'espèce porcine par 50, et les
« animaux de basse-cour par 284. Le matériel agricole,
« qui donne jusqu'à un certain point la mesure de perfec-
« tionnement des procédés de la culture, figurait à votre
« concours de 1868 pour 626 articles. Il en compte plus
« du triple aujourd'hui, soit 1971 instruments ou machi-
« nes.

« Les mérites sont nombreux assurément dans un dé-
« partement qui possède, comme le vôtre, 30,500 exploi-
« tations de 5 hectares et au-dessous. Comment se fait-il
« que je n'aie pas une récompense à donner? Aucun con-
« current, me dit-on, ne s'est fait inscrire. Mais si le pay-
« san timide et modeste ne sait pas aller à nous, c'est à
« nous d'aller à lui et de découvrir ses mérites. Je fais

---

1. Extrait du journal *la Dépêche,* de Toulouse, numéro du lundi
18 mai 1885.

« appel, pour l'avenir, aux administrations publiques, aux
« sociétés d'agriculture. C'est un devoir étroit pour tous
« de signaler à l'autorité les mérites qui s'ignorent et
« dont l'exemple serait souvent le plus utile à faire con-
« naitre.

« Ma plus grande satisfaction, dans nos solennités agri-
« coles, est de serrer la main des lauréats de la petite
« culture, des meilleurs ouvriers de la terre. Je regrette
« vivement de ne pouvoir le faire aujourd'hui. Qu'il me
« soit au moins permis de saluer ici avec une émotion
« profonde le paysan français, dont je connais si bien les
« mérites : Il est l'honneur et la force de la démocratie
« moderne. Il aime ardemment nos institutions, il nour-
« rit par son travail la France entière et il donne à la Ré-
« publique ses plus vaillants et ses meilleurs soldats. »

LETTRE

A. M. le Ministre de l'agriculture

au sujet de son Discours au Concours de Toulouse et reproduit
ci-devant

« A M. HERVÉ-MANGON,
Ministre de l'Agriculture, à Paris.

« MONSIEUR LE MINISTRE,

« C'est avec un indicible sentiment de satisfaction que
j'ai lu et relu votre admirable et paternel discours du concours de Toulouse.

« C'est que, en effet, nous, les héros du travail matériel
et pénible que la terre nous impose ; nous, les champions
de la petite culture, nous étions si peu habitués à entendre un langage si populaire et si sympathique, exprimé
par le chef de notre hiérarchie agricole, que nous avions
presque perdu le sentiment de notre force, de nos devoirs
et de nos droits.

« Aussi, est-ce sans craindre le moindre désaveu que je
vous adresse, au nom de la totalité des petits agriculteurs
de France, un merci cordial : de même que, personnellement, je ne puis m'empêcher de vous féliciter chaleureu-
sement de vos paroles d'espoir qui, prononcées trois mois
plus tôt, auraient assurément prévenu l'inspiration qui
me dicta la lettre que je ne pus m'empêcher d'écrire et
d'adresser, le 25 février dernier, à votre prédécesseur
immédiat.

« La propriété foncière est très morcelée en France, surtout dans notre Midi et, conséquemment, les propriétaires d'au-dessous de cinq hectares de terre forment le plus grand nombre.

« Et cependant vous avez exprimé, à Toulouse, le regret de n'avoir aucune récompense à décerner à des lauréats de cette nombreuse et intéressante catégorie de travailleurs, qui ne pense guère, hélas ! à aller à vous, comme vous l'avez si bien dit, mais qui serait profondément reconnaissante si vous alliez à elle, comme vous l'avez si cordialement promis.

« Si j'eusse eu l'honneur de faire partie de votre auditoire, j'aurais voulu vous dire que les vraies causes de cette abstention regrettable sont absolument indépendantes de la volonté des petits agriculteurs.

« Ces causes, dans la plupart des cas, résident, à mon humble avis, d'abord dans le manque de ressources pécuniaires que nécessite l'exploitation du sol suivant les nouvelles notions scientifiques, et puis dans le faible degré de connaissance même de ces notions dont disposent ces masses déshéritées.

« Ne serait-ce donc pas possible de remédier au premier de ces inconvénients en créant, à côté du Crédit Foncier, — qui prête sur le fonds même de la propriété foncière et a pour sauvegarde un bureau d'hypothèques par arrondissement, — des banques agricoles qui, par des privilèges analogues et centralisés de la même façon, avanceraient à l'agriculture, — jusqu'à la récolte suivante dont l'affectation spéciale servirait de gage au remboursement, — les fonds qui lui sont nécessaires pour l'acquisition des engrais devenus indispensables pour le rétablissement de l'équilibre des éléments constitutifs du sol qu'a rompu la

culture intensive usitée de nos jours ou tout au moins pour
obtenir le maximum de production sans nuire à la constitution de la terre.

« Du moment que le fonds de la terre serait l'unique et
suffisant gage du prêteur hypothécaire, les produits du
sol constitueraient une garantie également suffisante pour
les prêts agricoles, qui permettraient aux agriculteurs une
exploitation plus rationnelle de leurs terres et d'en tirer
des excédents de revenus dont l'ensemble rendrait bientôt
à l'agriculture la prospérité qu'elle perd de jour en jour.

« Il faudrait en second lieu, au moyen de conférences régulières et fréquentes, apprendre aux masses agricoles
des campagnes, — car c'est là que résident vraiment les
agriculteurs, — les notions élémentaires de chimie agricole, leur en enseigner l'application et leur inculquer surtout pour les lectures utiles un goût au moins égal à la
passion qui les entraîne vers les productions littéraires dont
on inonde nos campagnes qui ne peuvent pourtant pas vivre
de romantisme ou d'autre chose, mais bien d'agriculture.

« Voilà, Monsieur le Ministre, ce que j'aurais voulu pouvoir vous dire. Dès que l'écho de vos paroles est arrivé
jusqu'à nous, les masses agricoles, dont vous vous êtes fait
spontanément le protecteur, ont tressailli d'aise et d'espérance ; mais le jour où vous aurez introduit parmi elles
l'exercice de cette réforme exigée par les besoins de notre
époque démocratique et par la franche application d'une
égalité parfaite pour tous les intérêts grands et petits, ce
jour-là, Monsieur le Ministre, la grande famille des petits
agriculteurs vous bénira, car vous aurez assuré l'avenir
de la première branche de l'industrie humaine : l'agriculture, qui forme la base même de l'existence sociale.

« Daignez agréer, etc.   « S. P. »
    « Talairan, le 22 mai 1885. »

A propos du Crédit agricole.

Depuis quelques années, le monde agricole s'agite autour de cette question toujours pendante et jamais résolue. C'est qu'en effet la crise que subit l'agriculture devient de plus en plus intense et si nos législateurs futurs sont aussi impuissants que leurs devanciers à enrayer cette chute qui effraie à si juste titre les hommes spéciaux, c'en sera fait pour longtemps de la prospérité proverbiale de la France agricole.

L'agriculture souffre, languit et périclite et la suppression ou la perpétuation des causes de son malaise, l'indifférence en présence des effets qui en découlent ou la volonté énergique d'en atténuer la densité forment évidemment pour elle une question de vie ou de mort !

Pauvre agriculture ! tes vieux soldats t'abandonnent pour passer au camp du dieu des chimères ; l'esprit des masses est ailleurs qu'à la charrue ! Il y a bien des chefs intrépides qui propagent la doctrine qui fait vivre le paysan, au moyen de la presse agricole ; mais ces feuilles salutaires sont dédaignées par les travailleurs des champs, qui se jettent au contraire avidement sur celles dont la substance, absorbée avec excès, tue fatalement les peuples !

Certes, loin de moi la pensée d'aborder ici le terrain politique et de troubler la sérénité de cet ouvrage ; mais il faut bien constater les faits navrants qui caractérisent notre époque et qui ne sont pas étrangers à la détermination des causes que nous cherchons à combattre. Hélas! oui, dans les temps troublés où nous vivons, tout se déplace et... faut-il le dire ? la politique envahit tout ! tout, aussi bien les champs que l'atelier !

A ceux qui crieraient à l'exagération, je suis prêt à citer un exemple : dans un département de la métropole,
exclusivement agricole mais plus spécialement viticole et
que je pourrais désigner, on n'a su trouver, pour pourvoir aux cinq sièges qui lui sont dévolus pour la députa-
tion prochaine, que quatre avocats et un ouvrier que la
logique renversée avait déjà élevé sur le pavois des am-
bitions du jour. N'est-ce pas que cette inconséquence ferait sourire de pitié un étranger de passage dans ce département ? à moins que ce voyageur ne se figure qu'il ne
coudoie de tous côtés que des plaideurs.

Est-ce que les masses électorales, qui forment en France
une grande famille agricole unifiée par la solidarité des
intérêts, n'auraient pas dû, pour être logiques, elles qui
souffrent le plus de la crise agricole, écrire en tête des
programmes électoraux et imposer à leurs candidats, spécialement choisis, l'obligation de défendre, avant tout,
les intérêts multiples de l'agriculture ?

Comment veut-on que cette branche indispensable à la
subsistance humaine prospère dans un pays où les plus
intéressés désertent le giron agricole et confient la défense de leurs besoins à des hommes qui n'y sont peut-
être pas hostiles, mais pour laquelle ils sont au moins
incompétents. Voilà une des causes de la décadence de
l'agriculture en France.

Il convient d'en signaler une autre qui n'est, pour ainsi
dire, que le pendant, ou plutôt la conséquence de celle
qui précède : Je veux parler de la concurrence étrangère.
En effet, d'autres peuples, plus ou moins limitrophes mais
moins impressionnés par les idées qui nous énervent,
consacrant au contraire leur temps et leur activité à l'application des travaux culturaux et à l'observance des

progrès scientifiques accomplis dans la voie agricole, ont trouvé le moyen d'arriver sur nos marchés avec la surabondance des produits de leurs terrains. A cela, la dernière législature a répondu, non sans peine, par une loi de protection qui ne peut être qu'un palliatif des effets de la crise agricole en France.

La troisième cause des souffrances de l'agriculture est celle non moins évidente qui est déterminée par la pénurie des capitaux mis à la disposition de l'exploitation de la terre, conformément aux prescriptions de la science agricole. C'est celle-là même qui a donné naissance à une myriade de projets relatifs à l'établissement d'un Crédit agicole.

Le commerce et l'industrie trouvent dans l'escompte de leurs effets à terme une source d'alimentation et d'aisance. Le propriétaire foncier trouve également, dans les prêts hypothécaires, le moyen de vaquer aux grosses réparations que sa propriété comporte ; mais l'exploitation même de la terre, la recherche des récoltes rémunératrices, la légitime spéculation culturale des fermiers et l'émulation si nécessaire des petits agriculteurs, — lesquels forment une classe intéressante et si nombreuse dans un pays morcelé comme le nôtre, — manquent de ressources pécuniaires spéciales et faciles à trouver.

Divers projets à ce sujet ont bien été émis et discutés dans la presse spéciale. Chacun présentait des avantages incontestables, mais aussi des défectuosités au point de vue de la mise en pratique.

Ainsi, par exemple, on a parlé ces jours derniers de mobiliser la propriété foncière jusqu'à concurrence de sa valeur minima, au moyen de bons fractionnés que les banques agricoles en perspective escompteraient à l'agriculture au fur et à mesure de ses besoins.

Tout d'abord, cette combinaison paraît de nature à répondre aux besoins de notre époque, mais en l'examinant attentivement on découvre dans ses rouages une pierre d'achoppement qui rendrait sa praticabilité à peu près impossible. En effet, les biens frappés de minorité ou de dotalité étant inaliénables, il se trouverait une nombreuse catégorie d'exploitants agricoles qui ne pourrait bénéficier des avantages de l'innovation.

En principe, si le prêt hypothécaire a la terre même pour garantie, le prêt agricole devrait trouver la sienne dans le produit même des récoltes, puisque c'est en vue de leur rémunération même que ce prêt serait effectué.

Voici, du reste, la copie d'une lettre écrite à ce sujet, en mai dernier, à M. le Ministre de l'agriculture [1], et dans laquelle j'expose, à mon tour, les lignes générales d'un projet de Crédit agricole.

Certes, je n'ai pas la prétention d'avoir indiqué la perfection même, mais c'est un vœu de plus ajouté à tant d'autres vœux et de nouvelles bases venant rejoindre leurs aînées. Qui sait si, de l'ensemble de ces matériaux, nos futurs législateurs, s'éprenant soudain d'une réelle sollicitude pour l'agriculture souffrante, ne parviendront pas à édifier une œuvre convenable?

Août 1885.

---

1. Il s'agit de la lettre précédente.

VII

Quatre ans après
(suite au précédent)

« *A Monsieur le Ministre de l'agriculture.*

« Talairan, 15 janvier 1889.

« MONSIEUR LE MINISTRE,

« J'ai l'honneur de vous rappeler que l'un de vos honorables prédécesseurs prononça à Toulouse, en 1885, à l'occasion du concours régional de cette ville, le discours suivant [1].

« Je suis heureux, Monsieur le Ministre, que ces questions, si importantes pour l'agriculture en général et pour la viticulture si affectée en particulier, aient eu un commencement d'exécution. Les conférences agricoles, notamment, ont été depuis cette époque inaugurées dans les campagnes où les professeurs départementaux d'agriculture viennent périodiquement semer la parole qui fait vivre les peuples, et non celle qui les tue et que des mégères échevelées propagent impunément de village en village.

« Malheureusement, la seconde a été jusqu'à ce jour généralement plus suivie que la première, tant il est toujours constant que l'ivraie germe plus tôt et plus facilement que le bon grain. Mais un retour doit absolument se produire tôt ou tard, étant donnés la situation nouvelle faite à l'agriculture et le caractère profondément laborieux qui distingue le pays paysans français.

. 1. *Voir* ce discours aux pages précédentes.

« Désormais, en effet, par suite de l'immense réseau de
voies rapides qui relie entre elles les diverses parties du
globe, de la facilité des transports et de la concurrence
qui s'ensuivent, de la fertilité des terres vierges du nou-
veau-monde et de l'épuisement du sol des vieilles [Gau-
les, l'agriculture, la viticulture ne peuvent être qu'une
lutte pour l'existence, un combat pour la vie ! Or, cette
lutte, ce combat ne peuvent aboutir à la victoire qu'à la
condition expresse que les héros qui les soutiennent seront guidés par l'intelligence à travers les sentiers percés par la science.

« Voilà précisément, Monsieur le Ministre, l'obstacle que
le paysan français ne voit pas, ne peut voir de la sphère encore ténébreuse, quoi que l'on dise, où il se meut ! Voilà
précisément l'écueil contre lequel, s'il n'est abattu à
temps, viendront fatalement s'échouer les admirables
efforts que les petits cultivateurs tentent vers une
reconstitution viticole plus fiévreuse que méthodique !
Voilà enfin pourquoi l'institution des conférences
agricoles dans les campagnes est une œuvre essentiellement patriotique, qui deviendra d'autant plus fructueuse
que les masses en comprendront l'utilité et les suivront
conséquemment avec l'assiduité qu'elles comportent.

« Et puisque mes vœux de 1885 ont eu l'honneur de l'as-
sentiment gouvernemental et l'avantage d'avoir été mis
en pratique, laissez-moi, Monsieur le Ministre, en formuler de nouveaux qui, à mon humble avis, ne sont pas
moins dignes de votre haute attention. Il s'agirait d'abord
d'une addition à faire au programme de ces conférences
et puis d'étouffer dans l'œuf certains abus qui sembleraient
vouloir s'y glisser et dont le mobile, s'il n'était enrayé
promptement, affaiblirait fatalement le prestige des con-

férenciers eux-mêmes peut-être, mais assurément celui de la mission haute et sacrée qui leur est confiée.

«En premier lieu, ne conviendrait-il pas que, dans cette propagation de l'enseignement agricole, les notions théoriques qui forment l'élément à peu près exclusif des conférences fussent pour ainsi dire sanctionnées par les faits tangibles d'une école pratique parallèle ? Sans doute nous avons bien nos écoles d'agriculture régionales, où chacun peut puiser d'utiles renseignements, mais trop distantes les unes des autres elles sont à peu près inaccessibles aux petits cultivateurs, en faveur desquels je me plais à rappeler ici l'heureuse expression énoncée précédemment dans le discours de M. Hervé-Mangon au concours de Toulouse : « Si le paysan timide et modeste ne sait pas venir à nous, c'est à nous d'aller à lui. »

«Il me paraît donc que de grands résultats découleraient de la création dans chaque canton de champs d'expériences où, à chaque principale période de l'année, les professeurs départementaux d'agriculture pourraient étayer leurs démonstrations théoriques sur des résultats pratiques, enseigner aux paysans le rôle des engrais et leur composition particulière suivant les besoins de chaque culture, leur indiquer enfin, l'outil en main, de quelle façon doivent se pratiquer certains travaux, tels que le greffage et autres travaux tout aussi délicats.

« En second lieu, en ce qui concerne les abus dont j'ai parlé, d'après certaines communications dignes de foi qui me sont parvenues de divers départements, il paraitrait, Monsieur le Ministre, que certains professeurs d'agriculture pousseraient le défaut de scrupule jusqu'à transformer leurs tournées d'enseignement en tournées commerciales. Trainant à leur suite un satellite-courtier quelconque, prêt à recevoir les commandes de plants de vigne, engrais ou autres choses résultant de recommandations plus spéciales que rationnelles, ces messieurs sacrifieraient la haute et noble mission qui leur incombe à celle plus lucrative peut-être d'hommes-sandwichs.

« Je ne me dissimule pas que de la publication de ce qui précède il peut résulter un effet quelque peu contraire à celui de la pierre lancée dans la mare aux grenouilles, surtout pour MM. les professeurs qui se trouvent au-dessus de tout soupçon et, je m'empresse de le reconnaître, ils sont encore heureusement nombreux, les faits que j'ai cru devoir vous signaler étant encore relativement rares.

« Mais j'ai cru utile de ne pas laisser dans l'ombre des actes qui, s'ils venaient à passer dans les us et coutumes, aboutiraient à des résultats diamétralement opposés à ceux que l'on se proposait d'atteindre. Je suis d'ailleurs bien convaincu qu'après avoir porté ces actes à votre connaissance et mis en garde les agriculteurs, ce sera suffisant pour couper dans sa racine un mal qui, s'agrandissant, deviendrait désastreux.

« Daignez agréer, etc.

« S. P. »

VIII

A propos des divers travaux de la terre où la vigne est adaptée.

Les travaux ou façons de la terre dans laquelle la vigne est adaptée peuvent être classés en deux catégories distinctes : les façons manuelles et les façons à la charrue, lesquelles se subdivisent à leur tour en façons d'hiver et du printemps.

Les façons manuelles peuvent, on le sait, se passer de la charrue, tandis que celle-ci, après avoir passé à travers les rangées de ceps, a besoin du concours de la bêche pour déchausser les parties du sol adhérentes au collet de la souche que le soc et les ailes de l'araire n'ont pu atteindre.

Quelle serait la meilleure de ces façons de procéder ? Malgré certains avis différents, je n'hésite pas à me prononcer pour les façons manuelles, seulement elles ne peuvent être praticables que pour les petites surfaces, et Dieu sait si, de nos jours, la viticulture a pu s'y mouvoir et s'y contraindre.

L'ancienne pioche à deux pointes plongeantes est l'outil par excellence pour ce genre de façon culturale. Avec cet instrument le système radiculaire de l'arbuste n'est jamais endommagé, avantage qui n'est pas à dédaigner si l'on songe que ce sont surtout les radicelles qui évoluent dans les couches superficielles du sol, qui renferment le plus de sucs nourriciers.

En effet, par leur contact plus direct avec les rayons solaires, les fluctuations de l'atmosphère et même avec les matières fertilisantes introduites artificiellement dans le sol, les racines qui évoluent en dessus de la base du guéret sont celles qui peuvent le plus transmettre à l'arbuste les éléments nécessaires à sa subsistance végétative et surtout à sa fécondité fructifère.

Aussi, — de même que les sujets inconscients du règne animal pourvoient, dit-on, à leur conservation par la faculté naturelle que les naturalistes appellent l'instinct, — la vigne qui aurait la faculté de développer librement son système radiculaire dans un sol vierge, jusqu'à sa surface, de fouilles culturales, pousserait-elle de nombreuses ramifications radiculaires vers ces couches superficielles, pour y puiser voluptueusement, s'il est permis de s'exprimer ainsi, les éléments dont elles sont saturées et dont l'arbuste est si avide pour satisfaire surtout, avons-nous-dit, à ses fonctions fructifères.

Voilà pourquoi, en principe, la vigne est opposée à ce que son sol d'assise soit fouillé trop profondément ; condition que les anciennes façons à la pioche remplissaient parfaitement, mais que les exigences de la grande culture usitée de nos jours ont dû sacrifier en l'honneur de la reine des outils aratoires.

Évidemment, la charrue seule pouvait venir à bout de satisfaire aux besoins de la formidable extension viticole de ces dernières années, et encore a-t-il fallu, — pour pouvoir avec elle accomplir cette rude besogne, — la soumettre aux plus expresses simplifications.

Les travaux de la vigne pratiqués à la charrue ont incontestablement produit et doivent nécessairement produire encore de réels avantages, tant au point de vue de la célérité qu'à celui même du bien-être de l'arbuste. Mais à côté de ces avantages on a pu voir également se produire des inconvénients non moins tangibles. Nous allons essayer de définir le caractère des uns et des autres.

Mais il convient d'examiner d'abord le degré d'utilité que comportent et les façons d'hiver et celles du printemps. Pendant toute la durée de l'hiver, la vigne n'a absolument rien à demander au vigneron, si ce n'est l'exercice des travaux relatifs à la mise en terre des fumures.

Cependant, ces opérations, qui demandent à être pratiquées autant que possible de bonne heure, provoquent

l'inobservance du vrai principe de la taille de la vigne [1] ;
mais, en cette occurrence, il y a possibilité cependant d'ob-
vier à cet inconvénient par une suppression pure et simple
de la partie encombrante du bois de la souche et un sursis
jusqu'au moment propice pour l'exécution de la taille définitive du cep.

A part cette exception culturale, — motivée par la recherche d'une prompte diffusion des engrais mis en terre
et que la saison hivernale peut seule activer utilement, —
il n'est guère nécessaire de vaquer à d'autres travaux du
sol de la vigne et notamment en ce qui concerne son labourage.

En effet, la vigne demande simplement que son sol super-
ficiel soit *constamment* meuble, de façon que son système
radiculaire soit sans cesse en contact avec les éléments
atmosphériques. Or, pendant la saison rigoureuse, les
pluies et surtout les gelées se chargent de cette tâche dans
un sol laissé vierge de tout travail hivernal.

Tandis qu'en pratiquant à cette époque des labours sur
des terrains d'une nature un peu compacte et sur lesquels
s'abattrait une pluie diluvienne immédiate, il n'est pas
rare de voir se former aussitôt un tassement si intense à
leur surface qu'il peut en résulter une croûte imperméable
qui peut bien intercepter la capillarité attractive par laquelle le sol s'attribue les bienfaisantes influences des
éléments atmosphériques et des chauds rayons solaires.

Il est vrai que pendant cette période de sommeil léthargique de l'arbuste, l'assimilation des éléments nutritifs
par celui-ci est également suspendue, et que ce n'est qu'à
partir du moment du réveil de la sève que le système radiculaire peut puiser dans le sol les éléments qui lui sont

---

1. *Voir* à ce sujet les pages 108 et suivantes.

convenables pour en transmettre les propriétés vivifiantes
aux organes aériens.

Mais il n'en est pas de même des façons du printemps,
car au moment où, secouée par le réveil universel de la
nature, la vigne émet ses jeunes pousses végétales aériennes, elle développe simultanément dans sa partie souterraine un chevelu nouveau.

Et c'est précisément à ce chevelu nouvellement formé
qu'incombe la mission spéciale de transmettre à la végétation aérienne les principes fertilisants qu'il a pu s'assimi-
ler dans le sous-sol ; mais le degré de cette assimilation
est relatif à celui que présente la spongiosité des couches
superficielles du sol lui-même, qui a besoin, — comme nous
l'avons dit dans une précédente étude, — du concours des
influences atmosphériques, pour que divers des éléments
qu'il renferme puissent acquérir un degré de solubilité
convenable.

De là nécessité d'entretenir la surface du sol constamment meuble et spongieuse, de façon que cette croûte dont
nous avons parlé ne se forme jamais pendant la période
végétative de la vigne et même, par voie de conséquence,
pendant celle où s'accomplit sa fructification.

Or, quel autre instrument que la charrue pourrait donner satisfaction à cette exigence culturale ? En effet, c'est
avec elle seule qu'il est possible de perforer rapidement
dans tous les sens l'étendue considérable des terrains
soumis à la culture de la vigne, et qu'il est permis en
outre de réitérer fréquemment les façons du printemps que
la vigne aime tant.

Mais à côté de ces avantages il y a, avons-nous dit, de
réels inconvénients qu'il serait tout à fait hors d'à-propos
de passer sous silence dans notre revue investigatrice.

Nous avons dit en outre que ce sont précisément les racines qui évoluent dans les couches superficielles du sol, qui sont les plus aptes à fournir aux parties supérieures de l'arbuste les éléments favorables à sa nutrition.

Eh bien, pourquoi a-t-on pu voir s'ériger presque comme un principe la déplorable habitude de ces labours profonds et pourtant nuisibles à la vigne, puisque la rupture ou tout au moins la détérioration de la partie superficielle de son système radiculaire en est la conséquence fatalement inéluctable?

Sans doute, il se trouve certains sols où la couche de terre végétale qui en forme la surface présente une profondeur exceptionnelle, et dont la porosité de la masse terreuse qui forme cette couche maintient la perméabilité jusqu'à la base de son assise, jusqu'à laquelle peuvent conséquemment se diffuser, sous l'action de l'atmosphère, les éléments minéraux qui se trouvent dans ces profondeurs favorisées.

Évidemment, dans ces cas assez rares, la vigne peut pousser ses ramifications radiculaires au-dessous du guéret que la charrue peut atteindre, sans que l'arbuste ait à souffrir sensiblement de labours relativement profonds.

Mais ce sont là des exceptions qui ne font que confirmer la règle générale car, à peu près dans tous les lieux, la couche végétale, — où peuvent se mouvoir les racines de l'arbuste, — atteint, dans la généralité des terrains, des profondeurs très variables et même fort médiocres dans certains cas; différence que le viticulteur n'a semblé guère distinguer jusqu'à ce jour dans l'exercice du labourage de la vigne.

N'avons-nous donc pas vu, très souvent même, le même

instrument aratoire servir, au même degré de traction perforante, au labourage des terrains profonds comme des plus superficiels? A des observations sur ce sujet n'a-t-il pas été souvent répondu que la suppression des racines superficielles de la vigne était un bienfait pour elle?

A la rigueur, on pourrait accorder une innocuité relative à cette suppression, à la condition qu'elle serait exécutée par des labours d'hiver. Mais c'est une énormité de physiologie végétale de croire qu'elle n'est pas nuisible quand elle se produit par l'exercice des labours du printemps.

En effet, en déchaussant la souche en hiver, par exemple, on supprime bien le chevelu qui a pu se former sur la partie souterraine du collet de la souche, pendant l'année précédente; mais pour peu que la souche ait reçu d'amendements fertilisants, dès la reprise de la végétation suivante un nouveau chevelu surgit encore pour remplacer l'ancien et atténuer l'effet de son amputation.

Ce qui précède peut s'appliquer également aux radicelles du milieu des rangées de ceps et enlevées par la charrue dans un labour hivernal. Mais il est impossible d'admettre que cette supression n'est pas nuisible à la vigne si elle se produit par les labours du printemps. Car ces radicelles superficielles émettent leur chevelu en même temps que l'évolution végétale aérienne se produit et la suppression des premières peut susciter, à cette époque, un arrêt plus ou moins tangible de la seconde.

Il résulte donc de ces principes que les labours, et notamment ceux du printemps, doivent se pratiquer le plus superficiellement possible et toujours en rapport avec les proportions plongeantes du système radiculaire de la vigne, et que ces opérations doivent être répétées le plus souvent possible à mesure que l'on se rapproche des chaleurs de l'été et tant que l'encombrement de la végétation ne s'y oppose pas absolument.

Ceci nous porte à dire un mot sur l'espacement des ceps lors de la plantation de la vigne. Plus une vigne a l'intermédiaire de ses rangées spacieux, plus son système radiculaire peut évoluer à son aise en jouissant d'une plus forte proportion d'éléments nutritifs qu'une plus vaste étendue de terrain peut lui fournir. Elle a, en outre, l'avantage de ressentir plus facilement, à la fin de l'été, les influences bienfaisantes de l'air et du soleil si nécessaires à la maturation de son fruit.

Mais en ce qui concerne le sujet qui nous occupe en ce moment, c'est-à-dire le travail de la vigne, plus la distance est grande entre les rangées et plus il est possible d'y pénétrer avec l'araire jusqu'au cœur de l'été, ce qui n'est point un mince avantage si l'on songe qu'à cette époque torride, plus les surfaces du sol sont constamment maintenues meubles, plus le sous-sol conserve cette fraîcheur si agréable à l'arbuste au moment de la canicule qui est celui précisément du développement du fruit.

Les avantages qui découlent de ces pratiques culturales se font surtout sentir dans les terrains compacts, dont l'argile forme la base organique et où le sable, qui pourrait par sa division des molécules en modifier la densité, fait plus ou moins défaut.

Comme nous l'avons dit dans une étude précédente [1], l'*argile* et le *sable* sont, avec l'*humus*, les éléments *mécaniques* du sol, c'est-à-dire que, non seulement ils servent

---

[1]. *Voir* aux pages 63 et 64 du présent ouvrage la réserve faite au sujet de ces deux éléments.

pour ainsi dire de point d'appui aux plantes, mais encore il résulte de leur combinaison intime une action favorisant la diffusion des éléments fertilisants et concourant ensuite à l'assimilation de ces derniers par le végétal.

Les terrains où l'argile domine sont bien aptes, par leur nature même, à absorber beaucoup d'eau pluviale et à maintenir même pendant longtemps l'humidité dans le sol, ce dont la plante peut profiter, mais ils ont aussi l'inconvénient d'acquérir, sous l'influence de sécheresses persistantes, une compacité si intense que les racines du végétal ont de la peine à s'y percer une voie pour l'émission de leur chevelu, au moment même où ce développement est indispensable à l'action nutritive du sujet.

Aussi, le sable, qui n'est par lui-même qu'un élément inerte, peut, par ses molécules toujours indépendants les uns des autres, par son mélange avec l'argile, rendre ces terrains plus poreux et, par suite, plus perméables aux influences atmosphériques, qu'elles se produisent sous forme de pluie ou simplement sous celle de fluide aérien.

Il devient dès lors évident que si cette combinaison naturelle des terrains n'existe pas, il est absolument nécessaire d'y suppléer par des opérations artificielles, c'est-à-dire par des labours fréquents pour que les surfaces de ces terrains rebelles restent constamment meubles, et qu'à travers les molécules du sol, toujours disjoints, puisse pénétrer l'influence atmosphérique qui peut ainsi y entretenir la fraîcheur nécessaire au système radiculaire du végétal au moment où sa végétation aérienne a à subir les effets d'une chaleur quelquefois excessive.

Ne devrait-on donc pas, dans ces opérations, rechercher le bien-être de l'arbuste et s'appliquer, le plus possible, à ce qu'elles ne lui soient pas nuisibles ?

XI

Communication à M. le Ministre de l'agriculture

Faite le 1er août 1886.

Aux grands maux les grands remèdes.

Monsieur le Ministre,

J'ai l'honneur de vous confirmer l'envoi, que je vous fis le 5 février dernier, de la deuxième édition de mon ouvrage. *La vigne et ses parasites, le phylloxéra et son remède rationnel,* envoi dont vous voulûtes bien m'accuser réception par votre lettre de remerciments du 19 mars suivant.

Les doctrines viticoles exposées dans mon ouvrage, peuvent se résumer ainsi :

« C'est la culture irrationnelle de la vigne qui a déterminé les causes de sa chute, et ce n'est que par une culture conforme aux lois naturelles qu'on peut la relever.

« Ce n'est point en recherchant *uniquement* la destruction de l'insecte que l'on peut sauver définitivement la vigne, mais bien en s'appliquant à supprimer les causes qui ont permis à l'aphidien de se produire. »

Quoique mes expériences particulières et autres aient un caractère suffisamment démonstratif pour établir que cette opinion, malgré son apparence paradoxale, renferme une vérité fondamentale, devant laquelle la viticulture tout entière devra tôt ou tard s'incliner, c'est-à-dire quand les divers faux moyens de défense ou de reconstitution viticole auront épuisé la confiance et peut-être la bourse des viticulteurs! Malgré cela, dis-je, ou plutôt à cause de cela, je crois devoir vous soumettre ci-après un projet de lutte décisive qui seule peut sérieusement aboutir à un succès certain, s'il est vrai toutefois, comme l'affirment nos savants viticoles officiels, que le phylloxéra est la *cause* et non l'*effet* de la maladie de la vigne.

Daignez agréer, etc.

S. P.

Messieurs les Sénateurs,

Messieurs les Députés,

J'ai l'honneur de soumettre à votre approbation le projet de loi suivant, dont l'application rigoureuse sauverait *infailliblement* la viticulture, si la science ne fait pas erreur sur la *cause* de la maladie de la vigne.

Exposé des motifs :

Considérant que la maladie phylloxérique dont la vigne est atteinte cause de graves pertes au Trésor public et aux propriétés privées ;

Considérant que les tentatives de lutte faites isolément sont souvent paralysées par l'infection d'un voisinage livré à l'abandon ; que, par suite, rien n'entravant sérieusement l'extension du fléau, la ruine complète des régions viticoles se produira fatalement, entraînant avec elle les moyens d'existence de la population laborieuse ;

Considérant que sur cette pente désastreuse sont entraînées toutes les branches de l'industrie nationale et qu'il est de la plus extrême urgence de réagir énergiquement et de dire au vastatrix envahisseur : Tu n'iras pas plus loin !

Attendu que nos savants viticoles officiels affirment que l'insecte phylloxérique est l'*unique cause* de la maladie et de la mort de la vigne, il doit s'ensuivre *indubitablement* que sa guérison *infaillible* doit dépendre *uniquement* de la destruction du parasite ;

Attendu que ce résultat peut aujourd'hui s'obtenir par les nouvelles méthodes d'application du sulfure de carbone contre lesquelles ne peut plus se dresser l'objection d'imperméabilité de certains sols, objection vraie autrefois avec le système du pal injecteur qui pouvait, dans certains cas, atteindre la couche compacte et conséquemment réfractaire du sous-sol, mais, aujourd'hui, objection absurde puisque le simple bon sens nous dit que les charrues sulfureuses n'atteignant que la couche arable, — et que d'ailleurs dans un sous-sol dont la compacité ne permet pas la diffusion du sulfure on ne voit guère les racines de la vigne y évoluer, — tous les terrains, sans exception, permettent la diffusion de cet agent souverainement insecticide ;

Attendu enfin que la reconstitution d'un vignoble nouveau est *absolument impossible*, avec n'importe quels cépages, sans avoir préalablement supprimé les foyers d'infection qu'entretiennent en permanence de tous côtés *des vignes que l'état maladif prive de production, mais que l'on ne veut ni traiter ni arracher ;*

Pour ces motifs,

PROJET DE LOI.

Art. 1er. Il est enjoint à tout exploitant, à quelque titre que ce soit, de vignes situées sur le territoire de la France de les traiter au moins deux fois par an au sulfure de carbone ou de les arracher sans délai.

Art 2. Toute infraction à l'article précédent sera punie d'une amende de 50 à 500 francs et d'une indemnité au

14

moins égale au coût des deux traitements prescrits, envers l'Administration qui fera traiter elle-même. Le tout sans préjudice des peines édictées par les articles 1382 et 1383 du Code civil.

Art. 3. Un crédit annuel de 50 millions de francs est ouvert, au Ministère de l'agriculture, pour subvenir au traitement administratif, et aux frais de l'État, des vignes reconnues encore productives et appartenant à des vignerons dont la situation pécuniaire ne leur permet pas d'opérer à leurs frais ces traitements obligatoires.

CONCLUSION.

Nul doute que les Chambres françaises ne se pénètrent de la nécessité urgente et absolue qu'il y a de sauver la viticulture qui se meurt et que, puisqu'aux grands maux il faut les grands remèdes, c'est là le seul moyen qui puisse aboutir à un résultat définitif, si le phylloxéra est *cause* et non *effet*.

- S. P.

DEUXIÈME PARTIE

A PROPOS DE LA VIGNE EXOTIQUE

I

Avant-propos

En décembre 1882, un propriétaire-viticulteur des environs de Narbonne publia dans *le Salut*, journal s'imprimant à Carcassonne, un article peu flatteur pour les plants américains [1].

A l'apparition de ce réquisitoire fulgurant, un négociant de Carcassonne, dans le commerce duquel entrait la vente des plants américains, crut devoir y répondre pour prendre leur défense [2].

Mû par le sentiment qu'un intérêt majeur et général était en jeu, faisant abstraction sincère et complète de toute idée systématique, et guidé seulement par le désir de voir les viticulteurs en général et mes concitoyens en particulier se lancer tout doucement dans une voie au bout de laquelle on ne pouvait certes pas voir encore un résultat certain, je pris la résolution d'intervenir à mon

---

1. Voir *le Salut,* numéro du 24 décembre 1882.
2. Voir *le Salut,* numéro du 31 décembre 1882.

tour dans le débat engagé par deux antagonistes qui m'étaient inconnus personnellement tous deux, car leurs appréciations contradictoires, tombées dans le domaine public, par la voie de la presse, pouvant influer sur la décision de tels ou tels, il en résultait conséquemment pour chacun le droit et même le devoir d'apporter sa motion dans cette discussion, à l'ouverture de laquelle je n'avais pas coopéré.

Mon but consistait à prévenir, autant qu'il était en mon pouvoir, une plantation générale trop précipitée, qu'eût pu susciter un engouement irréfléchi et excité par une propagande effrénée qui n'avait le plus souvent pour but qu'un intérêt commercial que les uns ont recherché loyalement sans doute, mais qui n'a pas été, à coup sûr, exempt dans quelques cas de manœuvres abusives.

Est-ce que, d'ailleurs, la prudence la plus élémentaire n'exigeait pas, en présence d'une incertitude indéniable, de s'en tenir aux expériences ? « Dans le doute, abstiens-toi, » a dit de tout temps un proverbe fort sage. Mais la stricte observance de son principe ne doit pas, à mon avis, exclure cependant jusqu'à la tentative d'une expérience personnelle des choses qui se présentent avec une apparence de réalisation possible.

Ah ! je sais bien que pour le grand propriétaire capitaliste, la question de reconstituer promptement ses vignobles au moyen de cépages exotiques a été facile à trancher : sacrifier tout ou partie du capital. Si l'opération réussit définitivement, le sacrifice fait pourra se réparer facilement. Si, au contraire, il y a au bout une déception pour résultat, eh bien, le capital aura plus ou moins disparu, mais la terre restera.

Tandis que si nous prenons l'un des nombreux petits

ou moyens propriétaires des campagnes, qui ont peu ou point de capital en réserve, il faudra compter tout autrement.

En effet, supposons que, stimulé outre mesure et dédaignant de s'assurer préalablement, par ses propres expériences ou par celles tentées par ces proches ou voisins, de l'immunité de son œuvre, l'un de ses derniers se fût lancé, à cette époque, à corps perdu, dans la voie des plantations à outrance et les eût généralisées à la contenance à peu près de sa propriété.

Eh bien, l'acquisition à un prix élevé des plants nécessaires, la main d'œuvre relative aux soins spéciaux et aux travaux divers et fréquents qu'exigent les jeunes plantiers dans les quelques premières années qui leur sont nécessaires pour atteindre un degré de force relative, l'opération du greffage, s'il ne s'agit pas de cépages à production directe, le tout sans préjudice du défaut absolu de revenus sur des terrains chargés de pourvoir à la subsistance de leur propriétaire, qui n'a pas même l'avantage des prepremiers planteurs *américanistes*, consistant à s'indemniser plus ou moins des déboursés au moyen des sarments vendus comme plants, eh bien, tout cela constitue, si l'on veut bien compter, une dépense énorme pour ce petit propriétaire qui aura pu, lui, se dire ceci : « Si l'opération réussit définitivement, je pourrai, au moyen même de mon œuvre, me relever et rentrer dans mes déboursés, mais si, par malheur, le contraire vient à se produire, la propriété même de ma terre en souffrira. »

C'est la seule prévision de cette perspective, au moins aussi probable qu'impossible, qui me fournit le motif des publications que je crus devoir faire à cette époque au sujet des plantations exotiques. Et si je crois devoir les reproduire ici, c'est que, d'abord, mon opinion à leur égard ne s'est guère modifiée depuis et, ensuite, parce que, malgré les nouvelles convictions qui ont pu être acquises et qui sont assurément fort respectables, l'âge de ces vignes ne doit pas se compter par les années de végétation à l'état sauvage, mais bien par celles ayant donné des produits fructifères.

Ce préambule bien établi, reproduisons ces appréciations et, dans l'intérêt des premiers planteurs de plants américains, dont la courageuse initiative mérite des éloges, souhaitons que l'avenir établisse qu'elles sont erronées, mais si, au contraire, il est prouvé un jour qu'elles étaient fondées, la seule idée d'avoir contribué à prévenir même les plus moindres parcelles de l'immense déception qui pourrait se produire au moment où l'on s'y attendra le moins, sera toujours une satisfaction, si relative et si minime qu'elle soit.

II

Publications rétrospectives
au sujet des Plants Américains.

« Talairan, le 6 janvier 1883 [1].

« MONSIEUR LE DIRECTEUR,

« Je lis dans *le Salut* du 24 décembre dernier l'article d'un adversaire des plants américains, dans lequel il leur administre, ma foi, une douche à température fort

1. Voir *le Salut*, s'imprimant à Carcassonne, numéro du mardi 9 janvier 1883.

élevée, mais dont les effets ont été aussitôt calmés par une dose relative d'opium due au traitement d'un... fervent protecteur de ces plants... aurifères. »

D'abord, Monsieur le Directeur, il convient de reconnaître que vous avez parfaitement raison de faire du *Salut* une tribune ouverte à toutes les communications qui peuvent intéresser la viticulture. N'est-ce donc pas là une de ces questions qui planent au-dessus de bien d'autres, dans nos contrées surtout?

C'est en effet dans une discussion publique, dans l'exposé des divers systèmes, même contradictoires, que les lecteurs peuvent s'édifier et choisir celui qui leur paraît le meilleur, et puis, n'est-ce pas du choc de ces opinions opposées que jaillira l'étincelle où se rallumera tôt où tard la *lumière* viticole qui s'éteint?

A ce point de vue, la polémique est non seulement permise, mais elle devient utile et désirable, à la condition toutefois que la discussion sur le fond des choses primera les personnalités. Sachons imiter en cela un des plus grands artistes de l'antiquité qui se plaisait à provoquer la critique pour en faire son profit.

Partant de là, je crois devoir intervenir et entrer en lice pour la lutte démonstrative qu'ont engagée les deux antagonistes sus-visés.

A vrai dire, mon récent article, inséré dans *le Salut* du 10 décembre dernier, quoique traitant peu tendrement le même sujet, n'a pas été visé par le protecteur *naturel* des plants américains dont il s'agit, ce qui, entre parenthèses, a, je l'avoue, un peu flatté mon amour-propre; mais voyons, franchement, la discussion engagée ne peut rester au point où l'ont laissée les deux contradic-

teurs, sans risquer que leurs auditeurs ne restent plus
indécis et moins édifiés qu'auparavant?

En participant à cette *lutte pacifique*, poussons donc de
l'avant. Évidemment, je me range du côté de ceux qui
combattent la propagande effrénée poussant aux plantations, à outrance, des cépages exotiques, que font, *ab
hoc et ab hac*, certains vendeurs de plants, auxquels on
pourrait, avec un certain à-propos, appliquer le' mot sa-
tirique de Molière : « Vous êtes orfèvre, M. Josse?? »

Et, en effet, est-ce notre faute si l'on n'a pas songé à
faire signer ces pompeuses apologies de cette broutille
mirifique, par un de ces propriétaires du Vaucluse ou du
Gard qui *essayèrent* les plants américains non pas en vue
d'une vente plus ou moins lucrative de leur bois, mais
pour *combler* de « vrais raisins » les foudres neufs qui
doivent avoir probablement remplacé ceux qu'ils ont ex-
pédiés, ces dernières années, en si grand nombre et à vil
prix dans nos contrées ?

Une de ces signatures serait évidemment moins sus-
pecte et paraîtrait plus désintéressée.

Quoi qu'il en soit, ayant eu l'occasion, pendant les douze
dernières années, de visiter souvent le Vaucluse, le Gard
et l'Hérault, je dois, en bonne justice, déclarer que j'y ai
vu de *jeunes* plantiers de cépages américains d'une magnifique végétation, à laquelle s'est prêtée sans doute la
fertilité exceptionnelle du sol dans lequel ils ont pris
pied et aussi des soins que j'ai de la peine à me figurer
possibles pour une culture en grand dans nos contrées.

Mais je me tiens à la disposition de quiconque *pourra*
me faire voir des plantations exotiques, greffées à leur
deuxième ou *troisième* feuille, peu importe, mais ayant
donné quelques récoltes, six ou sept par exemple, non

pas *en bois*, mais *en fruits*, et cela sans être aujourd'hui, je ne veux pas dire mortes, mais seulement malades.

Si l'on parvient à me montrer un pareil exemple, en grande culture et n'ayant été l'objet d'aucun traitement anti-phylloxérique, je me ferai l'apologiste sans réserve des plants américains.

J'ai dit : « pas en bois, » car, que l'on ne s'y méprenne point, il y a une grande différence entre le degré de résistance d'une vigne *fructifère* et celui d'une vigne *à bois*, c'est-à-dire qu'il faut bien se garder de placer sur le même pied de résistance nos carignans et nos aramons français — qui s'empressent, aussitôt que leur végétation s'épanouit, d'offrir à nos regards une fourmilière de jeunes grappes qui fournissent en abondance, dès leur maturité, un vrai vin pétillant et généreux, — et les riparias, par exemple, qui n'offrent pour tout résultat qu'une végétation d'autant plus luxuriante que toute leur action végétative est concentrée exclusivement sur elle-même avec le concours généreux de tous les éléments du sol et de l'atmosphère.

Donc, les prétentions des protecteurs des plants américains et la critique elle-même doivent porter la discussion sur le seul terrain de la résistance relative à la production du fruit et non du bois, car le propriétaire de nos contrées n'a et ne peut avoir qu'un but en plantant la vigne : récolter et vendre du vin.

Hors de là, l'étymologie de « viticulture » serait à peu près inconcevable et bien peu compatible avec les vrais intérêts du plus grand nombre d'entre nous.

C'est dans ces conditions que j'admettrai que la France est et sera le pays le plus *praitque* du monde « en viticulture », sinon... non !!!

A l'apparition de la lettre qui précède, le propriétaire-viticulteur dont il a été fait mention prit courage et écrivit au même journal la lettre suivante que je reproduis à simple titre de renseignement :

« M...., le 13 janvier 1883 [1].

« Monsieur le Directeur du journal *le Salut*,

« Je viens accomplir un devoir, celui de féliciter publiquement votre honorable correspondant de Talairan de la lettre que vous avez insérée dans le numéro du 9 courant, qu'il en reçoive par votre entremise mes compliments les plus sincères. Il a dit si bien de si cruelles vérités ! Plût à Dieu que dans notre région si désastreusement éprouvée, il se trouvât dix écrivains foncièrement convaincus qui *osassent* protester énergiquement *urbi et orbi*, contre l'abus qui se fait en ce moment de ces broutilles de vignes sauvages, qui ne sont et ne seront à jamais qu'un foyer d'infection sans bon résultat aucun. Peut-être qu'alors nombre de bons propriétaires qui, comme ils l'avouent, plantent des plants américains, sans confiance aucune, mais seulement pour faire comme les autres, comprendraient mieux leur intérêt particulier, dont bénéficierait indubitablement un intérêt plus digne encore : celui du bien général, celui de la viticulture qu'il faut absolument reconstituer.

« Dans le nombre de ces planteurs, il y en a d'inconscients ; c'est le plus grand nombre. C'est bien malheureux, hélas ! Il en est qui ont pour objectif la vente des sarments ; ce sont des coupables irréfléchis, car ils ne pré-

---

1. *Voir* le même journal précité, *le Salut*, numéros des 10 décembre 1882 et 16 janvier 1883.

voient pas que, du train dont on y va, dans deux ans ce bois n'aura d'autre emploi que pour le feu. Enfin d'autres, plus naïfs, commettent la bêtise de croire que ces cépages produiront des raisins, alors qu'il est si facile de reconnaitre que ce ne sont là que des treilles sauvages à production de bois seulement.

« Ceux qui pourraient beaucoup pour le bien de notre région ne sont malheureusement pas à la hauteur de leur mission : je veux parler du Gouvernement et de l'Administration qui tolèrent et encouragent même la propagation de mauvais procédés en agriculture comme pour tant d'autres choses ; mais ceci, si vous le permettez, fera l'objet d'un autre entretien.

« Plus pratique que théoricien, je plante de la vigne française par le procédé de la désinfection du sol. On m'objectera pour sûr que je ne puis garantir la parfaite réussite de mon travail, qui coûte beaucoup, pécuniairement parlant, et exige en outre de grands soins ; c'est en un mot un travail que je dois surveiller constamment, ou le faire moi-même, ce qui est encore mieux. Il m'est facile de répondre que du moins j'agis rationnellement, je plante de la vigne qui fructifie et je rends le sol inhabitable au puceron qui la détruit. C'est tout !

« A moins que Dieu n'ait décrété la mort de la vigne sans sursis ni appel, je crois pouvoir donner rendez-vous ici à tous ceux qui s'intéressent sérieusement et consciencieusement à la reconstitution du vignoble pour le mois d'août 1886, c'est-à-dire dans trois ans, pour constater une bonne réussite, alors qu'on ne parlera plus de plants américains parce qu'ils auront *produit* tout ce qu'ils doivent *produire :* de cruels remords, de terribles déceptions !.. et le temps perdu qui ne se répare plus !

« Tous mes efforts tendent au bien général dans cette question, je me ferai un devoir de faire connaître d'ici là les divers incidents qui pourront se produire pendant les diverses phases de la croissance de la vigne. Je ne fais aucun commerce de matières désinfectantes ni d'engrais chimiques ou autres ; je ne recommande aucune matière en particulier ; de plus je ne prends pas de brevet d'invention ; on ne ne pourra donc pas me suspecter d'agir dans un intérêt personnel. Toute mon ambition se borne à tâcher de me rendre utile à tous dans une circonstance où chacun doit faire son possible pour sauver de la ruine complète la viticulture qui est la principale sinon la seule ressource des provinces méridionales.

« Cela dit, je passe la plume à votre honorable et si autorisé correspondant, M. Serres, qui, mieux que moi, saura faire comprendre à vos nombreux lecteurs le grand intérêt qu'a chacun à trouver une bonne solution à cette question capitale ; car nous sommes tous solidaires contre le fléau qui nous envahit et nous domine.

« J'ai l'honneur d'être, etc., etc.   « X... »

III

Etude physiologique de la vigne, ou le positivisme, les plants américains et les « vitis vinifera [1] ».

Quelque lueur d'égoïsme que l'on puisse voir percer dans une conviction livrée à la publicité, quel que soit le degré d'un froissement quelconque d'intérêts *particu-*

[1]. Voir *le Salut*, s'imprimant à Carcassonne, numéro du mardi 16 janvier 1883.

liers, rien ne doit arrêter l'expression de cette conviction lorsque celui qui l'a acquise, au prix, quelquefois, de durs sacrifices, est persuadé que de grands intérêts *généraux* sont en jeu.

Que voulez-vous ? la nature humaine est ainsi faite ; quand une chose, si importante qu'elle soit, se passe au loin, elle ne nous émeut que très faiblement et toujours en raison de la distance ; mais lorsqu'elle nous effecte de près, par nos proches ou nos voisins, l'effet plus ou moins direct qu'elle produit alors en nous devient assez sensible pour que nous ne puissions plus rester indifférents.

Ainsi, comme je le disais dans ma lettre insérée dans *le Salut* du 3 septembre dernier, les vignobles de ma localité sont « à peu près » totalement perdus ; l'arrachage a déjà été commencé pour être continué jusqu'à la fin, dès que les premières hésitations, ma foi fort légitimes, auront disparu.

Il me revient que plusieurs de mes concitoyens songent à reconstituer prochainement leurs vignobles au moyen de plants américains. Or, malgré le bruit qui se fait depuis quelque temps sur ces cépages exotiques, soit par voie d'affiches multicolores répandues à profusion dans les campagnes ; soit par des articles empreints de la meilleure foi du monde, sans doute, et émanant de divers rédacteurs paraissant convaincus, mais à coup sûr, sans s'en douter peut-être, bien plus *américanistes* qu'Américains ; soit enfin par une multitude de vendeurs et revendeurs de ces plants, malgré cela, dis-je, je n'avais pas encore songé à publier mes observations sur ce sujet.

Eh bien, il a fallu, comme je le dis plus haut, que ce « sentiment » qui ressemble, si l'on veut, à l'égoïsme, me touchât d'assez près pour que je ressentisse le besoin de communiquer mes impressions.

On dira, peut-être, que ma plume n'est pas suffisamment autorisée pour traiter cette matière... délicate. Soit, je répondrai que j'ai sous les yeux des documents remarquables sur ce sujet, signés par des auteurs éminents et profondément compétents et qu'en tout cas ma conviction toute de bonne foi, a pris pour base le plus parfait positivisme.

Ne pourraient-ils pas avoir raison, ces hommes consciencieux qui ont dit : « Plantez des plants américains, si vous voulez, mais que ce soit à titre d'essai, et gardez-vous de vous lancer dans cette voie par des marches accélérées ; vous pourriez aboutir à de « pénibles désillusions..., » à mon humble avis on pourrait dire : à une immense et amère déception !!!

Que, par le système radiculaire au chevelu abondant et plus ligneux qui les distingue, quelques variétés de cépages américains offrent un peu plus de résistance aux piqûres de l'insecte que nos plants indigènes, je ne sache pas qu'on ait songé à en disconvenir, mais il convient de ne pas oublier que « résistance » n'est pas synonyme « d'invulnérabilité » absolue. Or, la différence du système radiculaire réservée, il n'est rien moins que prouvé que les vignes exotiques pas plus que nos vignes indigènes aient été trempées dans les eaux du Styx. Et quel est le viticulteur qui, résolu à reconstituer ses vignobles, le fera de bon cœur s'il n'est assuré d'un avenir certain pour son œuvre ? Ah ! si au lieu d'un vignoble vraiment fructifère qu'il nous faut dans les terrains secondaires ou inférieurs on pouvait aspirer à la production plus ou moins lucrative du bois, ce serait bien différent ! mais il faut pour cela des terres exceptionnelles qu'en général nous n'avons pas ici.

Certes, j'entends bien d'ici cette objection qui paraît formidable : « Mais nous avons vu sur le littoral méditerranéen des vignes américaines magnifiques ? » Sans doute, mais ces vignes, quel âge ont-elles ? dans quel sol sont-elles plantées ? de quels soins spéciaux sont-elles l'objet? quel a été le mobile dominant de leur plantation dans ces riants et fertiles parages? et leurs congénères, ou plutôt les « vignes mères » d'au-delà de l'Atlantique, comment sont-elles ?

Ah! parlons-en un peu, s'il vous plaît, car c'est la question que nous devrions connaître le mieux, et c'est peut-être celle à laquelle nous avons pensé le moins! Mais si les plants américains doivent être l'espoir *non décevable* de la viticulture du vieux continent, l'Amérique ne doit présenter, dans ses immenses territoires des zones tempérées, qu'un vaste vignoble exempt, je ne veux pas dire de signes de maladie, mais de traces de mort.

Ici, encore, on va me dire « que les diverses variétés américaines ne résistent pas toutes au même degré, que dès lors on peut voir, même en Amérique, des cas de maladie et même de mort ».

Soit encore, mais alors, puisque le phylloxéra a fait sa première apparition en Amérique, où déjà, en 1858, « *les vignes mortes s'arrachaient et s'emportaient par tombereaux* » (Voir *Les vignes américaines*, page 21, par M. Planchon), depuis plus de vingt ans, on a dû remarquer au delà de l'Océan les cépages assez privilégiés pour résister aux piqûres mortelles de l'insecte et, par suite, ces cépages, devant avoir aujourd'hui un âge respectable, ont dû fournir suffisamment des plants pour remplacer *les vignes mortes em-*

portées par tombereaux, et aujourd'hui, après tant d'années, les vignobles du nouveau monde entièrement reconstitués doivent présenter, je le répète, un immense et admirable aspect offrant aux regards étonnés une force vitale défiant les étreintes mortelles que subissent les nôtres ?

Est-ce bien ainsi ???

Autrefois il n'eût pas été possible de le savoir, mais aujourd'hui, après les explorations de Christophe Colomb, la découverte de Papin et les voyages spéciaux du *Léviathan*, l'Amérique est assez rapprochée de nous pour que nous puissions savoir ce qui s'y passe [1].

Jusque-là, et puisque la science humaine procède du connu à l'inconnu, il serait prudent de ne pas trop s'exposer, en procédant à l'inverse, à des mécomptes qui pourraient être d'autant plus pénibles que l'on aurait semé démesurément les chances de les encourir pour aboutir, selon la plus probable des probabilités, à quelque abondante *sécrétion des glandes lacrymales.*

Mais nos cépages, *vraies vignes à fruits*, pourraient *presque* atteindre le degré de résistance des plants exotiques, si leur adaptation au sol était l'objet des mêmes soins culturaux et surtout s'ils étaient assujettis à la même production.

Je dis « presque » parce, qu'il convient de tenir compte

1. Enfin, cette enquête en Amérique vient d'être décidée par notre gouvernement. On a donc fini, en 1885, par ce que je demandais, avant 1882, avec beaucoup d'autres, et par ce que l'on aurait dû commencer au début des plantations à outrance.

Et nous voici, maintenant, en 1890 ; le délégué français, a fait le rapport de son voyage et de sa découverte de cépages spéciaux aux sols calcaires. La viticulture est-elle plus avancée ? (*Voir* plus loin le chapitre sur « une résolution du congrès international d'agriculture », en 1889.)

de la différence du système radiculaire qui distingue les cépages américains de nos cépages indigènes. Mais, pour les besoins d'une cause quelconque ou, si l'on veut, par conviction, on a prétendu encore que la sève *foxée* des plants exotiques répugne à l'insecte qui trouverait au contraire dans le suc des *vitis vinifera* une saveur plus délicate.

Cette assertion, par exemple, me paraît atteindre les hauteurs d'un paradoxe... mathématique peut-être, mais, en tout cas, une erreur de conviction qu'il ne me serait possible de partager que sous bénéfice d'inventaire et que, pour le moment, il m'est impossible de concevoir, tant cette assertion me paraît incompatible avec l'ordre naturel qui règle la végétation et la fructification du sujet du règne végétal.

En effet, je crois que, sous le rapport de la résistance, les préférences se sont portées du côté des cépages exotiques sauvages comme porte-greffes. Eh bien, si la sève était *foxée*, le fruit qui en est l'émanation directe devrait l'être aussi et, par voie de conséquence, le vin le serait également.

Or, j'en appelle à tous ceux qui ont greffé des aramons, des carignans ou autres cépages indigènes sur ces variétés américaines sauvages : le fruit et le vin provenant de ces greffages sont-ils *foxés* ? Je réponds pour eux par la négative.

On peut sans doute trouver des vins *foxés*, mais ils proviennent de producteurs directs, tels que le *Clinton*, le *Yorck-Madeira*, etc., etc., c'est là, tout simplement, un effet des lois naturelles : tel arbre, tel fruit ; mais si l'on greffe sur ces mêmes producteurs directs des cépages indigènes, le fruit et le vin seront de la même nature que

le cépage qui aura servi de greffe et ne présenteront plus
cette saveur *foxée* du produit naturel du porte-greffe, ce
qui prouve que l'action fructifère du greffon modifie la
nature séveuse du porte-greffe.

De plus, il convient de remarquer encore que, si c'était
par la nature de cette sève répugnante pour l'insecte que
les cépages exotiques manifesteraient leur résistance, d'a-
près les observations qui précèdent, la préférence devrait
être acquise aux producteurs directs, sauf à se contenter
de leur produit naturel qui ne saurait faire oublier le jus
délicat et franc de goût de nos incomparables cépages
indigènes.

Mais non, au point de vue de la résistance, la sève des
plants américains, ayant donné quelques récoltes en fruits,
n'est pas plus *foxée* que celle de nos cépages indigènes,
et si une analyse chimique quelconque a jamais trouvé
une différence d'une sève à l'autre, c'est que l'on aura pris
pour *type* une sève maladive, épuisée par sa production
fructifère, pour la mettre en comparaison avec une autre
sève vierge, vivace, et qui, par sa nature sauvage, n'a jamais donné de fruits.

Une simple expérience, qui n'exige pas d'être du nombre des quarante immortels, mais d'avoir seulement un
peu de cette force de volonté qui fait les praticiens, suffit
pour démontrer ce qui précède.

Prenez un champ présentant dans son entière superficie
un sol d'une fertilité régulièrement uniforme. Plantez-en
la moitié avec la variété américaine que vous voudrez, le
Riparia, par exemple, et à côté, dans l'autre moitié du
champ, plantez en même temps et de la même façon un
cépage indigène, le Carignan, si vous voulez. Que les deux
plantations, d'origine bien différente, soient l'objet des

même soins culturaux, que rien de ce qui sera accordé à l'une ne soit refusé à l'autre, en un mot égalité parfaite pour les deux.

Le cépage français ne tardera pas à développer de jeunes raisins, mais à mesure qu'ils apparaîtront pincez-les, de manière que, le fruit entièrement supprimé, il ne soit pas permis au cep de produire autre chose que du bois. Ce faisant, l'égalité conventionnelle sera intégralement maintenue pour les deux plantations.

Persévérez dans votre expérience jusqu'à la fin, et je crois bien que quand le Carignan succombera le Riparia sera lui-même fort malade, et si alors quelque chose prolonge son agonie, il le devra uniquement à l'avantage de son système radiculaire qui consiste, comme nous l'avons dit, dans sa grande facilité d'émission de nombreuses radicelles plus vivaces parce qu'elles n'ont pas fructifié. Mais voilà tout.

La vigne française, je l'ai déjà dit dans un article paru dans *le Salut* du 21 juillet 1881, la vigne française s'affaisse, épuisée sous le poids des productions exagérées que l'on a exigées d'elle, et cela sans compensations, sans restitutions suffisantes pour le maintien de l'harmonie constitutive du sol, indispensable cependant à l'action nutritive de l'arbuste précieux qu'on appelle la vigne.

Elle meurt, dans quelques localités surtout qu'il convient de ne pas nommer, elle meurt, hélas ! comme abandonnée à son fatal destin, qu'elle n'a pas cherché pourtant, et cela sans soins, sans secours, sans tentative même de résistance au fléau qui la supprime et, pourrait-on presque dire, sans paraître même être regrettée ; hélas ! *alea jacta est !*....Eh quoi ? n'a-t-on donc pas des *broutilles* mirifiques à lui substituer pour la place qu'elle a dorée par son contact? Et ces *broutillons* encore si inconnus, si problématiques et si aléatoires font espérer... quoi???

Je me hâte d'ajouter que ce n'est là que l'exception, qu'en règle générale on résiste, par de multiples efforts que méritent certes bien nos vignes fructifères, au fléau dévastateur qui anéantit impitoyablement les plus beaux et les plus productifs vignobles du globe.

Plantez donc, à titre d'expérience, des plants américains dans ces terrains dont l'épuisement a provoqué l'altération des principes vitaux de nos cépages qui, par suite de la désorganisation de leurs tissus moléculaires, ont eu à subir, comme conséquence conforme aux lois naturelles, une invasion parasitaire dont la reproduction à l'infini n'a été que l'*effet* naturel et non la *cause* de cette maladie *constitutionnelle*, épidémique, contagieuse en quelque sorte qui supprime la vigne. Plantez donc dans ces terrains des vignes américaines, *faites-leur produire du fruit* et vous verrez après.

J'ai toujours présente à la mémoire cette exclamation poussée par un membre éminent et au nom d'un comice agricole de l'Hérault (oui, de l'Hérault, centre de tant de prétendus succès), et que j'extrais d'un exposé de la situation viticole de ce département, adressé à M. le Ministre de l'agriculture: « Si l'on avait pu mettre en bouteilles les larmes que les déceptions causées par ces cépages exotiques ont déjà fait verser aux malheureux vignerons du Gard et de l'Hérault, la démonstration aurait eu... [1] »

Si les premiers qui *essayèrent* la vigne américaine avaient eu en vue le même but que les seconds, ils n'au-

---

[1]. *Voir* ce document, adressé par le Comice agricole de Béziers à M. le Ministre de l'Agriculture, en mai 1882.

raient pas versé de larmes. Etrange dissonance : Les premiers ont déboursé et les seconds encaissent. C'est que les premiers voulaient avoir du vin, tandis que les seconds savent se contenter du bois. C'est la viticulture à rebours, si vous voulez, mais enfin c'est une viticulture à résultats... douteux.

Au reste, demandez des renseignements sur les premiers jacquez qui se plantèrent dans le Vaucluse ou le Gard, et l'on vous apprendra que l'heure de la décadence, ayant sonné pour eux, l'Hérault a su profiter de la leçon en se jetant sur le riparia à l'état sauvage, soi-disant comme porte-greffe, mais en attendant comme producteur de bois que la postérité mettra en parallèle avec les antiques cèdres du Liban, mais non point *ad valorem*, par exemple.

Quoiqu'il en soit, il ne faudrait pas croire cependant que ce soit de parti-pris que j'ai pensé et écrit ce qui précède, car je ne puis être que l'esclave et l'interprète de ma conviction assise sur la réflexion et l'étude, et non un adversaire systématique ou intéressé des plantations exotiques.

Mais une conviction, si profonde qu'elle soit et si fondée qu'elle puisse paraître, n'est jamais immuable quand elle ne repose que sur une étude théorique. Les faits définitifs, résultant de la pratique, peuvent tôt ou tard la modifier ou la faire changer complètement de face.

Et je déclare franchement que, si la disparition totale de nos cépages indigènes plus de cinquante fois séculaires était arrêtée dans les décrets de la Providence, — arrêts que, du reste, je crois plus que jamais susceptibles d'appel, — je serais un des premiers à applaudir aux expériences définitives qui établiraient irréfutablement la certitude de leur remplacement au moyen de ces mêmes *broutilles* que je me suis permis de critiquer si sévèrement.

Mais, appuyé un peu sur les faits acquis et sur les lois naturelles qui régissent les végétaux, j'ai voulu seulement faire remarquer qu'il n'y a encore là qu'un problème à résoudre et de la solution duquel nul n'est encore sûr, et que, par conséquent, la plus vulgaire prudence exige de s'en tenir aux expériences et non de se lancer tête basse dans la voie des plantations à outrance, au risque de butter contre une déception formidable qui pourrait se trouver en travers au moment où l'on y songerait le moins.

Mais enfin, supposons que quelques-uns de ces cépages soient invulnérables, — *Achille l'était bien???* — il resterait encore, avant de procéder à de grandes plantations, à examiner et à résoudre une question capitale, de la négligence de laquelle pourrait surgir un résultat équivalant à un désastre. Je veux parler de l'adaptation de ces cépages sous le triple rapport du terrain, de l'exposition et du climat.

Combien de temps a-t-il fallu pour être fixés sur ces trois conditions relativement à nos cépages indigènes? Il a fallu des siècles? et pourtant, à peine si nous le sommes encore. Evidemment, avec la puissance d'observation que possède aujourd'hui l'humanité, les secours de la science et le stimulant des grands intérêts qui sont en jeu, un si long laps de temps ne saurait être nécessaire. Mais enfin, quant à présent, le problème important, quoique secondaire de l'adaptation n'est, lui aussi, que posé, car je ne sache pas qu'il soit encore résolu, malgré certaines prétentions qui me paraissent bien plus intéressées ou téméraires que judicieuses et définitives.

Enfin, il me reste à résumer le fond et le but de cette critique formulée sur les plants américains.

Il me suffira de dire que, pour si sévères qu'elles puissent paraître, mes appréciations ont été émises de bonne foi et bien plutôt en Aristarque qu'en Zoïle. Si l'avenir établit leur justesse, j'aurai aidé, dans la mesure de mon possible, à modérer les élans qui auraient pu se précipiter dans des profondeurs insondables encore. Si de la pratique expérimentale qui forme le fond de mon objectif dans tout ce qui précède, il résulte, au contraire, des faits établissant péremptoirement que les cépages exotiques sauveront seuls la viticulture, j'aurais du moins la satisfaction d'avoir fait remarquer que la résistance ne suffit pas en pareille matière, et que la question d'adaptation n'est point de celles qui peuvent être impunément dédaignées ou négligées.

Dans un cas comme dans l'autre, il en résultera que ces avertissements, d'où qu'ils soient émanés, ont porté avec eux un enseignement qui peut être utile, et je termine enfin par cette conclusion que tous les viticulteurs devraient savoir par cœur :

« Essayez, dans tous les terrains cultivables et convenables à la vigne, les cépages exotiques, reconnus les plus résistants, faites-leur produire du fruit, assurez-vous que dans telle nature de terrain, telle exposition et tel climat réussit une telle variété, et si, dans ces conditions, vous pouvez acquérir la certitude d'une résistance absolue à l'insecte, alors, mais alors seulement, lancez-vous à pleines voiles vers la reconstitution en grand de vos vignobles disparus.

« Mais, en attendant de toucher à cette perspective encore lointaine et voilée par les brouillards de l'incertitude,

n'oubliez pas les débris des vieilles et précieuses vignes
indigènes qui vous restent encore. Lors même qu'elles
seraient blessées mortellement,— ce qui n'est pas possible,
— elles méritent quand même, de la part de ceux qu'elles
ont si largement satisfaits, quelques bribes de ce métal
fauve qu'elles ont si abondamment fait surgir de terre!!!
Et alors... qui peut dire que, par des restitutions géné-
reuses et des soins particuliers, il ne vous serait pas possible de les dispenser de vous faire leur éternel adieu??? »

10 mars 1890.

Post-scriptum. — C'est en 1882, je tiens à le rappeler, que ces
appréciations furent écrites et publiées dans les journaux. Huit
ans se sont écoulés depuis et voilà que l'on se met à frapper sur
l'un des premiers et plus convaincus propagateurs des vignes
américaines, comme : « auteur responsable des désastres ame-
« nés par les sacrifices énormes de la reconstitation. »

Eh ! mais ce n'est point l'éminent viticulteur Girondin, ce n'est
pas M. Laliman qui a tort en cette formidable occurrence ! car,
en somme, ses succès de début autorisèrent sa propagande. Ceux
qui ont tort, archi-tort, ce sont les trop nombreux viticulteurs qui
stimulés furieusement par les statistiques gouvernementales annuelles et par des vendeurs de plants peu délicats, ont planté à
tort et à travers !

Si, il y a huit ans, on se fût donné la peine de *réfléchir* les pages
précédentes, notamment les deux avant-dernières; si, surtout,
on avait daigné s'y conformer, on n'aurait pas aujourd'hui des
désastres à déplorer ni d'injustes retours d'opinion à signaler !

S. P.

DE LA CHLOROSE

Aux souscripteurs de la deuxième édition de cet ouvrage.

MESSIEURS,

Ma communication annuelle de l'année dernière (1887) aux grands corps agricoles de France se terminait ainsi : «... Je suis en mesure d'affirmer que l'engrais le mieux composé en éléments fertilisants, mais dépourvu de l'élément ferreux, est insuffisant pour les vignes saines et inefficace pour les vignes malades. L'expérience ne coûte pas bien cher, je ne vois pas pourquoi même les plus sceptiques ne la tenteraient point pour se convaincre de ce que j'avance. Je vais plus loin et je dis que les propriétaires de vignes chlorosées *pour cause d'adaptation*, sont bien patients ou bien déroutés, pour souffrir l'aspect maladif de leurs nouvelles vignes, alors que le remède est si facile. Il leur suffit de fumer ces vignes avec un engrais bien composé et dans lequel on aura introduit du sulfate de fer en quantité suffisante [1], pour que ce genre de chlorose disparaisse.

«Tel a été, en effet, le résultat obtenu dans diverses régions de la France, sur des riparias et autres greffés, au

---

1. *Voir* plus loin des attestations à ce sujet, formulées en séance de la Société des Agriculteurs de France.

moyen de l'engrais, riche en éléments fertilisants et en sulfate de fer, dont j'indique la formule dans ma brochure, de façon que chacun puisse en combiner les éléments [1].

« L'emploi à haute dose du fer est *absolument nécessaire* à la culture actuelle de la vigne. Avec l'introduction de cet élément dans un engrais bien composé, la vigne indigène résiste au phylloxéra et la vigne exotique reste ou revient indemne de la chlorose *qui provient des imperfections du sol*. Telle fut ma conclusion de l'année dernière, telle est celle que de plus fort je formule aujourd'hui... »

Eh bien, Messieurs, la conclusion que je formulais il y deux ans, que je répétais l'année dernière, je la réitère de plus fort aujourd'hui, d'autant plus que de nouvelles expériences, faites un peu partout, sont venues depuis confirmer leurs devancières. Fort de ces nouvelles attestations et heureux des témoignages de satisfaction que j'ai reçus, j'ai jugé utile, en vue de généraliser ces avantages, d'envoyer individuellement à chacun des souscripteurs de mon ouvrage copie de l'étude complète sur les diverses causes de chlorose, que je viens de publier dans trois journaux méridionaux et qui ont eu l'honneur de la reproduction par les principales feuilles viticoles de France.

Voici ce document que je recommande vivement aux intéressés, en formant les vœux les plus sincères qu'après l'avoir étudié attentivement ils bénéficient au plus tôt des avantages qu'il comporte.

---

1. *Voir* au chapitre des formules d'engrais, page 130 et les suivantes.

1

Application rationnelle du sulfate de fer à la Vigne.

Talairan, mai 1888.

A Monsieur le Président de la Société
des agriculteurs de France,

J'ai l'honneur de vous soumettre quelques observations
tirées de mes vieux manuscrits inédits et à la publication
desquels m'a amené l'examen du compte rendu de la
séance du 22 mars dernier de votre section de viticulture,
au cours de laquelle est venue en discussion ma communication du 3 février précédent, relative à l'adjonction
du sulfate de fer aux engrais destinés à la vigne.

Je ne saurais être surpris que, venant à l'appui de mes
affirmations, M. Riballier ait attesté que l'emploi du fer a
produit dans les Charentes de « très bons résultats » ;
mais je suis, par contre, fort étonné que M. Petit ait cru
savoir que pareille application n'aurait pas donné « un
grand résultat » à l'école d'agriculture de Montpellier.
Car, enfin, des expériences de ce genre doivent être plus
savamment conduites dans ces doctes milieux que partout
ailleurs.

Quoi qu'il en soit, M. Petit a dû lui-même être frappé
de cette anomalie puisqu'il a eu l'occasion de constater
qu'après application de cet élément la vigne était plus
verte, et l'assemblée tout entière a dû se trouver sous
la même impression quand des résultats analogues lui
ont été signalés dans le département de la Loire. La conclusion eût été complète si l'on avait ajouté que partout

sans exception, où les applications ont été faites *judicieusement* on a obtenu des résultats identiques à ceux des Charentes, du Forez et d'ailleurs quand, bien entendu, il ne s'est agi que de pourvoir aux imperfections du sol. On ne pourrait, en effet, vraiment pas prétendre à la guérison par ce moyen d'une chlorose provenant par exemple d'un vice de structure du cep qu'aurait déterminé l'opération du greffage ou tout autre accident.

Et si M. le Directeur de l'Ecole de Montpellier veut bien se prêter à des expériences suivies sur des vignes chlorosées, de n'importe quelle origine, au moyen de l'engrais dont j'indique les formules dans cet ouvrage et où le sulfate de fer entre pour 200 grammes par souche, je lui certifie d'avance que, même à Montpellier, si la chlorose provient du sol, il ne se heurtera plus aux insuccès qu'à tort ou à raison on lui attribue à ce sujet.

Je parle plus haut d'application *judicieuse*. C'est qu'en effet il s'est introduit dans la pratique viticole des usages déplorables qui ne sont peut-être pas étrangers à tel ou tel insuccès. Le pouvoir absorbant d'un végétal est en raison de la force de combinaison des éléments qui lui sont nécessaires, c'est-à-dire que les fonctions nutritives de la vigne sont d'autant plus actives que les diverses substances qu'elles réclament leur arrivent ensemble et non chacune isolément, car enfin, on ne parviendrait pas à me faire comprendre que j'obtiendrais le même résultat nutritif en absorbant un par un, séparément, les divers éléments qui constituent un bon potage qu'en le prenant en combinaison. Dans ce dernier cas, en effet, l'assimilation de chacun des ingrédients stimule l'assimilation de l'autre, de sorte que par leur action commune et réciproque une plus grande somme des sucs nourriciers de chacun d'eux est absorbée dans le grand acte de la nutrition.

Par voie d'analogie et aussi d'expérience, il est acquis qu'un élément quelconque utile à la vigne manifestera dans ses effets un degré d'inertie plus ou moins accentué selon qu'il aura été appliqué seul ou plus ou moins accompagné. Et c'est là une loi de nature, à laquelle est soumise la famille végétale tout entière et la vigne en particulier, qu'elle soit originaire de l'Asie, de l'Amérique ou de la Lune; depuis surtout qu'elle a subi le sort de la poule aux œufs d'or. Que l'on s'étonne, après les deux observations qui précèdent, que l'on ait pu quelque part aboutir à l'insuccès dans l'application du fer à la vigne.

L'honorable président de la section de viticulture a fait ensuite remarquer « qu'il faudrait chercher la cause de la chlorose constitutionnelle dans un excès d'humidité du sol et que le drainage en serait le vrai remède ». Je suis heureux que mes vieilles études sur ces matières reçoivent de jour en jour la consécration des faits et des assemblées compétentes. L'étude qui commence à la page 82 de l'ouvrage que j'ai eu l'honneur de vous dédier, et dans laquelle je traite des rapports du fer avec la vigne, n'est en effet que le développement de l'opinion émise par M. le marquis de Barbentane.

Néanmoins, je me permettrai de lui faire remarquer, à mon tour, que le drainage, si excellent qu'il soit pour l'écoulement des eaux hivernales dans un sous-sol compacte, ne peut être efficace, au point de vue de la chlorose, dans un sol maintenu dans un excès d'humidité par de fréquentes ondées printanières, car, dans le premier cas, il y a excès d'*eau* et le drainage opère à propos un ressuyage utile ; tandis que dans le second cas, et c'est le plus commun, il y a seulement excès d'*humidité*. Là, le drainage n'y peut rien, puisqu'il n'y a pas *eau*, mais le sulfate de fer y joue le grand rôle que j'ai traité à fond dans mon ouvrage et qu'il serait trop long de reproduire ici.

Je me borne à en citer deux extraits (*voir* la page 83 précédente) : « On se plaint aujourd'hui du *mildew*, du *pourridié*, de l'*oïdium* et de tant d'autres maladies crypto-gamiques qui désolent la viticulture. Eh! mon Dieu, mais ce sont là des conséquences naturelles de la culture de vignes dans les terrains bas et humides!... Le fer exer-ce une action directe sur le système radiculaire du végé-tal, auquel il imprime une action répulsive qui lui per-met de résister aux excès de l'humidité du sous-sol...

Ces déductions déjà anciennes devaient être bien fon-dées puisque les faits viennent d'année en année les consa-crer. Aussi, ma conclusion est-elle aujourd'hui celle que je répète annuellement depuis une dizaine d'années : « L'emploi à haute dose du fer est *absolument nécessaire* à la culture actuelle de la vigne. Avec l'introduction de cet élément dans un engrais bien composé, la vigne indi-gène résiste au phylloxéra et la vigne exotique reste ou revient indemne de la chlorose *provenant des imperfections du sol.* »

II

Des imperfections du sol au point de vue de la chlorose.

« Qu'entendez-vous par imperfections du sol au point de vue de la chlorose? » Tel est le résumé de nombreuses lettres qu'à l'époque je reçus à ce sujet. Voici l'exposé

succinct mais complet des diverses causes de chlorose
des vignes en général et des cépages exotiques en particulier.

Comme je le disais dans le précédent chapitre, il est
inutile de nous occuper des cas de chlorose provenant
d'un vice de structure du cep qu'aurait occasionné le
greffage ou tout autre accident, pas plus que de la jaunisse déterminée par l'incompatibilité des sujets mariés.
Le premier cas se distingue, quelquefois dès la première
année, mais généralement vers la deuxième année de
greffe, par des sujets jaunis *clairsemés çà et là* dans l'ensemble de la vigne ; leur avenir dépend de leur constitution et de l'action que la nature peut exercer sur eux. Le
deuxième cas est plus difficile à discerner, car il peut
être confondu avec la chlorose causée par l'excès du calcaire en été ou d'humidité au printemps. Néanmoins,
dans ces deux derniers cas, les feuilles jaunissent tout en
restant lisses, tandis que par l'incompatibilité elles tendent à se recoquiller en jaunissant. Là, il ne peut y avoir
d'issue possible, le divorce d'office est inutile, la mort
tranchera plus ou moins tôt le lien marital.

Nous n'avons donc à traiter ici que les cas ayant réellement pour cause déterminante les imperfections du
sol, parce que c'est la seule chlorose que l'on puisse vraiment combattre et vaincre assurément. Mais d'abord il
convient d'établir un principe généralement peu compris. Le sol le plus riche en éléments fertilisants peut
renfermer en lui des causes de chlorose pour la vigne, —
surtout s'il s'agit des cépages américains connus dont la
nature improductive en fait comme les antipodes de nos
cépages productifs, — car la richesse des éléments minéraux ne constitue point la garantie d'une bonne adap-

tation de la vigne dans ce sol, si les *éléments mécaniques* lui font défaut ou s'y trouvent en excès.

Je dis, en effet, précédemment (*voir* page 63) : « L'*argile* et le *sable* sont, avec l'*humus*, les éléments mécaniques du sol, c'est-à-dire que, non seulement ils servent de point d'appui aux plantes, mais encore il résulte de leur combinaison intime une action favorisant la diffusion des éléments fertilisants et concourant ensuite à l'assimilation de ces derniers par le végétal. »

Mais il est des cas, — bien communs dans certaines régions, — où l'un de ces éléments mécaniques, l'argile, entre en excès dans la composition du sol. Quand cette argile, proprement dite, est d'une nature bien friable et éminemment perméable, elle ne peut guère se prêter à la chlorose de la vigne qui y est adaptée, mais celle-ci sera plus ou moins chétive selon le degré de rareté d'azote de ce sol et se chloroserait suivant que cette argile serait plus ou moins compacte et imperméable, car, ai-je dit encore à la page 206, « les terrains où l'argile domine sont bien aptes, par leur nature même, à absorber beaucoup d'eau pluviale et à maintenir, même pendant longtemps, l'humidité dans le sol... » C'est là la principale, sinon l'unique cause de la *chlorose printanière*.

Ce genre d'affection chlorotique se reconnaît à la teinte jaunâtre que prend la vigne *dans son ensemble* dès le départ de la végétation. A l'arrivée des chaleurs, cette teinte se maintient, s'atténue ou disparaît, suivant le degré de siccité estivale du sol et les précautions prises au préalable en drainage, s'il y avait excès *d'eau* ou en application du sulfate de fer combiné dans un bon engrais, s'il n'y avait qu'excès *d'humidité*.

Il y a enfin le cas, — bien commun également, — où la

présence plus ou moins excessive du calcaire vient aggraver l'excès d'argile, car le calcaire est, par son excès même, un puissant absorbant d'azote. Or, dans tout sol où le calcaire prédomine, l'azote est plus ou moins neutralisé et la végétation aérienne de la vigne est plus ou moins privée de cet agent indispensable aux jeunes pousses végétales. De sorte que si l'on veut bien remarquer que, par leur nature sauvage, les cépages américains sont plus avides de l'azote du sol que nos cépages indigènes, on comprendra facilement pourquoi les premiers sont plus sujets à la chlorose que les seconds. L'élément calcaire en excès produit donc la *chlorose estivale*, affection d'autant plus funeste à la vigne que ses effets pernicieux coïncident avec les fortes chaleurs et la siccité du sol qui peut en découler.

Je l'ai dénommée chlorose estivale parce qu'on la reconnaît précisément à son apparition tardive. En effet, le calcaire étant lui-même maintenu dans l'inertie par les pluies hivernales et printanières [1], ne peut exercer que sous la réaction solaire, — quand il est en excès, bien entendu, — sa funeste neutralisation de l'azote du sol, dont se passe relativement le cépage *fructifère* indigène, mais dont ne peut se dispenser, sous peine de jaunisse et de mort, le cépage exotique. Il est dit encore dans cet ouvrage que le défaut absolu dans un sol de l'élément calcaire occasionne une moins grande absorption par l'arbuste de l'élément de *vigueur* : l'azote, privation qui entraîne à son tour une moins grande fixation de

---

1. Naturellement, par la même raison, si, après la manifestation des effets de ce genre de chlorose, il surgit en août des pluies fréquentes cette jaunisse s'atténue en raison de sa gravité et de l'abondance des chutes d'eau pluviale.

l'élement de *verdeur :* le carbone de l'air. Or, qu'il y ait défaut absolu ou excès de calcaire, les causes sont différentes, mais, la privation d'azote et de carbone découlant de part et d'autre, les effets sont identiques : rabougrissement et jaunisse du sujet.

Ce genre de chlorose est de beaucoup le plus difficile à combattre. Les terres fortement calcaires sont en général dépourvues de l'élément ferrugineux. De là la mort subite des vignes indigènes et l'insuccès des vignes exotiques qu'on a pu constater dans ces terrains. On peut remédier à cette défectuosité du sol, au point de vue de la vigne américaine, mais il convient, pour réussir facilement, de s'y prendre de bonne heure, au plus tard dès la deuxième année de plantation, car il est évident que ce n'est point en attendant la détérioration des tissus de l'arbuste que l'on peut espérer une efficacité prompte et complète de l'application du sulfate de fer.

Voilà qui explique suffisamment, je suppose, la conclusion que, sur l'acquit des faits, dut formuler, il y a déjà quatre ans (1886), la Société des agriculteurs de France : « La vigne américaine n'a réussi jusqu'à ce jour que dans les terrains frais, profonds et siliceux. » Vers la même époque, la Société d'agriculture de l'Hérault disait, dans une pétition au Ministre de l'agriculture : « La meilleure condition pour la vigne américaine est d'être plantée dans des terres fortement colorées en rouge par l'oxyde de fer. »

Dans mes diverses publications dans les journaux agricoles et depuis la première édition de cet ouvrage, j'ai, bien avant, démontré les bons effets du fer sur la vigne. Bien fous sont donc ceux qui, après avoir transgressé les lois de la nature, dédaignent les arrêts des assemblées compétentes et les démonstrations rationnelles que les faits ont d'ailleurs consacrées.

III

Suite au précédent.

L'étude qui précède fut publiée, en juillet 1888, par la *Chronique vinicole universelle*, de Bordeaux; le *Vigneron Narbonnais*, de Narbonne, et *l'Agriculteur*, de Béziers, auxquels j'en avais adressé copie à titre de collaborateur, et les principales feuilles viticoles de France m'ont fait depuis l'honneur de la reproduire, tant elle touche sensiblement les intérêts pour ainsi dire vitaux de la nouvelle viticulture.

A la suite de cette publication, M. le Directeur et rédacteur en chef de *l'Agriculteur* ayant, dans le numéro du 14 juillet 1888, consacré à cette étude un article de fond développant les mêmes vues et concluant ainsi : « Les remèdes à appliquer contre la chlorose doivent être dirigés contre le carbonate de chaux en excès *dans le sol* et non sur la plante, » M. X..., de Bize, lui adressa une lettre parue dans *l'Agriculteur* du 4 août, d'après laquelle il aurait préservé ses vignes de la chlorose en les traitant également au sulfate de fer, mais dissous dans l'eau et *par aspersion des feuilles*. Si M. X... obtient de bons résultats par l'emploi de ce sel en simple aspersion des feuilles, c'est une preuve de plus ajoutée à tant d'autres que cet élément est souverainement anti-chlorotique. Seulement M.X... n'atteint ainsi que l'*effet* du mal, tandis c'est que la cause qu'il faut atteindre pour le dompter sérieusement. Voici, d'ailleurs, ce que dit à ce sujet M. le

Directeur de *l'Agriculteur*, dans le numéro du 11 août 1888.

LA CHLOROSE ET SES CAUSES

« Le moyen d'atténuer les effets de la chlorose est trouvé, certainement. Plus ou moins pratique, plus ou moins écomomique, mais, à mon avis, réel : ce remède est *l'attaque du calcaire en excès dans le sol*.

« Maintenant, si l'on veut, comme M. X..., l'attaquer sur les feuilles, *l'effet doit être moins durable*, mais il doit exister.

« J'ai dit que j'acceptais, pour ce qui me concerne, la proposition de faire « des expériences comparatives » et je tiens à redire et prouver de mieux en mieux que la chaux dans le sol est la cause première de la chlorose. De plus, que le remède proposé par M. X... n'a pas d'autre effet que de détruire cet élément *en excès dans les feuilles*.

« Prenons un sol qui porte un riparia greffé, bien sain, n'ayant jamais eu la moindre teinte jaune. Nous dosons le carbonate de chaux et nous trouvons que cet élément est contenu dans la terre, prise à cinquante centimètres dans le sol, dans des proportions au-dessous de 30 pour cent.

« Voici un riparia chlorosé, fortement rabougri. La terre qui le porte contient beaucoup plus de 30 pour cent de carbonate de chaux à 50 centimètres de profondeur.

« Cueillons des feuilles de la première vigne non chlorosée venue en terrain non calcaire. Si nous dosons le carbonate de chaux de ces feuilles, nous trouverons une proportion moyenne de 20 pour cent.

« Les feuilles de la vigne chlorosée nous donneront en moyenne 35 à 40 pour cent de carbonate de chaux.

« J'en donne d'abord pour preuve mes analyses personnelles, et elles se comptent par milliers, ensuite celles de quelques chimistes qui font autorité. Il est d'ailleurs on ne peut plus facile de s'en assurer.

« Il est donc aisé de conclure que la chaux est le grand coupable.

« Je n'ai pas à rappeler comment agit cette chaux, quelles sont les circonstances qui la rendent plus ou moins assimilable et quelle température ou état hygrométrique donnent à son action plus d'effet; autant de choses que j'ai à maintes reprises développées. Il reste le fait brutal que le carbonate de chaux existe en bien plus grande quantité dans les feuilles chlorosées que dans les feuilles vertes.

« Maintenant il convient de donner les preuves de l'efficacité que peut avoir le traitement des vignes chlorosées par l'aspersion sur les feuilles d'une solution de sulfate de fer.

« La chimie va encore nous le dire.

« Les feuilles chlorosées non traitées contiennent des proportions de carbonate de chaux, indiquées ci-dessus, de 35 à 40 pour cent. Lorsque le traitement a produit son effet, c'est-à-dire lorsque le vert de la feuille reparaît, ces proportions se rétablissent près de la normale. L'année suivante, *lorsqu'on ne traite que les feuilles, la chlorose reparaît* plus ou moins intense, selon que l'âge de la vigne, la nature du sol et les conditions atmosphériques s'y prêtent.

« Je n'ai pas à m'étendre plus longuement aujourd'hui sur ce sujet. M. X... ne veut pas que son traitement soit dirigé contre la chaux du sol, mais il le dirige contre la chaux qui attaque la chlorophylle des feuilles, sans toutefois avoir cette intention. Il y a lieu cependant de le remercier des expériences qu'il a faites en grand. Elles ajoutent une preuve plus grande à une théorie que je défends depuis longtemps *et que la pratique a confirmée d'une façon éclatante.*

« E.BRINGUIER,
« *Directeur de* l'Agriculteur, *de Bézeirs.* »

I V

Conclusion des trois chapitres précédents.

N'avais-je donc pas raison quand, il y a déjà longtemps, je signalais le sulfate de fer comme « *absolument indispensable à la culture actuelle de la vigne* » ? Que de chutes lamentables on eût évité à la vigne française si elle avait été l'objet de soins particuliers et *surtout de fumures rationnelles!* (Quel exemple frappant de cette affirmation on trouve dans ma localité!) Quelle chute désastreuse je prédis à la vigne américaine si on lui fait subir les mêmes errements ! Tremblez, vignerons, dans votre enthousiasme; vous ne voyez pas assez que la belle venue des nouvelles vignes tient presque uniquement *à la façon exceptionnelle de leur plantation.* Quand leur système radiculaire aura envahi toute la terre soulevée, gare à la débâcle si vous avez oublié ou dédaigné les soins et les fumures bien appropriées qui leur sont *absolument nécessaires!*

Quand, depuis bientôt dix ans, je formulais sur les cépages exotiques les appréciations que j'ai reproduites

précédemment et que l'on a trouvées peut-être un peu
sévères, j'avais tout simplement pour but de prévenir les
amères déceptions qui ont *précisément* découlé d'un manque d'études pratiques, sur leur adaptation au sol, la première des conditions culturales que l'on devait observer
avant de planter sur une grande échelle.

Mon objectif est aujourd'hui de réparer les conséquences fatales de cette inobservance, et je suis heureux que
mes efforts en ce sens aient abouti aux magnifiques succès que l'on m'a signalés de divers côtés et dont l'écho
s'est répercuté jusqu'à la Société des agriculteurs de
France. (*Voir* le compte rendu de la séance du 22 mars 1888
de ce grand corps agricole.)

Malgré le brevet dont elle a été l'objet et toujours mû
par le sentiment que l'intérêt général doit primer l'intérêt particulier, — j'ai donné et donne encore à chacun la
faculté de combiner lui-même, pour ses seuls besoins
personnels, bien entendu, la formule d'engrais qu'indique
ma brochure et qui aboutit à ces succès.

Mais je me tiens toujours à la disposition de ceux qui,
pour un motif quelconque, ne peuvent ou ne veulent procéder eux-mêmes à cette combinaison, pour leur indiquer des maisons sérieuses de fabrication pouvant leur
fournir ma formule magistralement combinée.

S. P.

DE LA MAUVAISE APPLICATION
du sulfate de fer[1].

I

Encore une année viticole qui vient de finir à la cueillette du fruit que la vigne a donné pour prix des labeurs surhumains incombant au vigneron par ces temps difficiles. L'épilogue, consistant en la vente du vin, en est même terminé pour beaucoup ; il s'apprête à l'être pour les retardataires, en attendant qu'il le soit pour les récalcitrants.

Chacun peut donc dès aujourd'hui mettre en parallèle les chiffres des recettes et dépenses ayant résulté de son mode de culture de la vigne. Je dis : « de son mode de culture, » parce que dans nos temps d'imbroglio viticole chacun fait en effet quelque peu à sa tête ou marche à l'aventure ! Les uns se cramponnent à la vieille routine et passent dédaigneusement à côté du progrès ; les autres, au contraire, se lancent éperdûment dans des innovations irréfléchies ou que tout au moins l'expérience devrait sanctionner avant d'en faire la base d'une grande culture ; d'autres font, suivant un écho célèbre du Congrès de Bordeaux, « de la viticulture industrielle, » sans son-

1. Cet article et les deux qui le suivent viennent d'être publiés (fin 1889) dans les principales feuilles viticoles de France. Je les reproduis ici absolument tels quels, sans toucher à leur forme spéciale de publication.

ger que ce système peut bien faire la fortune de quelques-
uns, mais n'est pour la plupart qu'un désastreux casse-
cou !

Et tandis que dans ce labyrinthe inextricable le fil d'A-
riane s'est rompu, divers vignerons de maintes régions
viticoles ont tout simplement traité leurs vignes par la
culture rationnelle et économique indiquée dans ma Brochure, de l'application de laquelle culture j'ai tout récemment encore reçu de si flatteurs témoignages de satisfaction, et qui consiste à former des bonnes méthodes du
passé, des enseignements de la nature et des innovations
scientifiques que l'expérience a consacrées un tout ho-
mogène permettant de conserver ou de rendre à la vigne
française son ancienne vigueur et d'acclimater dans les
terres difficiles la vigne américaine qui, quoi que l'on
dise, est infailliblement destinée à y périr.

Alors que tant d'innovations viticoles, portant même
parfois l'estampille de l'école officielle, ont sombré pour
ne plus reparaître, celle que j'ai le bonheur de préconiser depuis plus de dix ans par la voie de la presse viticole, et plus spécialement dans mon ouvrage sur la vigne,
a fait son tout petit chemin, faiblement au début par
froissement contre l'indifférence ou l'incrédulité, mais
grandissant au fur et à mesure que se sont produits quelques heureux résultats de cette culture rationnelle et, je
le répète, économique par excellence, puisque sa dépense
n'excède guère celle de l'ancienne culture.

Ainsi, — deux exemples de cette marche ascendante :

1° Qui a jamais osé émettre que le meilleur fumier de
ferme, parfait pour diverses graminées, est toujours incomplet pour la vigne ? Cette émission, fondée sur de
vieilles expériences et que j'ai répétée en toute occasion

depuis dix ans, n'est pas moins restée sans écho jusqu'à ces derniers temps, même dans le monde des écoles officielles. Et voilà qu'enfin divers vignerons l'ont avec satisfaction mise en pratique et que, dernièrement, dans une conférence faite à Narbonne, l'éminent professeur d'agriculture de l'Aude vient de la sanctionner ;

2° Parmi les éléments devenus indispensables dans la culture de la vigne figure, non en dernière ligne, le fer. Or, qui donc, il y a dix ans et plus, songeait à cette nécessité absolument rigoureuse et qui, par suite, s'y conformait ? La première venue des grandes maisons d'engrais vous dira qu'à cette époque la viticulture ne lui demandait pas le sulfate de fer.

Mais, déjà fixé par l'expérience, je signalais dès lors l'utilité de cet élément, *à la condition expresse de l'associer à un engrais bien composé.* En 1882, cette composition fut l'objet de la prise d'un Brevet mais, au lieu d'en tirer un profit direct, comme la mode de notre époque l'eût assez permis, je dévulgais, en 1883, cette composition dans la première édition de ma Brochure.

Plus tard, en 1886, je concluais ainsi ma communication annuelle à la Société des agriculteurs de France : « L'emploi à haute dose du fer est *absolument nécessaire* à la culture actuelle de la vigne. Avec l'introduction de cet élément dans un engrais bien composé, la vigne indigène résiste au phylloxéra et la vigne américaine reste ou revient indemne de la chlorose provenant de l'imperfection du sol. »

Et voilà comment, petit à petit, l'emploi de cet élément minéral, à peu près inconnu de la masse il y a dix ans, atteint aujourd'hui un chiffre colossal de kilogrammes. Son usage s'est tellement vulgarisé, surtout depuis l'affection chlorotique des vignes américaines, que bien des vignerons ignorent non seulement ce qu'ont pu avoir de pénible les expériences qui démontrèrent les bons effets du fer sur la vigne, mais encore ceux qui eurent l'idée de faire ces expériences et d'en propager les heureux résultats.

Quoique je ne me préoccupe pas outre mesure du droit de priorité auquel, ce me semble, je pourrais quelque peu prétendre en la matière, il n'est pas moins vrai que chacun a son *cuique suum* dont il ne se détache pas facilement. Seulement, après tout ce qui précède, on voudra bien m'accorder, j'espère, quelque compétence au sujet de l'application du sulfate de fer. J'arrive donc au but que je me suis proposé en écrivant ces lignes.

J'ai appris que divers vignerons emploient cet élément sans l'adjoindre à quoi que ce soit. Or, je ne saurais trop le répéter, appliqué seul, l'effet qu'il produira sur la vigne sera nul ou à peu près. C'est donc là de l'argent et de la peine perdus, sans compter le découragement qui peut plus ou moins résulter d'une déception. Pour que le sulfate de fer produise son plein effet, il est *indispensable* de l'associer à un engrais bien composé, comme je l'ai dit plus haut et l'ai démontré dans ma Brochure.

Nous reviendrons prochainement sur ce sujet pour répondre aux viticulteurs en chambre ou de laboratoire qui prétendent que le sulfate de fer est un poison pour la vigne et une cause de stérilité pour le sol. En attendant, nous sommes prêts à leur montrer des vignes françaises recevant depuis longtemps cet élément et dont la situation splendide détruit absolument leurs pronostics obstructionnistes.

II

De la mauvaise application du sulfate de fer.

Sous ce titre, j'ai récemment publié dans ce journal un article viticole se terminant ainsi : « Nous reviendrons prochainement sur ce sujet pour répondre aux viticulteurs en chambre ou de laboratoire qui prétendent que le sulfate de fer est un poison pour la vigne et une cause de stérilité pour le sol. En attendant, *nous sommes prêts à leur montrer des vignes françaises recevant depuis longtemps cet élément et dont la situation splendide* détruit absolument leurs pronostics obstructionnistes. »

Ce dernier argument,— que chacun peut aisément contrôler, car Talairan est bel et bien en France, — serait certes suffisant pour réfuter ces théories mort-nées, anéanties par les faits déjà produits par la pratique, mais il est bon de dire un mot sur les us et coutumes controversistes de notre époque vraiment extrordinaire.

Dans nos temps de publicité à outrance et de libre expansion des idées individuelles, les feuilles viticoles sont une vraie tribune où le pour et le contre s'étalent communément sur deux colonnes parallèles : à cela rien de mal puisque c'est du choc de la libre discussion que jaillit tôt ou tard l'étincelle où s'allume le flambeau qui éclaire une question jusqu'alors invisible.

Mais pour que cette lumière ne soit pas ternie, il faut encore, ce me semble, que plus un publiciste est versé dans les sciences et voit conséquemment son autorité étendue, et plus il doit prendre garde de n'apporter dans la discussion que des éléments ayant bien mûri au soleil

de la pratique, sinon ils feront plus ou moins momenta-
nément office d'éteignoir. D'ailleurs, un ancien et grand
maître n'a-t-il pas dit : expérience passe science ? Et
bien ! certainement dans cet aphorisme, Olivier de Serres
faisait allusion à l'expérience faite en pleine terre,
sous l'action chimique de la nature, et non à celle que
l'on fait dans le coin d'un laboratoire et qui n'est de la
première qu'une bien pâle imitation. Car la nature
est immuable et infaillible dans ses œuvres, tandis que
celles de l'homme aspirent toujours au perfectionnement
et puis : *errare humanum est.*

Que l'expérience artificielle veuille que le sulfate de fer
soit pour la vigne un poison, une cause d'asphyxie, parce
qu'il *enlèverait* au sol l'oxygène nécessaire au fonctionnement des racines ! n'en disconvenons pas ; mais l'autre
l'expérience vraie nous dit qu'après une longue série de
traitements bi-annuels et parfois annuels au sulfate de
fer, à raison de 200 grammes par pied de vigne, soit de
7 à 800 kilos à l'hectare par traitement, les vignes
ainsi traitées, conformément aux prescriptions de ma
Brochure, sont tellement empoisonnées, asphyxiées, qu'on
les voit aujourd'hui aussi vigoureuses qu'aux temps de
leur immunité parasitaire.

Que l'expérience artificielle nous dise que le sulfate de
fer stérilise la terre ! Soit encore ; mais l'autre, la vraie,
montre chaque printemps à nos yeux ébahis, pour peu
qu'il y ait du retard dans la première façon du labourage
de ces vignes, une herbe drue couvrant et obstruant tellement le sol que la charrue peut à peine y percer son
sillon.

Que l'expérience artificielle nous dise encore que le
sulfate de fer ne *serait* point efficace par lui-même, mais

seulement par le dégagement d'acide carbonique résultant de son oxydation au contact du calcaire! Soit toujours ; mais, répond l'expérience naturelle, j'admets très
volontiers cette hypothèse, car c'est précisément là un des
bons effets produits par cet élément.

Que l'expérience artificielle nous dise enfin que le sulfate de fer est certainement efficace dans les terrains
calcaires ou argilo-calcaires, mais qu'il est inutile et
peut-être nuisible dans les terres silico-argileuses, acides!
soit, enfin ; mais il est un principe que l'expérience vraie
a également consacré et que j'ai traduit ainsi dans ma
Brochure : « Sous un climat favorable, dans un sol abondamment riche en éléments minéraux, la vigne n'a pas
à souffrir de cette surabondance, car *le plus* en tel ou tel
élément ne pourrait nuire à l'équilibre des minéraux par
rapport à l'arbuste, puisque celui-ci ne prend que ce dont
il a besoin, sauf peut-être en ce qui concerne l'azote qui
pourrait susciter un affolement dans la végétation. Il
n'y a en effet rupture d'équilibre des éléments que quand
le sol est dépourvu de l'un ou de plusieurs d'entre
eux. »

Sans doute, si l'on vient me dire, par exemple : tel terrain riche en potasse va être fumé avec un engrais réduit en teneur potassique, je répondrai : c'est assez logique. De même, s'il s'agissait d'un sol bien pourvu de
l'élément ferreux, je dirais : Là, l'adjonction de cet élément n'est pas *absolument* indispensable puisque la nature
y a pourvu d'avance et, du moment où cette adjonction
aura été faite *sans nécessité*, il ne faudra pas s'étonner que
l'effet qui en découlera soit peu sensible ou même absolument nul. Mais prétendre que cette addition peut, dans
ce cas de surabondance, affecter la vitalité de la vigne,

c'est émettre un paradoxe ne tenant pas debout devant l'expérience.

En résumé, ceux qui possèdent mon ouvrage sur la vigne et ont suivi mes publications dans les feuilles agricoles, savent que, par suite de vieilles expériences basées sur les données d'Eusèbe Gris, je fais depuis longtemps remarquer que c'est précisément dans les terres calcaires ou argilo calcaires que l'emploi du sulfate de fer est nécessaire, c'est-à-dire là où la vigne indigène est morte foudroyée et où la vigne exotique jaunit de la chlorose *estivale* qui la tue. Or, la nocuité de ce sel étant absolument écartée du débat, il résulte des controverses hypothétiques aussi bien que de la pratique, que ce point est acquis : c'est l'essentiel.

J'ai cependant encore à mentionner un cas de nullité d'effet dans l'emploi du sulfate de fer, qui s'est peut-être reproduit plus souvent qu'on ne pense et a pu ainsi servir de base à mainte dénonce d'inefficacité de ce sel : Je veux parler des livraisons par le commerce d'un produit frelaté. Dans un prochain article, je traiterai ce sujet d'actualité et indiquerai un moyen, à la portée de tout le monde, de reconnaître le degré de pureté du sulfate de fer.

Ceci m'amène à dire ici un mot qui ne sera peut-être pas superflu. Certains lecteurs pourraient voir dans mes articles une réclame en faveur d'un mercantilisme personnel. Or, peut-être est-ce un tort, mais je ne vends pas plus le sulfate de fer que toute autre matière, ni ne suis commissionné par personne. Tout au plus si j'indique parfois et sur demande de sérieuses maisons de vente, mais tous les fournisseurs de France et de Navarre me sont égaux, pourvu qu'ils livrent de la bonne marchandise.

III

De la mauvaise application du sulfate de fer.

Dans le précédent article paru dans ce journal, il a été question du cas de nullité d'effet du sulfate de fer sur la vigne, quand le commerce a livré ce produit en état de frelatage ou d'inertie.

Le sulfate de fer destiné à la vigne peut avoir deux défauts : il peut être plus ou moins insoluble ou plus ou moins impur, et même l'un et l'autre à la fois. Dans ces conditions, il est évident que son effet sur la vigne sera plus ou moins nul, suivant le degré d'insolubilité ou d'impureté dont il peut être atteint.

La chlorose des vignes américaines et les fumures complètes que l'on administre enfin aux vignes françaises ont si bien vulgarisé l'emploi de ce sel qu'il est devenu indispensable que chacun puisse facilement s'assurer de la valeur agricole de cet élément minéral.

Or, on en conviendra, les procédés d'analyse chimique ne sont point à la portée de tout le monde et ne répondent conséquemment pas au besoin général de contrôle de l'époque. Sans doute, les acquéreurs de grosses parties de sulfate de fer peuvent et doivent avoir recours à ces moyens scientifiques, mais la masse des petits acheteurs ne peut guère se tourner de ce côté ! Et pourtant, c'est une quantité qui n'est point négligeable, et que, au point de vue des intérêts particuliers dont l'ensemble constitue l'intérêt général, il convient de satisfaire.

Voici donc un moyen très simple de contrôler la valeur agricole du sulfate de fer. Prendre un petit flacon cylindrique en verre blanc, à fond plat, de cinq centimètres environ de diamètre et de quinze au moins de hauteur.

Après l'avoir bien nettoyé, y coller dans le sens de la hauteur des parois extérieures une étroite bande de papier graduée en centimètres, au moyen de petits traits horizontaux marqués de chiffres de un à dix.

On introduit alors dans le flacon, et jusqu'à la hauteur de dix centimètres, des cristaux du sulfate de fer à éprouver, en les écrasant juste assez pour qu'ils puissent passer par le goulot du flacon.

On y verse aussitôt, jusqu'à la hauteur de quinze centimètres, de l'eau de rivière chauffée à trente degrés environ, c'est-à-dire tiède.

On laisse ensuite, pendant vingt-quatre heures, le flacon débouché dans un appartement dont la température n'est pas inférieure à trente degrés ; une cuisine, par exemple, ou toute autre pièce constamment tenue à cette température, en ayant le soin d'agiter d'heure en heure le contenu du flacon qu'on laisse après cela une nuit ou un jour, c'est-à-dire dix heures en repos.

On agite alors de nouveau vivement le flacon et, *pas plus tard* qu'une demi-heure après, l'opération est terminée. Dès lors, la partie soluble du sulfate de fer sera en suspension dans le liquide vert, tandis que la partie insoluble se montrera précipitée au fond du flacon, parmi les matières étrangères que pouvait contenir l'élément mis en épreuve.

Il n'y aura alors qu'à regarder à combien de centimètres de hauteur arrive le précipité insoluble ou étranger, et chaque centimètre représentera un dixième de

17

non-valeur. Sans doute, ce ne sera là qu'une approxi-
mation, mais elle se rapprochera tellement de l'exactitude qu'elle sera absolument suffisante pour éclairer
le viticulteur sur la valeur de son acquisition.

Et, appuyé sur des faits positifs, je conclus en affir-
mant encore que, dans les conditions d'emploi résumées
dans les deux précédents articles, mais complètement
développées dans la 3ᵐᵉ édition de mon ouvrage, le
sulfate de fer produit d'excellents effets sur la vigne
indigène, et vient à bout de la chlorose *estivale* qui tue
la vigne américaine dans les terres calcaires.

Décembre 1889.

IV

Une preuve entre autres de l'efficacité du sulfate de fer dans les engrais.

M. le marquis de Pâris, agriculteur au château de la
Brosse, par Montereau (Seine-et-Marne), et président de
la Société d'horticulture de ce département, a adressé, au
Journal d'agriculture pratique, une lettre publiée dans le
numéro du 25 octobre 1888 dudit journal et de laquelle
j'extrais ce qui suit :

« ... Depuis deux ans, j'ai fait la culture maraîchère
et j'ai traité mes arbres fruitiers par les engrais chimiques.

« Pour la culture maraîchère, j'ai obtenu des résultats
qui m'ont étonné : les légumes poussent bien plus vite,
sont beaucoup plus tendres, plus savoureux et plus
beaux ; il en est de même pour les fruits. Les treilles qui
ont été traitées par les engrais chimiques et le sulfate de

fer sont splendides ; elles ne sont pas attaquées par le phylloxéra qui a envahi pourtant toutes les vignes de la commune [1].

« Le sulfate de fer que j'ai employé partout m'a donné de très bons résultats et je ne comprends pas qu'on ne le fasse pas entrer dans les compositions d'engrais chimiques [2]. »

Du même.

Extrait d'une lettre particulière de septembre 1889.

« M. PAUL SERRES.

« ... *J'ai employé le traitement que vous conseillez dans votre livre, contre le phylloxéra, et je m'en trouve très bien ; ma vigne reprend ; il n'y a plus d'insectes... »*

Ces attestations, émanant d'une haute personnalité investie d'une distinction honorifique agricole, me semblent de nature à convaincre les préjugés les plus invétérés contre l'emploi du sulfate de fer. Je pourrais d'ailleurs multiplier ces attestations, si je faisais le commerce de cet élément et que je voulusse en tirer profit.

V

Histoire du sulfate de fer.

Le sel ferreux, trop longtemps négligé en agriculture, a pris enfin sa place au soleil de l'exercice agricole des

1. La conclusion que l'on peut voir aux pages 234 et 238, et que je répète annuellement depuis longtemps, est-elle donc fondée ?
2. Pardon, M. le marquis, mais depuis longtemps je fais entrer à forte dose le sulfate de fer dans la formule que je recommande pour la vigne, et vous croirez évidemment sans peine que, partout où elle a été appliquée régulièrement, on a précisément obtenu les bons résultats que vous signalez.

restitutions au sol. Mais cette prise de possession ne s'est pas effectuée sans peine et l'on peut dire que cet élément minéral a conquis son siège en dépit même de ses plus redoutables adversaires.

Longtemps avant que la nécessité des minéraux pour le développement des plantes fût soupçonnée, le fer avait déjà été signalé comme produisant un effet favorable sur la végétation. En effet, dès 1789, Austin découvrait qu'en s'oxydant le fer donnait naissance à de l'ammoniaque et, plus tard, Boussingault étendait cette observation à l'oxyde de fer, le composé ferreux le plus répandu dans la nature.

Mais le véritable promoteur de l'influence du fer sur la végétation fut Eusèbe Gris, professeur de chimie à Châtillon-sur-Seine, qui, s'inspirant des théories d'Austin, fit, en 1840, des applications de composés ferrugineux sur des plantes d'ornement. Ces essais aboutirent au succès, puisque leur auteur consigna dans les procès-verbaux du Comité agricole de Châtillon les conclusions suivantes : « Le sulfate de fer a produit sur diverses plantes d'ornement les effets suivants : il a 1° considérablement augmenté leur développement général et enrichi le coloris de leurs fleurs ; 2° supprimé la chlorose ; 3° détruit un certain nombre de leurs parasites. »

Voici quelques faits d'expérimentation signalés par Eusèbe Gris et se rapportant à la conclusion qui précède.

I

ACCROISSEMENT DU DÉVELOPPEMENT DES PLANTES TRAITÉES PAR L'ÉLÉMENT FERREUX

Une *Galcéolaire* était arrivée, après deux ans de traitement, à un développement tel que l'ingénieur en chef du

département dit n'en avoir jamais vu de plus magnifique.
Des *Pélargoniums* témoignèrent également d'une vigueur
surprenante résultant du même traitement. Un *Hortensia*
développa des feuilles de 22 centimètres de long sur 12 de
large. Des *Lauriers-rose*, des *Camélias*, des *Mimosas* et des
Orangers, soumis au même traitement, développèrent une
végétation jusqu'alors inconnue. Et des *Pensées* donnèrent
des fleurs aux couleurs bien plus vives que celle des voisines non traitées ; même remarque sur une *Commeline tu-
béreuse* dont l'azur fut plus vif, etc., etc.

II

SUPPRESSION DE LA CHLOROSE

L'idée de guérir cette maladie par l'emploi des sels de
fer fut la cause déterminante des travaux d'E. Gris. Il
avait assimilé la chlorose des plantes à celle des hommes
et conclu de l'efficacité du fer contre la première à son
bon effet produit sur la seconde. De nos jours, des sceptiques gouailleurs, bons à tout démolir mais à rien édifier *de durable*, en viticulture s'entend, s'amusent à tourner en dérision la conclusion d'Eusèbe Gris et ils ne voient
point, les malheureux, que leur école néfaste a conduit
la viticulture jusqu'aux bords des abîmes !

Les essais d'E. Gris sur la guérison de la chlorose por-
tèrent sur un grand nombre de plantes, entre autres celles-
ci : *Fabiana imbricata, Cineraria King*, — cette dernière
expirante reprit par l'effet du traitement, — *Heliotropum
peruvianum, Zychnis grandiflora, Asclepias fructicosa, Chry-
santhemum indicum, Matricaria parthenoïdes*, etc., etc. Des
Orchidées, des *Orangers* en serre ; une *Calcéolaire* tellement
faible qu'on avait perdu tout espoir de la sauver fut, au

bout d'un mois, remise sur pied. Des *Poligolas grandiflora*, des *Henmieris linearis*, etc., etc. Tous, au bout de quinze jours à un mois, reverdirent et reprirent leur vigueur.

III

DESTRUCTION DES PARASITES PAR L'ACTION DU FER

Au cours de ses expériences, E. Gris observa l'action des sels de fer sur la destruction des parasites. Une *Cineraire* très malade qu'il traita était couverte de pucerons. Elle en fut débarrassée en même temps qu'elle revint à la santé. Un *Mimosa paradoxa* était recouvert de granulations blanchâtres cryptogamiques; traité pendant l'hiver, il faisait, l'année suivante, l'ornement de la serre où il se trouvait. (Extrait du procès-verbal du Comité d'agriculture de Châtillon, séance du 2 juillet 1843.)

Ces faits que signalait E. Gris devaient passer, en 1842, pour tout à fait extraordinaires. Qui donc pensait, à cette époque, que des produits chimiques, des drogues, comme on disait alors, pourraient jamais servir à l'alimentation des plantes! On ne connaissait que le fumier de ferme et son humus; l'humus était dieu et tous ceux qui portaient alors un nom célèbre en agriculture étaient ses prophètes : De Saussure, Thaër, Mathieu de Dombasle, etc. Liébig venait à peine de publier ses travaux sur l'utilité des substances minérales sur la végétation.

Pour avancer la propagation et amener l'application de sa méthode, il eût fallu qu'Eusèbe Gris continuât ses premiers travaux et, en multipliant encore ses essais, fît autour de son œuvre assez de bruit pour stimuler les indifférents et conquérir les opposants toujours nombreux contre toute nouveauté, surtout contre toute nouveauté agricole.

Au lieu de donner à son œuvre l'impulsion énergique qui lui était nécessaire, l'auteur laissa lui-même le silence se faire autour d'elle, il le réclama même pour lui : « Je m'arrête ici, dit-il. J'ai dit toute la vérité, rien que la vérité ; j'ai tâché de répondre aux objections qui m'ont été présentées, j'ai prévenu en quelque sorte celles qui pourraient être faites dans la suite ; j'espère que ma tâche s'avance, il y a trop longtemps que je suis sur la brèche pour soutenir des faits désormais incontestables ; il me tarde d'en descendre, il me tarde de rentrer dans le silence et l'obscurité, premier besoin de ceux que des douleurs de toute nature ont brisés avant le temps ! »

Elles en disent long, ces quelques lignes constituant un douloureux poème et parties du cœur brisé d'E. Gris. Elles sont un stigmate indélébile de la génération humaine de son temps ! O mânes de l'initiateur des sels ferreux en agriculture, reposez en paix, car c'est un vice affreusement laid, mais inhérent à la nature humaine que l'ingratitude des foules envers les hommes de leur génération qui se dévouent pour elles !

Quoi qu'il en soit, les belles démonstrations d'E. Gris retournèrent à leur point de départ et, si l'on peut s'exprimer ainsi, rentrèrent dans le domaine de la théorie. Sans doute, de temps à autre, le fer fut mentionné par divers auteurs, mais son application culturale ne faisait pas un pas.

Ainsi, dans les *Annales de physique et de chimie*, année 1851, le prince de Salm-Hortsmar dit : « La plante privée de fer ne produit ni tige ni fleurs et seulement des feuilles presque blanches. »

Dans ses cinquante aphorismes, publiés en 1855, Liébig dit : « Toutes les plantes sans exception ont besoin pour leur développement d'acide phosphorique, d'acide sulfu- rique et d'alcali, de chaux et de fer. (Aphorisme 20.)

En 1860, le docteur Sachs conclut à son tour : « Le fer est indispensable au développement de la plante, etc. »

En 1863, Stohman reconnaît également la nécessité du fer dans la végétation.

Enfin, Boussingault dans les *Comptes rendus de l'Acadé- mie des sciences*, 1872, s'exprime ainsi : « Le fer paraît tout aussi indispensable à la vie végétale qu'à la vie ani- male. »

Ce ne fut qu'à l'époque d'anémie générale des végétaux, et de la vigne en particulier, que, au nord comme au midi de la France, il se trouva des expérimentateurs qui, sans se connaître, reprirent l'idée d'Eusèbe Gris.

Cette ère d'anémie végétale s'ouvrit vers 1860 et alla s'accentuant à mesure que la production fructifère des ver- gers et celle des vignobles étaient surchauffées sans res- titutions suffisantes et *rationnelles* au sol.

Et il se trouva, au Nord, des hommes tels que M. Chavée- Leroy, intrépide champion et propagateur infatigable des idées d'E. Gris, mises par lui en pratique dans ses pro- priétés de l'Aisne. Et il se trouva, en même temps dans le Midi, votre humble serviteur pour tenter, avec succès également, des expériences analogues sur la vigne fran- çaise anémiée et sur la vigne américaine chlorosée.

Or, comment se fait-il que l'idée de ces expériences ait surgi simultanément au Nord et au Midi, et peut-être aussi ailleurs ? Comment se fait-il que des agronomes-publicistes tels que messieurs Marguerite de la Charlony, de Paris, et Fischer, de l'Aisne, aient élevé leurs voix en même temps, toujours sans s'être concertés, au bénéfice de la même idée et de sa propagation pour le bien public?

C'est que la découverte d'Eusèbe Gris était une de celles qui soulèvent tôt ou tard le voile de l'oubli que la bêtise des générations s'applique à jeter dessus! et pourquoi? Nous le dirons un jour. Quoi qu'il en soit, l'utilité du fer dans la végétation, et surtout pour la vigne, est devenue aujourd'hui incontestable. Les propagateurs de cet élément sont parvenus, en dépit des détracteurs, à le faire pénétrer dans l'application courante. C'est l'essentiel; désormais on ne parviendra pas à le détrôner.

Février 1890.

S. P.

VI

L'affection phylloxérique des vignes américaines.

A la section de viticulture de la Société des agriculteurs de France.

Le 10 mai 1889.

MESSIEURS,

La communication que j'ai l'honneur de vous faire cette année, à l'occasion de votre session annuelle, consiste simplement à vous signaler la production de faits que, malheureusement, je n'avais que trop bien prévus!

Dans une étude sur les vignes américaines, — publiée dans un journal de Carcassonne, en janvier 1883 [1], et reproduite dans la deuxième édition de ma brochure [2],

---

1. Voir *le Salut*, de Carcassonne, numéro du 16 janvier 1883.
2. *Voir* ci-devant, dans cette 3ᵐᵉ édition, la reproduction de cette étude.

édition de 1885, que j'eus l'honneur de vous dédier, — je
dis : « Mais appuyé sur les faits déjà acquis et sur les lois
naturelles qui régissent les végétaux, j'ai voulu seulement faire remarquer qu'il n'y a encore là qu'un problème
à résoudre et de la solution duquel nul n'est encore sûr ;
que, par conséquent, la plus vulgaire prudence exige de
s'en tenir aux expériences et non de se lancer tête basse
dans la voie des plantations à outrance, au risque de butter
contre une déception formidable qui pourrait se trouver
en travers au moment où l'on y songera le moins.

« ... Plantez donc, à titre d'expérience, des plants américains dans ces terres dont l'épuisement a provoqué
(quoi que l'on dise) l'altération des principes vitaux de
nos cépages, qui, par suite de la désorganisation de leurs
tissus moléculaires, ont eu à subir, comme conséquence
conforme aux lois naturelles, une invasion parasitaire
dont la reproduction à l'infini n'a été que l'*effet* naturel
et non la *cause* accidentelle de cette maladie *constitutionnelle*, épidémique, contagieuse, en quelque sorte, qui supprime la vigne. Plantez donc dans ces terrains des vignes
américaines, *faites-leur produire du fruit*, et vous verrez
après.... »

Dans une de mes publications ultérieures, en décembre
1889, j'ai dit encore [1] : « N'avais-je donc pas raison
quand, il y a déjà longtemps, je m'écriais... Que de chutes lamentables on eût évité aux vignes françaises si
elles avaient été l'objet de soins particuliers, et surtout
de *fumures rationnelles !* Quelle chute désastreuse je prédis à la vigne américaine si on lui fait subir les mêmes
errements ! Tremblez, vignerons ; dans votre enthousiasme

---

1. *Voir*, précédemment, la conclusion de l'étude sur la chlorose.

vous ne voyez pas assez que la belle venue des nouvelles vignes tient presque uniquement *à la façon exceptionnelle* de leur plantation. Quand leur système radiculaire aura envahi toute la terre soulevée, gare à la débâcle, si vous avez oublié ou *dédaigné* les soins et les fumures qui leur sont absolument nécessaires !... »

L'indication de ces soins et la composition de ces fumures ont fait constamment l'objet de mes publications, sans que cependant ces soins et ces fumures soient entrés dans l'application générale ! A quoi cela tient-il, Messieurs? Eh, mon Dieu, exclusivement à la confiance illimitée que l'on avait mise dans les plantations exotiques.

Eh bien ! Messieurs, en tant qu'échappatoire à ces conditions culturales indispensables, la vigne américaine a été la plus colossale fumisterie de ce siècle dit de lumière, mais qui, sous ce rapport, sera la risée des siècles à venir. Oui, Messieurs, je l'ai dit en toute occasion et le maintiens de plus fort : *la vigne, de quelque nom plus ou moins bizarre qu'on l'affuble, exige, sous peine de mort, une culture rationnelle.*

Et cela est si vrai, Messieurs, que la vigne exotique, tout américaine qu'elle est, mise à fruit par le greffage, est gravement atteinte, du moins dans nos contrées, non point seulement des mille et une maladies inhérentes à la vigne américaine, mais bel et bien de l'affection improprement appelée maladie phylloxérique ! Et si l'on en voit quelqu'une de passable, c'est qu'elle est encore trop jeune pour succomber dans un sol profondément fouillé, ou bien que le sol qui la porte est *naturellement* bien composé, ou enfin qu'elle a été l'objet de soins rationnels. Il n'y a pas de quatrième raison.

Et cela est si vrai, Messieurs, que je pourrais par contre

vous montrer, dans ma commune, quelques parcelles de vignes françaises bien soignées et bien portantes. Or, entre ces vignes sont intercalées d'autres parcelles de terres *absolument analogues* (l'analyse en fait foi) où, faute de soins, la vigne indigène a succombé depuis longtemps et a été remplacée par la vigne exotique qui commence à s'affaisser à son tour ! N'est-ce pas concluant ?

Messieurs, au cours de votre séance du 8 mars 1886, dans son compte-rendu de l'examen de la deuxième édition de ma brochure dédiée à votre éminente Société, votre honorable rapporteur concluait ainsi son appréciation : *On est obligé de reconnaître que cet ouvrage renferme d'importantes observations sur la culture et la taille de la vigne.* Cette appréciation émanant d'une si haute compétence, il n'est point étonnant que les faits l'aient consacrée.

Aussi puis-je conclure aujourd'hui ma communication par ces simples mots : *La vigne, indigène ou exotique, peut vivre et prospérer dans tous les terrains cultivables, mais à la condition expresse qu'elle sera l'objet d'une culture rationnelle et de fumures vraiment appropriées à ses besoins.* Partant, l'avenir viticole appartient aux intelligents.

S. P.

VII

Sur une résolution du congrès international d'agriculture [1].

Parmi les vœux proposés et votés au récent congrès international d'agriculture, il en est un qui demande « qu'un prix de 100.000 francs soit attribué à l'auteur d'un

---

1. Publié dans le numéro du 19 septembre 1889, de la *Chronique vinicole universelle,* de Bordeaux.

cépage hybride franco-américain, *résistant au phylloxéra, donnant des produits de bonne qualité et prospérant dans les sols marneux* ».

L'appât est certes bien alléchant, mais les trois conditions auxquelles on l'a attaché sont libellées de telle sorte que ce n'est autre chose qu'un merle blanc qu'on demande. Nul ne pourra jamais, je dis *jamais*, l'attraper. Il en serait peut-être autrement si l'on eût ajouté au vœu ce simple paragraphe : « *Le tout, soit par lui-même* (le cépage), *soit du fait des soins du vigneron.* »

Une vérité qu'on oublie toujours, en effet, mais qu'on sera forcé d'admettre un jour, c'est que le *cépage ne manque pas aux sols marneux ; ce sont les sols marneux qui manquent au cépage.*

Si, au lieu d'attribuer le pouvoir de résistance d'un cépage au rôle mécanique des molécules du terrain qui le porte et de faire dépendre le chlorose *estivale,* — celle qui rabougrit, déforme et tue la vigne, — des rayons solaires ou des lueurs blafardes de la lune ; si, en un mot, au lieu de se borner à la simple analyse *physique* des terrains, on voulait me suivre dans l'examen de cette question si capitale, on serait vite convaincu que le prix offert est gagné depuis longtemps.

Voici, par exemple, deux pièces de terre attenantes, mais l'une en haut et l'autre en bas de la vallée : celle d'en haut portait jadis une vigne indigène splendide, disparue depuis quelques années sous les coups du phylloxéra. Replantée aussitôt en cépages exotiques, la nouvelle vigne s'y affaisse à son tour, brisée simultanément par la chlorose et l'aphidien. Celle d'en bas portait également une vigne indigène d'une vigueur exubérante, mais, surprise un moment par l'infection du voisinage, cette vigueur diminua et une partie de la vigne fut arrachée et remplacée par des américains. La partie indigène demeurée debout, quoique laissée sans soins spéciaux, a repris depuis et est aujourd'hui d'une vigueur relativement convenable, tandis que la partie reconstituée en américains, grâce à un défoncement inusité et à l'élan vigoureux inhérent aux jeunes plants, offre un aspect saisissant de beauté verdoyante.

Et cependant *la même variété de cépage exotique* a servi à la replantation de ces deux parcelles de terre !

Ce qu'on appelle *bonne adaptation* n'est donc autre chose que la réussite des premières années d'un cépage exotique quelconque dans un terrain où, *précisément*, la vigne indigène résiste d'elle-même ; comme le *défaut d'adaptation* n'est que l'échec de ce même cépage dans un sol où, *précisément* encore, la vigne française est morte foudroyée.

Or, il en sera toujours ainsi, malgré tous les cépages connus et à connaître à la poursuite desquels on s'acharne comme après un mirage, en semant chemin faisant à pleines mains les dernières ressources de la viticulture !

Que l'on prenne maintenant de la terre des deux parcelles précitées, qu'on en fasse des analyses *chimiques* comparatives et l'on verra que celle où la vigne, — indigène ou exotique, — tient bon d'elle-même, présente des éléments minéraux dont l'autre parcelle est dépourvue.

L'épreuve est à la portée de tout le monde et l'on peut y puiser un lumineux et précieux enseignement.

Voilà où gît la vraie solution ; voilà où, après avoir usé et abusé de mille expédients ruineux, on la cherchera enfin un jour, et voilà sur quelles bases j'ai appuyé les doctrines viticoles de mon ouvrage sur la vigne, doctrines dont l'application m'a permis d'écrire comme conclusion à ma récente communication à la Société des agriculteurs de France, ces paroles qui valent, je suppose, les mirifiques espérances en les cépages incréés :

«.... Les doctrines viticoles publiées dans mon ouvrage sur la vigne dont la dépense d'application n'excède pas celle d'une culture ordinaire ont pleinement atteint le but auquel mes efforts ont constamment tendu.

« A ceux que le doute étreindrait parce qu'ils voient dépérir leurs vignes, indigènes ou exotiques, malgré des soins multipliés qu'on leur avait dit devoir être efficaces ; à ceux qui ont encore des vignobles passables, mais pour lesquels ils craignent le sort désastreux des vignobles voisins ; en un mot, aux sceptiques aussi bien qu'aux désespérés, je dis : Venez, Messieurs, venez à Talairan, où l'on arrive par la gare de Lézignan (Aude), et, en plus de quelques franco-américaines, vous verrez des vignes françaises qui narguent les lamentations générales du jour, alors que dans le restant de la commune, mais plus particulièrement *dans les terres analogues du voisinage le plus immédiat*, la vigne a péri dès 1882.

« Et cette résistance, et cette beauté des spécimens que j'ai l'honneur de vous offrir se continuent depuis cette lointaine date, tout à côté d'autres franco-américaines accablées à leur tour, parce qu'elles ont été également victimes des malheureux errements du passé. »

A PROPOS DES NOUVLELES PLANTATIONS

I

Une excursion en Algérie.

Un viticulteur des bords du Rhône, se préparant à fonder un vignoble en Algérie, m'expose la situation de quelques jeunes vignes de ce pays et me demande un avis à ce sujet. Or, comme un grand nombre de viticulteurs de la Métropole ont fait ou feront la même opération dans notre intéressante colonie africaine, je crois devoir reproduire ici cette étude qui peut d'ailleurs trouver en France même des cas ou des milieux d'application, par ce temps d'effervescence viticole.

« J'ai vu, m'écrit mon correspondant lyonnais, des vignes de quatre à sept ans, excessivement vigoureuses, situées à des altitudes variant depuis les bords de la mer jusqu'à 200 et 600 mètres, comptant jusqu'à sept mille souches à l'hectare et donnant une production fructifère bien médiocre, peu en rapport avec l'exubérante végétation qu'elles émettent.

« Ne faut-il pas voir là l'effet d'une taille mal ordonnée ? J'ai vu, en effet, nombre de ces souches si vigoureuses portant trois coursons seulement, surmontés chacun d'un *cot* unique à trois yeux, y compris le *dormant*. Ces proportions sont généralement peu sensiblement dépassées. Eh bien, cette année qui a été très bonne, j'ai vu pourtant beaucoup de ces vignes portant très peu et souvent pas de grappes.

« J'ai vu de ces terrains vierges où deux labours suffisent pour obtenir des blés magnifiques et où la couche de cette terre généreuse atteint des profondeurs considérables. Quels cépages croyez-vous que l'on devrait y mettre, à quelle profondeur faudrait-il les planter et à quel genre de taille faudrait-il les soumettre pour faire produire leur folle végétation?... »

Voici ma réponse :

Il n'est certes pas facile de résoudre un problème de ce genre, sans avoir apprécié *de visu* les diverses conditions qu'exige la vigne et que peut réunir notre belle colonie algérienne. Je vais, néanmoins, essayer de déduire des termes connus, c'est-à-dire des principes généraux qui régissent la vigne, le terme inconnu, c'est-à-dire la cause du défaut d'équilibre existant entre la végétation et la fructification des jeunes vignes algériennes.

En principe, l'excès de végétation de la vigne se produit toujours au détriment de son action fructifère, mais ce phénomène peut provenir de causes différentes. D'abord le défaut d'équilibre dans l'évolution générale de l'arbuste peut avoir pour cause le défaut d'équilibre du sol même dans lequel ce dernier est adapté. Puis des circonstances atmosphériques accidentelles, que tous les pays du monde subissent parfois, peuvent également susciter cette cause, mais plus ou moins fréquemment, suivant les lieux. Et, enfin, des conditions climatériques locales, inhérentes à chaque région en particulier, peuvent déterminer la permanence même de ce manque d'équilibre de la vigne.

Il s'agit donc d'examiner cette question sous chacun de ces trois points de vue différents et de rechercher les meilleurs moyens d'atténuer ou d'éviter, suivant le cas, les décevantes conséquences qui en résultent.

PREMIER CAS

L'équilibre d'un sol n'existe pas, par rapport au végétal qui y est cultivé, quand l'élément minéral qui domine dans ce sol n'est pas la *dominante* de ce végétal. Ainsi, chacun sait que l'azote, loin d'être la dominante de la vigne, est, au contraire, un élément très secondaire pour elle et qui peut même lui devenir nuisible s'il se trouve en excès dans le sol où elle est plantée. En effet, comme je l'ai déjà dit ailleurs [1], « s'agit-il d'une vigne végétant dans un sol d'alluvion, humide, à base limoneuse et richement constitué? Là, l'azote se trouve en excès et, partant, nuisible à notre sujet, *sur lequel il suscite une exubérance de végétation au détriment du fruit.* »

Or, rien d'étonnant à ce que ce soit là le cas de certaines vignes d'Algérie qui, pour la plupart, doivent être sans doute implantées dans des sols vierges ou, en tout cas, bien peu affaiblis en azote par la culture antérieure et encore toute jeune que l'on a pu y faire en graminées quelconques.

Dans ce cas, il conviendrait de ne jamais fumer ces vignes, jusqu'à la production de leur équilibre, qu'avec des engrais totalement dépourvus d'azote. Ensuite et surtout, il est urgent de proportionner leur taille à la force de leur végétation. Ainsi, tout en ne laissant que les

1. *Voir* la page 32 et les suivantes de cet ouvrage.

trois yeux aux *cots*, — une taille plus longue serait contraire au cas qui nous occupe, — il faudrait multiplier ces derniers jusqu'à concurrence de la vigueur et de l'âge de la souche: quatre, cinq, six, sept et même huit coursons *à un cot seulement*, suivant les cas, devraient rentrer dans sa formation.

Quand la souche sera ainsi formée, c'est-à-dire à partir de la deuxième année d'application de ce genre de taille, il faudra soigneusement éviter de laisser des doublets c'est-à-dire deux *cots* sur le même courson, hors les cas où la régularité de la souche l'exigera, car il est dans leur nature de provoquer une déviation de sève dont souffre une partie quelconque de la souche. Nul doute que, dans le cas dont il s'agit, cette taille et l'observation sur les fumures énoncées ci-dessus, pratiquées quelques années de suite, n'amènent graduellement l'équilibre, en domptant la fougue végétale de ces vignes au profit de leur fructification. Mais, dès lors, il pourra y avoir lieu de supprimer quelques coursons, car si la végétation est, à elle seule, impuissante à dompter ces vignes affolées, leur action fructifère s'en chargera facilement et, une fois affaiblies, c'est-à-dire mises en équilibre, il y aurait danger de continuer à les soumettre à cette taille exorbitante.

DEUXIÈME CAS

Dans tout pays vignoble, on voit, tous les ans, au printemps, poindre sur les bourgeons épanouis des vieux cépages fructifères, de nombreuses grappes qui se développent jusqu'à l'époque de la floraison. Mais si, alors, le vigneron reste quelque temps à visiter sa vigne, il est parfois surpris de n'y plus retrouver les plantureuses grappes qui faisaient sa joie un mois auparavant : elles ont disparu, surprises en pleine floraison par les rosées matinales qui ont causé leur décomposition et leur chute en poussière au pied de la souche. *C'est la coulure.* Il s'ensuit que plus un terrain est exposé aux rosées matinales, plus la vigne qui y est cultivée est sujette à la coulure. Cependant, tous les cépages n'offrent pas le même degré de faiblesse à cette étreinte atmosphérique. Ainsi, par exemple, dans ma région, la grenache, cépage d'une végétation arborescente et de premier ordre en fructification sur les coteaux, ne donne guère, dans les terrains bas et humides, que deux récoltes sur dix, par l'effet de la coulure ; tandis qu'à côté l'aramon, le terret, le carignan surtout, réussissent leur floraison neuf fois sur dix.

J'ignore si la jeune viticulture algérienne a de vieux cépages indigènes dont elle ait étudié l'adaptation sous ce rapport, mais, en tous cas, elle doit certainement avoir les cépages dont je viens de parler. Je ne saurais donc trop l'engager à bénéficier des leçons d'adaptation de la vieille viticulture de la Métropole.

L'aramon donne un petit vin en quantité, mais il demande des terrains riches, profonds et siliceux. — Le carignan donne également la quantité, un peu moindre peut-être que le précédent, mais il produit un vin rouge coloré et alcoolique. Quoique aimant aussi les bons terrains, il est néanmoins plus accommodant que l'aramon. — Le terret, excellent raisin de table, donne une bonne quantité d'un vin généreux, pétillant et peu coloré; mais, excellent pour la table, ce cépage s'accommode de tous les terrains et fructifie même dans le creux des rochers. —

Enfin, le grenache, dans les terrains forts, argileux et non exposés aux humidités printanières, donne un vin rouge foncé, très alcoolique en quantité suffisante.

Si j'avais à créer moi-même un vignoble sous le climat généreux de l'Algérie, je tiendrais sans doute compte des données qui pourraient êtres acquises sur tel ou tel cépage indigène, mais les quatre cépages dénommés ci-dessus formeraient l'ensemble de ma plantation. Si je plantais en boutures, je les choisirais parmi le bois à fruit des souches ; je ne ferais de chaque cep ou sarment, pour si long qu'il fût, qu'une seule bouture prise dans le fragment de la base et je les planterais à trente ou quarante centimètres au plus de profondeur, de façon que le plant ait quatre ou cinq de ses yeux de la base dans le sol, et les deux du faîte au-dessus. Cette profondeur est plus que suffisante, car la première émission de racines de la bouture ne se fait facilement que dans la couche du sol la plus en contact avec l'atmosphère. Du reste, les racines savent plus tard elles-mêmes trouver les couches qui leur plaisent dans les profondeurs du sol.

Si je plantais en racinés, je choisirais les sarments avec les mêmes soins et les mêmes précautions que pour les boutures; je les mettrais en pépinière que je soignerais et arroserais au besoin, surtout en été, et, au moment propice, je transplanterais les racinés en plein champ dans des fossés ayant la même profondeur précitée, et recouverts soigneusement, de façon que la terre qui était à la surface du sol soit tassée sur les racines mêmes du jeune plant.

Mais je ne mettrais pas *sept mille souches à l'hectare,* tout au plus si j'en mettrais *quatre mille,* car non seulement les plantations étroites ne présentent aucun avantage, mais encore elles suscitent une foule d'inconvénients qu'il serait trop long d'énumérer ici, mais que mes lecteurs trouveront à la page 204 et aux suivantes de cet ouvrage.

Et, en plaçant chaque cépage à la place naturelle que sa constitution lui assigne, selon la classification que j'en ai donnée ci-dessus; en le soumettant, au besoin, au régime transitoire que j'ai indiqué pour en dompter l'affolement et amener l'équilibre, je crois bien que le climat favorable d'Algérie me permettrait de récolter sur la vigne autre chose que du bois.

TROISIÈME CAS

Quant aux conditions climatériques locales, inhérentes à telle ou telle région et pouvant déterminer la permanence du défaut d'équilibre de la vigne, elles se rapportent aux lieux qui, par leur degré excessif d'altitude, sont absolument impropres à la culture de la vigne. Or, il est à remarquer que, même en ces endroits, la vigne émet cependant une belle végétation, tandis que sa fructification est nulle ou à peu près.

Le degré maximum d'altitude n'est certes pas rigoureusement délimité. D'ailleurs, à la même altitude, l'action fructifère de la vigne varie suivant l'exposition et la nature de son terrain. Ainsi, dans un sol calcaire, elle fructifie mieux que dans un terrain schisteux, conséquemment plus froid; et ces deux natures de terrain produisent plus ou moins, suivant qu'ils sont exposés au Midi ou au Nord.

Évidemment, là, il ne s'agit d'autre chose que de remédier aux effets de la nature elle-même, et le seul moyen d'y parvenir c'est d'y cultiver autre chose que la vigne, car, si elle n'y fructifie pas, c'est pour des causes que nous ne pouvons atteindre. Or, il convient de ne jamais perdre de vue que ce serait en vain et toujours en pure perte que nous chercherions à violenter la nature.

II

De la meilleure époque pour planter la vigne.

M. le comte de X..., grand propriétaire du sud-est de la France, me disait, dans une lettre de septembre 1886 : «... Je vais planter quelques hectares en cépages fran-çais ; quelle est, à votre avis, la meilleure époque de plan-tation : automne, hiver ou printemps ?... »

Voici la réponse que j'eus l'honneur de lui faire et qui peut en ce moment intéresser ceux de mes lecteurs qui ont à faire cette année de nouvelles plantations.

... Une plantation faite en automne serait parfaite s'il s'agissait de mettre en terre des racinés, en ce sens que, par le tassement hivernal du sol et le concours des gran-des pluies de cette époque, les racines du jeune plant peu-vent ainsi s'adapter à la terre et être prêtes, au réveil du printemps, à émettre leur sève presque aussi bien qu'un plantier que l'on aurait mis en terre au printemps précé-dent. On peut donc dire que l'on gagne ainsi presque un an.

Mais s'il s'agit de boutures, la question change et l'on peut craindre une incomplète maturité de leurs bois, à la perfection de laquelle la nature a formellement consa-cré tout l'automne et la première partie de l'hiver. Il serait donc imprudent d'effectuer en cette saison ce genre de plantation. J'estime donc que, pour la mise en terre des boutures, la meilleure époque est le dernier mois de la léthargie hivernale de la vigne, c'est-à-dire le mois qui précède sa première sécrétion de sève. Dans nos contrées méridionales, cette époque de plantation est vers janvier-février, suivant, bien entendu, l'exposition, l'altitude des lieux, la nature du sol, la précocité des cépages et enfin la rigueur plus ou moins tardive de l'hiver.

Il est préférable de planter les boutures avant la montée de sève, c'est-à-dire avant le printemps, parce que l'on fera ainsi profiter ces jeunes plants du mouvement que la nature va susciter, à la venue du printemps, sur toute la famille végétale ; ce qui leur permettra de se former un petit système radiculaire avant l'arrivée des chaleurs, auxquelles ils résisteront d'autant plus que leur adaptation au sol sera parfaite. De plus, cette émission de racines printanières favorisera la reprise d'août, pour peu que les conditions climatériques et culturales de cette époque soient de nature à maintenir le sol meuble et frais.

C'est ce qui explique pourquoi un plantier mis en terre dans ces conditions développe généralement peu, au printemps, sa végétation aérienne, mais, vers le mois d'août, on lui voit atteindre des proportions bien plus étendues, — phénomène s'expliquant comme nous le disions tout à l'heure : formation d'abord et presque exclusivement d'un 'système radiculaire, sous l'action procréatrice du printemps ; puis, par l'action nutritive que ce système radiculaire formé à propos peut exercer, développement de la végétation aérienne quand la recrudescence de sève d'août se produit.

Tandis que les boutures mises en terre tardivement, c'est-à-dire courant ou fin printemps, comme on l'a vu parfois, seront non seulement dans l'inaptitude de bénéficier de ces avantages, mais encore exposées à de graves inconvénients.

En effet, le premier élan végétatif donné par la nature s'étant alors produit, ces boutures resteront pour ainsi dire stationnaires et n'émettront, en tous cas, que des pousses aériennes relatives et juste en proportion de la fraîcheur du sol où on les aura plantées ; mais leur système radiculaire attendra, pour acquérir un développement normal, la reprise d'août.

Seulement, il est fort à craindre, surtout dans les terrains forts et craignant la sécheresse, que les chaleurs de juillet ne viennent surprendre ces boutures imparfaitement adaptées au sol, les empêcher de bénéficier de la faculté d'une reprise au mois d'août et, quelquefois même, les mortifier totalement.

Il est donc évident que chacun doit prendre ses précautions pour pouvoir pratiquer les plantations en boutures vers l'époque sus-indiquée, s'il veut tirer parti pour elles des faveurs de la nature et leur en éviter les désagréments. Mais si, pour une cause quelconque, on ne pouvait vaquer à cette œuvre que tardivement, mieux vaudrait mettre les boutures en pépinière où les arrosages d'été seraient possibles, et, au moyen des racinés qui en résulteraient, pratiquer la mise en plein champ à l'automne suivant. Ce serait, il est vrai, quelques frais de plus, mais non sans compensation, puisque la porte de l'insuccès serait fermée, le temps perdu rattrapé et la réussite à peu près certaine.

III

A propos des défoncements.

Pour toute plantation à faire fin janvier ou courant février, époque la plus propice pour les boutures, nul terrain ne sera plus meuble, plus frais que celui auquel on aura mis la dernière main en décembre, car, pendant le laps de temps qui reste à s'écouler, il se produit, neuf fois sur dix, quelque forte gelée qui ameublit la surface du sol à tel point que, le moment de la plantation venu, un coup de dos de herse suffit pour l'affiner au degré de perfection que désire l'*enrayeur* et qu'exigent les boutures, au point de vue de la façon de leur mise en terre d'abord et de la facilité de leur reprise ensuite.

Mais cette mise de dernière main à faire, en décembre, suppose déjà exécutée l'opération principale : le défoncement.

Certains seront peut-être tentés de dire que les observations qui précèdent et celles qui vont suivre sont des vérités de La Palisse. Je pourrais répondre à mon tour que j'ai vu nombre de vignerons prétendre savoir tout cela, ne pas l'observer quand même et cependant *ne pas savoir*, plus tard, à quoi attribuer l'insuccès de leurs jeunes plantiers. On peut donc affirmer que, s'il est bon de savoir ces choses, il n'est pas mauvais de les rappeler à propos, ni surtout de les mettre méticuleusement en pratique.

Mais revenons au défoncement. Évidemment, chacun fait ce travail quand il peut, car cette opération est classée parmi les travaux extraordinaires, les grosses répa-

rations ; mais quand elle ne dépend que de la volonté du
vigneron, il est bon de la faire en juin-juillet pour les
terres où l'on doit mettre des racinés en novembre-dé-
cembre, et en septembre-octobre pour les terrains destinés à recevoir des boutures en janvier-février.

Le premier défoncement bénéficie des chaleurs de l'été
et le second des gelées de l'hiver : réactions atmosphériques indispensables à la terre vierge, rebelle et encore
impropre à la production végétale, venue des profondeurs
du sol et que la charrue défonceuse a mise maintenant à
la surface. On peut dire qu'après cette opération le sol
est reconstitué de toutes pièces. Au fond, la terre superficielle, fatiguée par la culture plusieurs fois séculaire
peut-être des céréales, ou épuisée par le passage de la
vigne parfois irrégulièrement cultivée. A la surface, la
terre venue du fond où, compacte dans la plupart des cas
et n'ayant jamais joui des influences salutaires de l'atmosphère, elle était par cela même réfractaire à toute
tentative d'incursion des racines du végétal.

Ces nouvelles et excellentes dispositions du sol acquises, il faut bien se garder de pratiquer, comme certains le font sous prétexte de mieux travailler la terre,
un défoncement de binage, car c'est remettre le terrain
sur ses assises primitives. D'abord, c'est là un luxe de
dépenses dont, par le temps qui court, on peut facilement
se passer, et puis, si je puis m'exprimer ainsi, c'est un
crime de lèse-intérêts, car c'est naïvement se priver du
vrai mérite, du principal sinon de l'unique avantage qui
découle du défoncement profond d'un terrain, surtout s'il
s'agit d'une terre ayant porté, presque sans interruption,
deux ou trois fois la vigne dans l'espace d'un siècle.

Enfin le délai de trois ou quatre mois, dont nous avons

parlé et qui doit s'écouler entre le défoncement et la plantation, est motivé par l'obligation de laisser se tasser le terrain démesurément soulevé par ces labours exceptionnels, et dont l'affaissement inévitable exercerait une pression pénible sur les sujets que l'on y aurait plantés trop prématurément.

Le secret de la bonne réussite des jeunes plantiers réside pour une bonne part dans l'observance des données qui précèdent. Pour le surplus, il faut le rechercher dans le degré d'épuisement ou de virginité du terrain par rapport à la vigne, et enfin dans la *confection et le choix scrupuleux des boutures et racinés.*

CONFECTION ET CHOIX SCRUPULEUX DES BOUTURES ET RACINÉS, venons-nous de dire. Sous ce titre, le chapitre suivant donnera la démonstration *palpable* des causes d'un des plus graves insuccès que l'on ait à déplorer dans les plantations de cépages exotiques : causes que nul n'a découvertes ou du moins publiées, que je sache, jusqu'à ce jour. Et on y verra un tout petit moyen, aussi simple que la mise en équilibre de l'œuf de Colomb, d'éviter ces si funestes causes. J'engage fortement mes lecteurs à remarquer cet article. Il y va de leur intérêt dans leurs nouvelles plantations.

IV

Choix et confection des boutures et racinés.

Autrefois, au bon vieux temps de la vigne, le choix des sarments pour boutures se portait exclusivement sur le bois fructifère et bien conformé. Ensuite, on ne tirait de chaque sarment, si long qu'il fût, qu'une seule bouture, prise à la base du sarment. Enfin, en confectionnant le plant, on se piquait de ne pas toucher aux premiers yeux de sa base parce que, les bourgeons étant là très rapprochés les uns des autres, l'un ou l'autre de ces yeux du fond laissés *intacts* émettait infailliblement sur le *pourtour total* de son nœud des petites racines qui donnaient d'abord la vie et bientôt la vigueur à la bouture. (Bien retenir les mots soulignés que nous retrouverons plus loin.*c*

« Mais, me dira-t-on, si à cette époque, ces excellentes précautions étaient faciles elles sont maintenant devenues impossibles, par suite de la cherté parfois fabuleuse des sarments que l'on nous vend et dont, dans un but purement mercantile, on tire le plus grand nombre possible de boutures, depuis la base jusqu'au sommet. » Sans doute, mais c'est précisément en sacrifiant les principes qui précèdent aux *calculs* commerciaux, que l'on a fatalement ouverte l'une des sept plaies viticoles !

Aussi, qu'est-il arrivé?

D'abord, le bois de la partie supérieure du sarment n'est jamais aoûté, lignifié, mûr enfin comme celui de sa base. De là des échecs plus ou moins accentués, selon le degré même de cette imperfection de maturité. On voit, dès le début même de leur existence, ces jeunes plants, greffés ou non, émettre une végétation malingre, souffreteuse, pâle, rachitique en un mot, et donner naturellement une fructification à l'avenant. La plupart ne vivent pas longtemps et bien rares sont ceux qui, atteignant leur âge de puberté, peuvent acquérir la vigueur que le sol dans lequel ils se trouvent est susceptible de leur donner. Au surplus, même en admettant que le bois de cette origine soit suffisamment mûr, les boutures qui en proviennent se mettent bien plus difficilement à fruit, quand il s'agit d'en faire des producteurs directs.

Ensuite, tout le monde a remarqué que plus on va de l'aste du sarment à son extrémité supérieure et plus les mérithalles s'allongent. Or, étant donné qu'il est tenu généralement bien plus compte de la longueur de bouture à mettre en terre que du nombre de bourgeons pouvant exister sur cette partie enterrée du jeune plant, il arrive souvent que, pour les boutures provenant des extrémités des sarments où, avons-nous dit, les bourgeons sont plus clairsemés, on ne voit que deux bourgeons sur la partie devant être introduite dans le sol.

« Mais, deux bourgeons dans la terre, c'est bien suffisant ! » disent à qui mieux mieux les *confectionneurs-vendeurs* de boutures. Hein ? suffisants ! oui, sans aucun doute, pour vos calculs qui tendent à obtenir du sarment le plus grand nombre possible de boutures vendues à tant le mille, mais insuffisants pour le *vigneron-acheteur* qui, sur la foi de cette prétention intéressée, reçoit des paquets de boutures dont la plupart, comme nous allons le voir, mériteraient plutôt d'être admises dans l'âtre que dans le champ à vigne.

Enfin, tout ouvrier greffeur rencontre fréquemment dans le cours de son travail des cas où, après avoir décapité le porte-greffe, celui-ci présente à l'orifice de la coupure une partie vivace et l'autre mortifiée, arrivant toutes deux jusqu'à l'extrémité souterraine du plant. L'ouvrier n'en continue pas moins l'opération, tout en prenant les bonnes précautions que commandent de pareils cas, mais avec ce voisinage de bois mort que va devenir le pauvre greffon ? Un simple examen du porte-greffe invalide va nous le dire.

Arrachons-le de toutes pièces des profondeurs du sol et nous verrons qu'il n'a émis des racines que d'un seul côté. Savez-vous pourquoi ? En général, les sujets qui se trouvent dans ce cas défectueux proviennent de boutures dont la partie enfouie en terre ne portait que deux yeux, quelquefois, mais rarement, trois et toujours fort espacés les uns des autres; de sorte que, le bourgeon supérieur se rapprochant trop de la surface du sol, les jeunes racines n'ont pu surgir que de celui du fond. Mais, voilà... par inattention ou autre chose, ce bourgeon du fond a eu le malheur de n'avoir pas été laissé *intact,* lors de la confection du plant : le sécateur avait coupé en biseau ce bourgeon capital, du *pourtour total* du nœud duquel devait surgir le système radiculaire nourricier du sujet.

Mais par cette coupure maladroite ou coupable, la nodosité de ce bourgeon faisant défaut d'un côté, les racines n'ont pu y prendre naissance; tandis que de l'autre côté, où le nœud a été laissé *intact* par le sécateur, il en a surgi quelquefois de fort belles. Or, étant donné que la sève ascendante est fournie par les racines, il devient évident que le côté qui en est dépourvu a été privé du principe de vie végétale. La sève faisant défaut, ce côté du jeune plant a souffert, s'est desséché depuis sa base souterraine jusqu'à complète extinction du sujet.

Et que l'on ne vienne pas me parler d'exception, car j'ai vu de mes yeux des plantiers où cette exception se rapproche de la règle. En tout cas, j'ai indiqué le mal et sa cause que chacun peut aisément contrôler. Cela fait, la démonstration du remède est aussi facile que son application est simple. Le tout est si simple, en effet, que votre première impression, amis lecteurs, sera certainement de vous demander comment il a pu se faire que les Écoles officielles d'agriculture, où l'on voit tant d'éminents professeurs qui se sont fait depuis longtemps une spécialité de l'étude des vignes américaines, n'aient pas encore aperçu ce petit grain de sable qui a fait tant de ravages d'autant plus funestes que, la vraie cause en étant ignorée, on entassait, en la *croyant* ailleurs, ruines sur ruines c'est-à-dire des plants blessés mortellement sur des plants morts de la même blessure.

V

Bois propre ou impropre au bouturage ou au greffage.

Par une annonce ayant trait à la mise en vente du bois de taille de ses vignes françaises pour le bouturage ou le greffage, un de mes compatriotes le désignait dans un journal comme éminemment propre à cet effet à cause du parfait aoûtement de ces bois venus sur des vignes bien soignées (suivant mes méthodes), et par suite absolument belles et saines.

Je reçus à ce sujet un grand nombre de lettres qui, malgré leurs différentes formes d'élocution, pouvaient se résumer ainsi : « Pourquoi le bois de taille d'une vigne quelconque, pourvu qu'elle soit belle, ne serait-il pas propre à la plantation directe ou au greffage? »

Ma réponse fut ainsi faite :

Il est un fait certain que chacun doit connaitre, au moins par ouï-dire, c'est que la bouture d'une vigne jeune, si belle soit-elle, n'a jamais valu celle d'une vigne vieille d'égale beauté. Mais il parait que, de nos jours, soit par nécessité découlant de la rareté des vignes vieilles vraiment belles et saines, soit par inadvertance ou par dédain des lois végétales, ce principe n'est plus guère observé. Aussi, convient-il de le dire bien haut : bon nombre d'insuccès de cépages exotiques ou indigènes, ou de greffage

de ceux-ci sur ceux-là ont eu pour cause le trop jeune
âge des pieds-mères qui en avaient fourni les boutures!

Car non seulement par sa constitution physique, ses
tissus imparfaitement lignifiés, mais encore par sa composition chimique, la bouture fournie par une vigne jeune
diffère sensiblement de la bouture prise sur une vigne
vieille. L'analyse découvre en effet dans la première une
quantité d'éléments minéraux constitutifs sensiblement
moins forte que dans la deuxième, laquelle, à cause même
de sa composition plus normale, possède de meilleures
facultés de reprise et de fructification.

Il ne suffit donc pas qu'une vigne soit belle, il faut en
core qu'elle ait atteint un certain âge pour que son bois
soit apte à la reproduction. Et, qu'on ne l'oublie pas, cela
est aussi vrai pour le règne végétal qu'il l'est pour le règne
animal. Je gage que *tout le monde* le comprend pour celui-
ci et que *bien peu* l'ont compris pour celui-là, et pourtant
il y a analogie complète.

L'observance de ce principe évitera aux croyants un
des nombreux mécomptes qu'ont précisément suscités les
illogiques pratiques viticoles malheureusement en usage
de nos jours.

Décembre 1889

VI

A propos du greffage et de ses suites.

C'est au mois de mars qu'arrive le moment où l'on peut
commencer l'exécution de l'importante et infiniment délicate opération du greffage. Oui, infiniment délicate, quoi
que l'on en pense généralement, car, outre l'influence

19

des fluctuations atmosphériques qui caractérisent cette époque de l'année, cette opération peut avoir à subir de funestes effets de son exécution même qui, au simple coup d'œil, peut paraître satisfaisante dans son ensemble tout en étant défectueuse sur certains points.

De plus, il est bien reconnu que le greffage de nos cépages indigènes sur des porte-greffes sauvages, c'est-à-dire vierges, non épuisés et développant leur vigueur végétative dans des terrains exceptionnellement préparés, il est reconnu, dis-je, que le greffage par lui-même pousse ces porte-greffes indomptés, mais fort domptables, à une fructification démesurée et hors de proportion avec la force de leur système radiculaire. A tel point que leurs propriétaires, enthousiasmés d'une pareille production, basent communément sur elle, sans autre réflexion, tout calcul d'avenir, sans songer le moins du monde que cela, n'étant point tout à fait naturel, ne saurait conséquemment durer.

Puisque le mois de mars est encore propice pour l'application des engrais chimiques, ces excellents auxiliaires des viticulteurs prudents, nous allons traiter les questions qui précèdent et adjurer les hésitants, les insouciants et aussi les réfractaires, car il y en a, à penser un peu plus à l'avenir de leurs nouvelles plantations, ce qui ne les empêche pas, puisqu'ils y tiennent tant, d'admirer leur présent. Du reste, je leur démontrerai, ci-après, preuves à l'appui, que cet avenir n'est rien moins qu'assuré si, à l'instar d'Annibal, nos viticulteurs s'endorment dans les délices de leurs succès souvent plus factices que réels et oublient que la vigne américaine elle-même exige, pour pouvoir résister, des soins spéciaux à sa nature et à la production parfois exagérée qu'elle tend à donner.

L'expérience a démontré que l'influence atmosphérique est pour beaucoup dans la réussite ou l'échec de la greffe.

Ainsi, quand la décapitation du porte-greffe est faite par une température glacée, la sève, prête à jaillir au coup du sécateur et que les racines plus à l'abri dans le sous-sol poussent en haut, est brusquement répercutée en bas, l'orifice de la coupure souffre immédiatement du froid et tend, par suite, à se décomposer plus ou moins, suivant le degré d'intensité de l'affection produite par la congélation. Il est superflu d'ajouter qu'adapté dans un tel milieu le greffon sera également affecté de cet inconvénient qu'il est facile de conjurer en n'opérant que les jours où le thermomètre monte à tempéré ou au-dessus.

De plus, en supposant même que l'opération a été faite par une température convenable, si la rigueur atmosphérique vient à se produire peu après, il est fort à craindre que, suivant la loi naturelle du rétrécissement des corps sous l'action du froid, le greffon tende à s'isoler des parois internes du porte-greffe et dont l'adhérence intime et continue peut seule déterminer l'union parfaite. Cette funeste tendance à l'isolement du greffon que le froid peut produire serait bien naturellement conjurée par les chaudes effluves de la sève montante si, par malheur, ce fluide salutaire, indispensable, n'était lui-même refoulé en bas par le fait même de cette basse température.

C'est en prévision de cette grave éventualité que le butage est surtout nécessaire aux greffes faites de bonne heure, c'est-à-dire en mars et même avril, autrement dit tant que le thermomètre peut soudainement descendre aux environs des degrés de congélation. Et la butte sera d'autant plus efficace qu'elle aura été formée avec de la terre bien ressuyée et divisée en molécules aussi minuscules que possible. Car il est évident que plus cette terre est affinée et moins elle offre de cavités par où l'air glacé pourrait pénétrer et arriver jusqu'au sujet greffé pour y produire l'effet funeste dont nous avons parlé.

Certains ont cru ou croient encore que le buttage est tout aussi nécessaire aux greffes faites en mai ou juin, pour les préserver des effets de la chaleur. C'est une erreur, car, sans être inutile, ne serait-ce qu'en vue de mettre le greffon à l'abri des contre-coups, le butage ne comporte pas pour ces dernières greffes des précautions aussi méticuleuses. En effet, si l'opération du greffage a été bien conduite et la ligature bien faite, ces greffes n'ont pas grand'chose à craindre des effets de la chaleur, puisque, par le fait même de ces chaleurs, le greffon, constamment plongé dans un bain de sève ascendante, ne tarde pas à s'identifier au porte-greffe et n'a dès lors à craindre que quelque secousse maladroite en prévision de laquelle le buttage peut rester utile.

Mais le buttage, aussi bien fait qu'il soit, peut encore amener des suites funestes à la greffe : suites très facilement évitables d'ailleurs avec de la vigilance et de la bonne volonté. Je veux parler du tassement excessif de la surface de la butte que peut produire une période de temps sec venant après de fortes pluies. La croûte superficielle se formant ainsi peut parfois atteindre un tel degré de siccité que, ne pouvant la percer, le bourgeon, entravé dans son besoin d'éclosion au soleil, se recoquille, se noye et s'asphyxie parfois complètement sous les flots de sève que le porte-greffe ne continue pas moins d'émettre.

Et quand ce bourgeon, depuis longtemps privé de son développement aérien, est assez heureux pour pouvoir soulever cette croûte compacte ou la percer parce qu'une nouvelle pluie vient de l'ameublir, on voit ce bourgeon sortir de terre avec les teintes jaunes de la souffrance que la température estivale ne parvient souvent pas à guérir dès la première année. A mon avis, on devrait, après chaque pluie susceptible de croûter les buttes, prévenir cette fâcheuse éventualité par de légers grattages superficiels. C'est ennuyeux, onéreux même, surtout pour la grande culture, mais c'est une conséquence inéluctable de la reconstitution viticole par voie de porte-greffes et à laquelle doivent se plier sans hésitation les adeptes du greffage qui tiennent au succès de leur œuvre.

En outre de ces causes d'échec que les perturbations atmosphériques peuvent déterminer, il en est d'autres qui peuvent découler de l'action opératoire même du greffeur. De ces causes d'échec, plus ou moins nombreuses suivant le plus ou moins d'habileté de l'ouvrier, nous allons en retenir et examiner une seule, mais d'autant plus grave qu'elle échappe facilement à la sagacité des plus habiles greffeurs, peut conséquemment s'étendre à un plus grand nombre de greffes et enfin parce que ces sujets, malgré le coup mortel qui les a frappés, peuvent splendidement végéter pendant deux, trois, quatre ans et plus, suivant la fertilité du sol où ils sont adaptés et puis, quand leur propriétaire a fondé sur eux les plus belles espérances, étayé ses plus affriolants calculs et consacré parfois le plus clair de son avoir, l'espace d'un printemps suffit pour les voir s'étioler, s'atrophier jusqu'à perdre même leur forme naturelle et... c'est tout : il ne reste qu'à les arracher !

Si l'idée vous prend d'arracher de toutes pièces un de ces malheureux sujets et d'en faire l'autopsie, vous êtes

d'abord étonné de voir un système radiculaire en assez
bon état. Frappé de cette anomalie, vous devez chercher
dans les entrailles mêmes du sujet le but de vos investi-
gations et, l'entr'ouvrant du haut en bas, dans le sens de
la moëlle et en la partageant, vous voyez quelque chose
de terriblement laid : au point même où fut la soudure, la
pourriture a totalement décomposé le tronc du sujet ; à
peine si son aubier présente sur son contour extérieur
quelques faibles traces de vitalité !

La science viticole a depuis longtemps, dit-on, baptisé
cette affection des greffes du nom de *nécrose*, mais n'a pas
encore, que je sache, défini la cause qui la produit et par
suite le moyen de l'éviter. Je dédie tout spécialement la
définition suivante à MM. les professeurs d'agriculture et
en général à toutes les écoles d'agriculture de France et
de Navarre. Il y a là une expérience de longue haleine à
faire, c'est vrai, mais le temps passe et le moment de la
conclusion arrive toujours. D'ailleurs, on peut rapprocher
ce moment en faisant l'expérience sur des sujets plantés
en terre médiocre. Mais, en attendant, j'engage vivement
mes lecteurs à profiter sans retard du bénéfice de cette
définition.

Prenez, par exemple, dix sujets à greffer, cinq d'une
façon et cinq d'une autre. Dans votre opération sur les
cinq premiers, déplacez intentionnellement un lambeau
de moëlle, — plus ou moins volumineux, peu importe, —
du greffon ou du porte-greffe, veillez à ce que ce fragment
de moëlle ne se détache tout à fait et tombe à terre,
opérez, en maintenant ce tout petit déplacement,
ligaturez et attendez. Pour les cinq autres, par
une attention méticuleuse et l'effet d'un bon gref-
foir, veillez à ce que les surfaces de l'entaille du

porte-greffe et la coupe du greffon soient absolument lisses et ne présentent pas la moindre trace de lésion de la moelle,ligaturez soigneusement et attendez également : les cinq premiers sujets seront atteints de la nécrose et les cinq autres non. La définition même de cette grave cause d'échec indique donc le moyen de la prévenir. Elle démontre également que, surtout pour les végétaux à grand canal moelleux, comme la vigne, l'opération du greffage est,comme il est dit au début de cet article,infiniment délicate et hors de portée pour les mains non exercées.

Comme je le disais également en commençant, en outre de tous les inconvénients précités et lors même qu'on les aurait tous prévenus, la vigne américaine a elle-même besoin, pour résister sérieusement aux mille fléaux qui s'abattent sur la vigne fructifère[1], de soins spéciaux à sa nature et en rapport avec la production parfois exagérée qu'elle tend à donner de par même le greffage. Or, en ce mois de mars, la seule chose ayant trait à ces soins qu'il convienne d'appliquer à ces vignes c'est, si ce n'est déjà fait, une bonne fumure. Seulement, au moment avancé où nous sommes, il serait préférable de mettre un bon engrais chimique, par exclusion de tout fumier de ferme.

Il serait superflu de donner ici la raison de cette préférence, l'ayant déjà donnée au chapitre de la *taille préliminaire de la vigne,*page 119.Mais il est bon de dire un mot à propos du moment psychologique, de l'âge auquel ces

---

1. Je dis *la vigne fructifère,* parce que généralement et presque sans exception, la vigne américaine, comme producteur direct et comme porte-greffe, n'est atteinte qu'à partir du moment de sa production. On a dû le remarquer ou on le remarquera.

vignes exigent ces fumures. Ce sujet a été récemment discuté à la Société d'agriculture de la Haute-Garonne sans que, des diverses opinions émises, il se soit dégagé une conclusion catégorique. Cependant elle est, ce me semble, fort facile à formuler, si l'on veut bien s'appuyer sur les principes suivants :

1° La vie réelle, l'existence comme vigne, l'âge enfin du cépage américain ne comptent qu'à partir de sa mise à fruit.

Avant, c'est tout bonnement une ronce dont on peut sans doute exciter l'action végétative au moyen d'engrais, mais pour l'existence même de laquelle on n'a à craindre absolument aucune conséquence funeste pouvant découler d'un défaut absolu de fumures, ou du fait de l'application de fumures plus ou moins mal combinées.

Après, oh! après, c'est une vigne à peu près authentique, chez qui le porte-greffe subit l'influence du greffon plutôt que celui-ci celle du premier, et dont l'incitation fructifère provenant du fait même de la greffe s'aggrave, parfois, de la cupidité de son propriétaire. Dès lors, et précisément pour les raisons qui précèdent, l'exigence nutritive de cette vigne devient plus forte que celle de la vigne indigène.

2° Les fumures appropriées aux besoins nutritifs de la vigne fructifère doivent prévenir plutôt que réparer la manifestation de ces besoins.

Il est donc facile de conclure que la vigne américaine prend mais n'exige rien tant qu'elle se trouve à l'état sauvage, mais elle demande absolument des fumures *rationnelles* immédiatement avant ou bientôt après sa mise à fruit. A ceux qui craignent que l'application récente de la fumure ne fasse obstacle à l'opération même du greffage ou à ses suites, je dis : quoique je ne croie pas à cet obstacle, il est cependant facile de le tourner sans grand inconvénient.

En effet, dans l'intérêt même de l'avenir d'une vigne américaine greffée, la récolte de sa première année de greffe est et *doit être* peu de chose. Dès lors, on peut très bien ajourner cette fumure à l'hiver qui suit le greffage. Mais que, sous aucun prétexte, on n'ajourne pas davantage cette application, car si l'on persistait à refuser à ces *vignes greffées* les engrais rationnels qu'elles exigent, gare à la débâcle.

Je dis *vignes greffées*, parce que les cépages américains producteurs directs n'étant pas généralement si prodigues ou si pressés dans leur évolution fructifère, leurs besoins nutritifs se font moins fort ou moins tôt sentir que ceux de leurs congénères soumis à la greffe.

Et les hésitants, les insouciants et les réfractaires dont j'ai parlé au début de cet article et qui ne seraient pas encore convaincus peuvent, s'ils le désirent ou qu'ils aient l'occasion de passer par ma localité, voir une preuve manifeste du résultat de la culture des vignes américaines sans l'observance de ces principes.

Le long de la route départementale nᵒ 12 et attenant aux maisons, une pièce de terre, silico-argileuse, peu calcaire, ayant de tout temps produit des fourrages et jamais de la vigne et appartenant à M. Jules D..., fut plantée en 1881 plutôt comme champ d'expériences que comme vigne à production. Le riparia et le jacquez y furent admis en rangées intercalaires. Deux ans après, en 1883, le riparia fut greffé en carignan, tandis que le jacquez resta et est encore producteur direct.

Or, après avoir, pendant deux ou trois ans, émis une

splendide végétation et produit des raisins magnifiques pesant jusqu'à plus de 1500 grammes chacun, ces greffes commencèrent dès 1886 à péricliter et sont, maintenant, la plupart déjà arrachées et les autres dans l'attente lan- goureuse de la cognée. Tandis que les rangées de jac- quez-nature, malgré quelques pieds faiblissant par-ci, par-là, étalaient l'été dernier encore leur majestueuse et sombre végétation.

Et je termine cet article en répétant encore à tous : fumez, non pas copieusement, comme certains le préconi- sent, mais *rationnellement* vos vignes américaines, si vous tenez à ce qu'elles soient vraiment résistantes et puis- sent ainsi répondre à vos intérêts réels de l'avenir et non factices et éphémères.

Mars 1389.

VII

Cacophonie viticole.

Allez-vous quelquefois, amis lecteurs, au marché des vins de votre ville voisine ? non ? Allez-y donc et, pour peu que les affaires chôment, il vous sera donné d'ouïr la plus singulière cacophonie viticole qui se puisse entendre. A tort ou à raison les marchés de nos jours sont bien plu- tôt les rendez-vous des chercheurs de renseignements sur la situation de la vigne elle-même que de faiseurs d'affaires sur les produits qu'elle donne.

Écoutez donc attentivement la discussion animée de ce groupe du coin, sans vous préoccuper de ce que l'on peut dire dans les mille autres groupes dont fourmille la place : partout le même thème alimente la même dis- cussion.

« Voici M. X... déclarant être las du sulfurage qu'il pratique depuis quelques années sur ses vignes indigènes qui sont, malgré cela, irrémédiablement perdues et vont, dit-il, faire place aux vignes exotiques qui font merveille chez ses voisins.

« Eh bien ! chez moi c'est le contraire, répond M. Y.. ; je réussis si bien avec le sulfurage que mes vignes françaises augmentent d'année en année, tandis que mes proches sont de plus en plus penauds avec leurs vignes américaines s'émiettant après avoir été splendides et prenant, la plupart, dans leur dégringolade, la teinte des blés murs.

« Halte-là, mes amis, interrompt M. Z..., moi je réussis indistinctement avec vos deux systèmes ; mes vignes françaises, sulfurées depuis plusieurs années, sont loin de perdre leur vigueur et mes plantiers américains augmentent en force comme en âge et gardent très bien leur couleur verte.

« Parbleu, s'exclame une voix qui veut paraître doctorale, mais qui n'est que sceptique à la mode du jour, ce n'est pas malin, ce sont vos terrains privilégiés qui vous procurent ces résultats enviables. »

Et cette discussion disparate est interrompue par le cri mélancolique de la corne du tramway avertissant que l'heure du départ va sonner pour nos discoureurs : le train va les emporter dans des directions différentes, mais certains plus perplexes qu'avant cet entretien sous l'égide de Mercure. Mais puisque ces Messieurs, par oubli, par défaut de temps ou de pouvoir, peut-être, sont partis sans formuler de conclusion, il faut bien, amis lecteurs, que nous comblions entre nous cette lacune regrettable, sinon ces réunions hebdomadaires seraient plus nuisibles qu'utiles.

D'abord, tous nos interlocuteurs avaient *raison*, puisque tous ont basé leurs dires sur la pratique, — étant donné que la pratique est considérée aujourd'hui comme le juge en dernier ressort, même quand cette pratique est basée elle-même sur des données plus factices que réelles, partant éphémères et pouvant d'un jour à l'autre s'écrouler comme un château de cartes, — mais en même temps la plupart avaient *tort*, n'ayant pas basé cette pratique sur la science viticole qui n'est vraie qu'autant qu'elle s'appuie sur les enseignements de la nature. Or, ces enseignements se sont même faits jour à travers les conversations que nous venons d'entendre.

M. X... n'a pas réussi dans sa pratique du sulfurage parce que, partisan absolu des théories microbiennes, le côté insecticide l'a bien plus préoccupé que la question fumure. Certes, je suis bien convaincu qu'il a fumé même copieusement ses vignes, mais... avec quoi??? Oh! ne vous récriez pas trop fort sur ces points d'interrogation, car, s'il plait à M...X. de les approfondir, il y trouvera le secret de son échec. Qu'il n'allègue pas non plus que ses terres ont été réfractaires à la diffusion des vapeurs du sulfure, car j'ai publié, il y a quelques années, ces lignes que la pratique, son arme favorite, a sanctionnées depuis :

« ... L'objection de compacité de certains sols pouvait être vraie autrefois avec le système du pal injecteur pouvant, dans certains cas, atteindre la couche compacte et conséquemment réfractaire du sous-sol ; mais, aujourd'hui, objection absurde, puisque les charrues sulfureuses n'atteignent que la couche arable et que d'ailleurs, si dans un sous-sol compact la diffusion du sulfure n'est pas possible, on peut dire qu'elle y est inutile, puisque les racines de la vigne n'y peuvent pas non plus évoluer... »

Le sulfurage a comblé au contraire les désirs de M. Y... parce qu'il a compris et appliqué ce conseil que l'on m'a demandé de divers points de l'Europe viticole : Le sulfurage peut être une opération excellente, mais à la condition expresse qu'il soit *suivi* de *fumures rationnelles*. » Et, je vous en prie, ami lecteur, approfondissez la valeur de ces mots soulignés à dessein : votre intérêt y trouvera son compte. Car si M. Z... a pu exposer ses succès en vignes indigènes sulfurées aussi bien qu'en vignes exotiques, c'est que chez lui les unes comme les autres ont été l'objet d'une culture méthodique et de fumures bien comprises.

Quant à l'exclamation qui a clos la conversation que je viens de rapporter, elle est sans fondement et sera désormais intempestive car, n'en déplaise à son auteur, il résulte d'expériences faites, les unes sous mes yeux, d'autres au loin, bien loin parfois, et dont les résultats m'arrivent annuellement accompagnés d'un témoignage de satisfaction, il résulte, dis-je, que, dans tous les terrains de toutes les régions viticoles où la vigne, indigène ou non, est l'objet d'une culture vraie et reçoit des fumures bien appropriées à ses besoins, on obtient les résultats de M. Z...

Sans doute, il y a certains terrains où la nature s'est compluc à suppléer à l'insuffisance, à la volonté ou au pouvoir de leurs propriétaires, en y tenant accumulés dans des proportions admirables les éléments qui font vivre et prospérer la vigne ; mais ces exceptions, loin d'infirmer la règle, la confirment au contraire, et, au lieu d'y chercher des arguments de contradiction, on devrait y prendre les leçons que la nature y donne, en s'informant, par l'analyse chimique,des éléments minéraux que renferment ces terrains *privilégiés* pour en rétablir la balance dans les terres qui le sont moins, au moyen d'engrais rationnels qu'il est facile à chacun de composer, soit à base d'éléments chimiques, soit en celle du fumier de ferme qui, je ne saurais trop le répéter, est à lui seul toujours incomplet pour la vigne et partant insuffisant pour elle, malgré la croyance contraire qu'il est déplorable de voir si générale encore.

Je ne saurais donc trop insister auprès de mes lecteurs, qu'il s'agisse de vignes françaises ou de vignes américaines, d'en faire l'objet d'une culture rationnelle, de ne pas leur demander plus qu'elles ne peuvent produire, ce qui, on le sait, porte fatalement atteinte à leur vitalité, surtout s'il s'agit des toutes jeunes vignes américaines. D'ailleurs, en dehors de cette considération qui, on en conviendra, n'est pas à dédaigner, on sait également que la quantité influe toujours sur la qualité, et cela d'autant plus que la production exigée manque de rapports avec l'âge de la vigne.

Du reste, dans toutes les contrées viticoles du monde, qui ne voit pas toujours, par expérience personnelle ou par celle de son voisin, que les vins de qualité sont recherchés et s'écoulent sans efforts, alors que les sortes inférieures sont délaissées ? D'où cette conséquence inéluctable : facilité pour les producteurs de premiers vins et difficulté pour les détenteurs des seconds ! Et cela sera perpétuellement vrai ! Je connais, en effet, tels vignerons qui, par une taille exorbitante et des engrais fortement azotés, ont fait produire à leurs jeunes vignes américaines des vins colorés d'un degré de plus que l'eau et alcooliques dans les mêmes proportions. Ne pouvant d'abord accepter les offres de prix dérisoires qui leur sont faites, ces inconséquents se trouvent fort embarrassés de ces malheureux vins en attendant, peut-être, que, quand les chaleurs se feront sentir, ils ne se voient dans la pénible obligation de les déverser dans le ruisseau voisin.

En ce qui concerne les fumures, mes lecteurs peuvent aisément, cet ouvrage en main, se rendre compte des vrais besoins de l'arbuste vinicole et, à bases de fumier de ferme ou d'éléments chimiques, ils pourront également se combiner eux-mêmes les formules d'engrais que mon ouvrage indique et que la vigne réclame impérieusement, sous peine de décadence ou de mort, s'il s'agit de la vigne française ; de chlorose, d'émiettement, et de mort également pour la vigne américaine elle-même.

VIII

Dialogue paradoxal.

ERREUR. — VÉRITÉ

Entretien entre un industriel et un agriculteur de l'Aude, recueilli sténographiquement le 25 novembre 1886, dans une salle du café Delpon à Carcassonne. Les personnages sont désignés sous des noms figurés, mais ils sont réels, et chacun s'y reconnaîtra assurément, car tous deux recevront un exemplaire de cet ouvrage.

... L'armée viticole voit sa défaite se changer en déroute ? — Mais pourquoi a-t-elle laissé obstruer ses rangs par l'anarchie ? .

Jadis, elle obéissait à des chefs *savants*, dépendait d'une Reine infaillible : la Nature, et avait pour principe : la vérité.

Aujourd'hui, chaque soldat prétend être un *sachant*, ne reconnaît d'autre chef que lui-même, a pris pour Roi : l'argent, et pour principe : l'erreur.

Voilà où nous en sommes, par ce temps de progrès, disait la déesse Logique à la furie Spéculation.

—Ta, ta, ta, maman Logique, vous radotez...Ce sont là, par ce temps d'égalité à outrance, des contes à dormir debout qu'au travers des lumières obligatoires et... (le reste) du siècle, on ne perçoit pas plus que les hiéro-glyphes des Pharaons.

Logique. — A ton aise, mais c'est là la vérité viticole que, par ce temps de liberté échevelée, l'on tient en-chaînée au fond de son puits légendaire, à l'orifice duquel l'erreur a été préposée à sa garde. Mais, va, ce n'est et ne sera pas impunément car, envers et contre toi, je l'affirme : tant que la vraie Reine restera captive et que son efféminée spoliatrice régnera sur le monde viticole, la viticulture sera dans l'anarchie et, partant, en détresse.

Spéculation. — Encore! — (in petto) elle est folle ! — Mais dites-donc, mère Logique, comment voulez-vous que le vulgaire d'aujourd'hui, sceptique, pressé, assoiffé, puisse, malgré la diffusion intellectuelle que l'on dit répandue de toutes parts, comprendre vos sentences et surtout avoir le temps de les réfléchir ? Quant à moi, je me fais gloire d'être sceptique, égoïste, et surtout posi-tive... Il ne me plaît donc pas même d'entendre vos jéré-miades et j'y préfère, de beaucoup, les relations dorées que je sais entretenir avec les masses viticoles et autres que j'ai su rendre crédules et entortiller dans mes filets d'un jaune d'or. — Mais voudriez-vous me dire ce que vous entendez par *savants* et *sachants* ?

Logique. — Je le veux bien, malgré que ma voix se perde dans le désert de ta fatuité. — Le *savant* est l'interprète de la Science, fille du Ciel ; le *sachant* est celui de la Pratique, fille de la terre. Tandis que la pratique, bornée qu'elle est par l'horizon du monde, ne peut voir que ce qui tombe sous les sens, c'est-à-dire les faits matériels et, quelquefois, les conséquences ou *effets* qui en découlent, la Science, au contraire, — emportée sur les ailes du génie, véhicule céleste, — explore l'au-delà des horizons terrestres et peut ainsi, découvrir et déterminer *la cause* des maux qui désolent parfois le genre humain.

Or, connaître les *causes* c'est pouvoir les supprimer, et conséquemment empêcher leurs *effets* de se produire. — Dès lors, la victoire peut être parfois lente à se déterminer, mais elle est certaine.

Tandis que connaître seulement les *effets* et diriger la lutte uniquement contre eux, c'est le combat perpétuel et la victoire à jamais impossible ; c'est, par suite, l'épuisement, le découragement et enfin la déroute des combattants !

Jette les yeux autour de toi, regarde dans n'importe quelle direction et, puisque tu n'as plus des oreilles pour entendre, vois du moins le spectacle navrant de la lutte sans issue qu'ont livrée les sachants à l'Attila viticole qui, plus tenace que le vieil Attila des Huns, disparait bien parfois mais reparaît toujours, au grand désappointement de ceux qui croyaient l'avoir bel et bien vaincu parce qu'ils avaient trouvé le moyen de détruire quelques-unes de ses légions souterraines.

20

Vois-tu,... — oh ! raille à ton aise, — vois-tu, pour le
vaincre, il faut absolument faire le désert au devant de
lui, c'est-à-dire l'empêcher de vivre en lui rendant inhabitable le sous-sol : c'est ce qui s'appelle l'atteindre dans
ses causes de production et de reproduction.

Spéculation (in petto). —Elle divague de plus en plus. —
Ah, je vous tiens, maman Logique, vos raisonnements
tournent à la confusion de votre nom. Comment, c'est
une lutte sans issue, c'est-à-dire à rebours, que celle
qu'a engagée Monsieur X..., par exemple ? Mais voyez
donc, vous qui avez des yeux pour voir, voyez les magnifiques résultats qu'il obtient de l'application des méthodes que lui ont vendues MM. les industriels Y... et Z...
Et pourtant ces méthodes ne visent que l'insecte, c'est-à-
dire, comme vous le prétendez, les *effets* seulement de
la maladie. — Voyez encore tel autre qui, par la culture
de broutilles venues des bords du Mississipi et que l'on
a baptisées ici de sobriquets ronflants, est parvenu à
reconstituer ses vignobles et à danser sur l'espérance
de remplir ses cuves d'autrefois.

Logique. — Si l'appât de l'intérêt personnel poussé
jusqu'à la frénésie ne t'offusquait la vue et... peut-être
même l'intelligence, tu verrais que Monsieur X... n'a
obtenu de « magnifiques résultats » que grâce à ses
terrains privilégiés en appuyant l'application de ces
méthodes sur des fumures rationnelles, — énergiques,
comme on les appelle. Or, je t'accorde bien volontiers
que le traitement proprement dit de ces méthodes a
quelque peu combattu les *effets* de la maladie, c'est-à-dire
détruit quelques insectes, mais la fumure *énergique* ou
plutôt rationnelle a fait mieux que cela : elle a contrarié
les causes mêmes qui avaient déterminé la production

de l'aphidien, de telle sorte qu'à la longue c'était bien plutôt par le fait de la fumure *énergique* répétée tous les ans que par celui d'un insecticide quelconque que ces « magnifiques résultats » étaient acquis...

Spéculation. — Oh! oh! mère Logique, je vous arrête, ne dites donc pas de balourdises! — Vous savez bien que tous sont d'accord pour désigner l'Amérique comme le lieu d'origine et d'importation en France du phylloxéra : il est venu de là, c'est prouvé.

Logique. — Ce n'était pas la peine de m'interrompre pour t'emballer et me fournir des armes pour te combattre ou plutôt te persuader si tu étais apte à me comprendre. — Tu dis que tout le monde est d'avis que le phylloxéra n'est autre chose qu'un cadeau fait par le noûveau monde à l'ancien? Eh bien, « *Etiamsi omnes, ego non* ». Que peut bien m'importer eu effet l'opinion de tout le monde, quand cette opinion repose sur l'erreur?

Aussi, je me garderai bien de te demander quelle peut bien être la région de la terre qui en avait fait avant présent à l'Amérique, car tu ne pourrais pas, entends-tu? tu ne pourrais pas me répondre. A moins que tu ne me dises que les truites du Missouri l'ont, comme la baleine biblique à Jonas, injecté un matin sur les bord du fleuve pour, de là, aller d'abord élire domicile dans les vignes riveraines et s'étendre ensuite jusqu'aux coteaux des contreforts des montagnes Rocheuses, du sommet desquelles il a pu prendre son vol et venir s'abattre incontinent sur les rives d'un autre fleuve qui arrose la vallée d'où jaillit la célèbre fontaine de Vaucluse, sans souci des rêves poétiques de Pétrarque.

Mais alors, s'il en était ainsi, l'insecte serait seul la cause, mais là, vraiment, la cause de la maladie et de la mort de la vigne. Conséquemment, la destruction radicale de l'insecte suffirait pour guérir définitivement l'arbuste vinicole et le préserver de la mort. Pourquoi donc, le moyen de se défaire de l'insecte étant trouvé, — oh ! pas de dénégations, il est trouvé : le sulfure de carbone méthodiquement appliqué répond à cette faculté,—pourquoi donc, dis-je, n'avoir pas encore maîtrisé les excès d'expansion qui, loin de diminuer, vont sans cesse progressant, à tel point que la disparition de la vigne indigène semble fatalement n'être qu'une question de temps?

Spéculation. — D'accord, mais pas pour celles sur lesquelles on applique les traitements dont j'ai parlé.

Logique. — Je te répète qu'aucune des vignes dont tu as parlé n'a maintenu sa vigueur rien que par le fait des traitements insecticides. Je te défie d'en citer une seule sur laquelle on ait obtenu les résultats que tu as mentionnés, sans le concours de fumures énergiques. Et cependant, si l'insecte était la vraie et unique cause de la maladie, sa suppression devrait suffire au rétablissement de la vigne.

Spéculation. — Mais on pratique la fumure pour activer les forces que la vigne a perdues.

Logique. — Très bien, c'est là un principe que je ne discute pas, je l'approuve des deux mains. — Mais pourquoi la vigne a-t-elle perdu ses forces?

Spéculation. — Mais parce que, tandis que le suçoir de l'insecte absorbe une bonne partie du liquide séveux de la souche, une autre partie s'épanche dans le sous-sol sous forme d'hémorragie par les blessures faites aux racines, de sorte que, restant très peu de fluide vital ascensionnel, les pousses aériennes n'étant pas suffisamment alimentées restent malingres et rabougries.

Logique. — Eh bien ! alors, si l'insecticide était la vraie solution, il n'y aurait qu'à l'appliquer : l'insecte supprimé, les blessures faites au système radiculaire se cicatriseraient, partant l'hémorragie cesserait, un chevelu nouveau se formerait et la vigne reprendrait, sans effort, graduellement, sa marche progressive et ses forces perdues.

Car enfin, autrefois, quand la vigne n'était pas surmenée, quand le vigneron se trouvait satisfait de la production fructifère qu'elle lui donnait tout naturellement, sans excitation de sa part, on ne la fumait pas et pourtant elle végétait admirablement bien, même parfois dans le creux d'un rocher.

Pourquoi, aujourd'hui, les fumures sont-elles *absolument* nécessaires à la vigne ? Pourquoi le plus puissant même des insecticides ne peut-il se passer du concours d'un bon engrais ? Et parce que ce manque de force de la vigne provient plutôt de son épuisement provoqué par une exigence de production fructifère désordonnée que des atteintes de l'insecte, lequel n'est lui-même qu'un résultat, qu'un effet de cette décrépitude de l'arbuste vinicole.

Spéculation. — Toujours la même rengaine, ma toute belle.

Logique. — Eh! sans doute; je ne puis avoir d'autres vues à ce sujet : la nature, l'observation et le bon sens ne m'indiquent que celle-là et la viticulture a payé au prix de ses vignobles l'oubli et le dédain peut-être de pareils principes !

Spéculation. — Tiens, la belle affaire ; pour être franche (in petto), — une fois n'est pas coutume, — j'avoue qu'il y a longtemps qu'elle en a fait le sacrifice, de ses vignes indigènes, et qu'elle porte tous ses soins, tous ses efforts, tout son espoir vers la reconstitution par les cépages exotiques, contre lesquels vous ne vous inscrirez pas en faux, je suppose, et, le voudriez-vous, que vous seriez impuissante à arrêter le mouvement formidable que j'ai su provoquer en leur faveur.

Logique. — Ah! les américaines? Oh! mégère efféminée, tu as eu beau en faire la base d'opérations d'où le scrupule était parfois banni; tu as eu beau charger ta commère Réclame d'en transmettre aux quatre coins du monde les apologies les plus fallacieuses; tu as eu beau sauter à pieds joints par-dessus les règles naturelles et dire que les cépages exotiques supplanteraient bientôt partout, dans la garrigue aussi bien que dans la plaine, les cépages indigènes; tu as eu beau citer des exemples mirobolants parmi tes plus fervents adeptes : la vérité commence à percer le voile de la confusion que tu avais su si bien étendre sur le monde viticole.

Une étincelle lumineuse a jailli du choc des habiletés oratoires des dernières assises viticoles de Bordeaux. « La culture des vignes américaines n'est possible, y a-t-on conclu, que dans les sols riches, frais, profonds et siliceux, » — c'est-à-dire, si j'ai le sens commun, dans les terrains où précisément la vigne européenne elle-même ne veut pas mourir non plus. — « De plus, a-t-on ajouté, la vigne américaine exige plus de soins et de fumures que les nôtres, » ce qui équivaut à dire que, pour sauver sans doute les intérêts engagés et peut-être aussi quelque peu l'amour-propre, il faut enfin finir par où l'on aurait dû commencer, c'est-à-dire appliquer à la nouvelle vigne inconnue les fumures rationnelles que l'on a négligées pour nos biens plus précieuses vignes connues!

Spéculation. — Oh! oh! de l'indignation, je crois? La colère, mère Logique, vous fait dire des... énormités.

Comment, est-ce qu'on n'a pas fumé, à profusion même, les vignes indigènes, ces dernières années?

Logique. — Si, on a fumé, même copieusemént, les vignes indigènes, mais la plupart du temps avec des en‐ grais qui n'étaient pas en rapport avec les besoins de la vigne [1], et, faut-il le dire? souvent aussi avec des *énor- mités* que tu brocantais toi-même, plus ou moins chimi- quement, mais pour ton grand avantage et aux risques des vignerons et au péril de leurs vignes.

Spéculation. — Diable! ça se corse; tu m'attaques dans mon honneur, maintenant?

Logique. — Eh! que m'importe? je dis la vérité; la preu- ve en est que les Chambres françaises sont saisies d'un projet de loi ayant pour but de prévenir et de réprimer la fraude de plus en plus éhontée des engrais: loi qui eût dû naître et surtout être exécutée bien plus tôt!!!

Spéculation. — Oh! là, là; ça ne passera pas, sinon je ferai grève.

Logique. — Non, tu ne feras pas grève, car :

> Tant que la terre tournera
> Et des hommes il y aura,
> Les spéculateurs ne désarmeront pas ;
> Mais par contre on avisera
> Et la fraude on musellera
> Suffisamment, pour qu'elle ne nuise pas.

Spéculation. — De la poésie, maintenant! je suis trop positive et surtout trop intéressée pour qu'elle me tente; j'y préfère les chiffres! Au moins cela fait vivre, et j'aime la vie!

---

1. *Voir*, à ce sujet, la page 42 précédente.

Logique. — Eh bien, vis de cette vie qui fait mourir ! vis de cette vie qui partage l'humanité en deux parties égales : les dupeurs et les dupés ! Vis de cette vie immorale qui fait tout sombrer autour de toi ! Tourne, Méphistophélès vitis , tourne autour de la galère viticole qui tournoie elle-même déjà, mais dans le délire des convulsions suprêmes et s'engloutissant dans le gouffre sans fond où tu l'as conduite ! Et quand le craquement final lancera au loin ses gémissements sinistres et désespérés, je serai là pour voir la nature reprendre son empire et t'écraser la tête de son pied lourd et souverain !!!

... Oui... va... ricane à ton aise..., mais au revoir.

Novembre 1886.

LE DERNIER REFUGE DE L'AGRICULTURE

dans les Corbières

« Labourage et pâlurage
sont les deux mamelles de la France. »
(SULLY.)

PREMIÈRE PARTIE

I

Au point de jonction des départements des Pyrénées-Orientales, de l'Ariège et de l'Aude s'élève, à 2471 mètres d'altitude, le pic de Madres. De ce massif, parallèle à la grande chaîne pyrénéenne, se détachent deux artères montagneuses dont l'une se dirige vers le Nord, suit la limite des départements de l'Ariège et de l'Aude, et va se terminer à la dépression du col de Naurouse. L'autre s'étend vers l'Est, sépare l'Aude des Pyrénées-Orientales et va se fondre dans la Méditerranée. L'une et l'autre de ces chaînes secondaires, formant une vaste équerre, envoient dans le département de l'Aude de nombreuses ramifications s'entre-croisant dans tous les sens. Cette vaste et montueuse contrée s'appelle les Corbières.

S'il est un point du globe où l'on puisse encore facilement distinguer les vestiges de l'orographie des temps primitifs, c'est assurément dans cette région accidentée et que caractérisent de brusques variations géologiques. Là haut, sur la montagne, le *Dévonien* s'étage en pentes abruptes au bas desquelles, presque sans transition, le *Crétacé* se montre jusqu'au premier petit ruisseau torrentiel, au delà duquel les bancs de calcaire *nummulique* apparaissent comme érigés en marches gigantesques montant jusqu'à la crête de la colline bordée de roches ressemblant à des créneaux, et d'où l'on voit, tout près, des mamelons appartenant au *Carcassien*.

Dans le fond des vallées, on voit de plus ou moins vastes dépressions de terrain dont l'écoulement des eaux pluviales était jadis intercepté par des collines transversales, formant ainsi ces nombreux étangs et marécages que mentionne l'histoire, et au fond desquels, par dépôt vaseux des terres amenées par chaque orage des hauteurs environnantes, se forma une couche d'*alluvion*, plus ou moins mêlée d'argile, de calcaire, souvent des deux, ou bien encore de matières ferreuses, schisteuses, granitiques, etc., selon la nature de la croûte terrestre des collines ou des montagnes tributaires.

A cette époque préhistorique et courant depuis les bouleversements du globe; tant que cette contrée resta dans sa laideur majestueusement sauvage ; tant que les eaux barrées formèrent de vastes flaques ou des marécages couverts d'ajoncs; tant que les collines et les montagnes émergeant de ce chaos restèrent couvertes de forêts impénétrables,les Corbières furent certainement inhabitées parce que, suivant ce simple aperçu orographique, elles étaient inhabitables.

Mais par un grattage perpétuel de la base marneuse de la colline, parfois par une usure continue de la surface rocheuse d'une dépression quelconque, ou même encore

par infiltration forcée à travers les jointures d'un banc
de rochers se disjoignant et s'écroulant bloc par bloc, ces
eaux stagnantes jusqu'alors se percèrent des échancrures
et, subissant enfin la loi de l'attraction du vide, s'ache-
minèrent vers la mer, directement, mais en sinuosités
aussi capricieuses que l'était la dissémination des obstacles terrestres formant reflux et, partant, absolument
réfractaires à leur écoulement.

Combien de fois mille ans ces mares mirent-elles à se
percer leur tortueux chemin?... Toujours est-il que ce
ne fut qu'au moment où cette œuvre naturelle de dessiccation était en cours, et peut-être même un fait accompli,
que la présence de l'homme dans ces parages put être
possible. En tout cas, divers indices, tels que haches, cou-
teaux et lances en silex, mêlés à des débris de squelettes
humains et d'animaux, découverts dans des grottes ouvertes aux flancs des montagnes, attestent qu'à cet âge
de la pierre l'habitant des Corbières n'était guère dissem-
blable des fauves avec lesquelles il vivait et mourait en
commun, et que la culture de la terre fut pour lui ce que
les caractères hiéroglyphiques étaient pour nous avant
Champollion.

II

A ces hommes des bois des premiers temps du monde,
que l'histoire n'a même pu atteindre, succéda dans les
Corbières la peuplade celtique des *Volques Tectosages*. Or,
si les hauteurs toujours couvertes de chênes au feuillage
vert sombre furent l'objet de leur vénération et les tem-
ples de leur culte druidique, les Celtes trouvèrent les
premiers, dans les bas-fonds, des points déjà mieux con-

formés et suffisamment ressuyés où ils purent, par la culture rudimentaire de leur sol alluvial, se pourvoir des produits nécessaires à leur subsistance.

Mais c'était encore là l'enfance de l'agriculture, qui ne reçut des perfectionnements relatifs que plusieurs siècles plus tard, pendant le cours de l'occupation romaine de la Gaule. D'ailleurs, à cette époque romaine, l'orographie des vallées des Corbières s'était encore plus sensiblement modifiée : les nombreux étangs de l'époque primitive et dont nous avons parlé n'étaient déjà plus que des surfaces tout simplement humides, comme les anciens marécages s'étaient eux-mêmes transformés en vastes champs de céréales alternant déjà avec les vignes, sous la robuste main du soldat-agriculteur des Césars.

Dans divers champs des bas-fonds, en effet, au sein de leur couche marneuse aujourd'hui superficielle, mais autrefois recouverte de l'épais dépôt alluvial de l'époque quaternaire, dont nous avons parlé et que les lavages pluviaux de vingt siècles consécutifs ont charrié vers le littoral méditerranéen, on a découvert, dans ces derniers temps, des pièces d'or et d'argent à l'effigie des empereurs romains, admirablement conservées et témoignant, par leur enfouissement dans les profondeurs du sol, des citernes sans doute, dans les milieux cultivés, du séjour et des mœurs agrico-guerrières des colonies romaines.

On voit également dans les Corbières plusieurs restes de vieux castels des Wisigoths, qui avaient fait de Narbonne la capitale de leur royaume. Ces pans de murs informes, juchés sur une éminence quelconque du fond des vallées ou à leur proximité, attestent péremptoirement que les nouveaux conquérants de la contrée sacrifièrent dans les mêmes milieux, comme leurs devanciers, en l'honneur d'Osiris et de Cérès.

A travers la longue, ténébreuse et troublée période du moyen-âge; pendant l'édification et l'exercice du régime féodal, les vieux manoirs perchés sur les rochers dominant les plaines ou plutôt les vallées, — car il n'y a point de plaines proprement dites dans les Corbières, — semblent avoir été placés là, — pardon du *lapsus calami*, si c'en est un, — comme pour protéger l'exercice agricole dans les vastes domaines seigneuriaux qui les entouraient.

Vers la fin du moyen-âge, la culture du sol s'étendit à tous les coins et recoins des terrains présentant une surface plane, comme l'attestent de nombreuses métairies disséminées de toutes parts. Plusieurs d'entre elles ont depuis longtemps disparu, mais on peut facilement encore en distingner les vestiges non encore effacés par le temps.

A ce moment, les nombreux villages parsemés dans les Corbières n'existaient pas encore, ou du moins ils n'existaient qu'en germe : le château un peu modernisé du seigneur, à côté, l'église avec le petit champ des morts attenant; en face, le presbytère, et voilà tout. Mais les ravages et les pillages des fermes par les grandes compagnies amenèrent l'entente des seigneurs et des fermiers, à l'effet d'édifier des demeures pour ceux-ci autour du château seigneurial, et de ceindre le tout de murs percés de portes défendues suivant les moyens de l'époque : telle fut l'origine des villages corbiérois.

Cependant, en dépit des troubles profonds qui ne cessaient d'agiter et de bouleverser le pays, l'agriculture était relativement florissante dans ces contrées, puisque Narbonne, principal entrepôt des produits de leur sol, était déjà fort riche lors de l'expédition du prince Noir, en 1355. Froissard dit, en effet, que « quand les Anglais eurent conquis le bourg de Narbonne, ils y trouvèrent tant de biens, de belles pourveances (provisions) et de bons vins, qu'ils ne savaient qu'en faire ».

Le chanoine de Chimay eût pu ajouter à ces « belles *pourveances* et ces bons vins » le délicieux nectar des dieux mythologiques : ce miel de Narbonne, fourni par les Corbières et dont la renommée universelle a toujours été due à la flore odoriférante des diverses plantes aromatiques couvrant les terrains vagues.

Et cependant, le Corbiérois ne jouissait pas encore du bénéfice de l'exportation des produits de son sol, puisque les voies de communication locales n'existaient pas et que le grand Colbert du Roi-soleil n'avait pas permis au non moins grand Riquet le percement de son magnifique canal du Midi reliant les deux mers.

Et s'il était « taillable et corvéable à merci », il n'avait pas non plus encore à jouir de la tutélaire impulsion due à l'agriculture par les gouvernements soucieux des intérêts sur lesquels s'appuient et par lesquels vivent exclusivement leurs peuples : le grand Sully du bon Roi de la poule au pot n'avait pas encore paru, et conséquemment pas conçu son admirable épigraphe.

Le Corbiérois était donc à la fois, et par la force des choses, producteur et consommateur, mais son intrépidité et son ardeur au travail, en quelque sorte natives, jointes à ses mœurs patriarcales, lui procuraient une aisance relative.

Il extrayait du sein de ses montagnes le fer nécessaire à la confection des instruments aratoires et que fondaient des forges locales alimentées du combustible végétal que fournissaient en abondance les forêts des alentours ;

La toison de ses moutons, transformée dans les fabriques de Carcassonne ou de Limoux, parfois même rudimentairement dans les ménages, lui fournissait l'inusable drap de bure de ses chausses à devantail et de sa veste à collet droit ;

Son blé, riche en gluten et en fécule d'une blancheur immaculée, lui procurait le meilleur pain du monde ;

Ses grains grossiers : orge, paumelle, avoine, seigle et maïs étaient avantageusement utilisés pour l'engraissement de son bétail, surtout en ce qui concernait la race porcine qui, salée et confite, constituait, avec l'appoint des volailles et de leurs produits ovaires, son unique, mais belle ressource culinaire ;

Ses jardins, complantés d'arbres fruitiers, lui donnaient en abondance plusieurs espèces de légumes et de fruits succulents [1] ;

Et la seule chose qui pût manquer au Corbiérois c'était le numéraire métallique ; mais, étant donnés la simplicité de ses goûts, que les viveurs de notre époque tournent en ridicule, et le système original de paiement en nature des tailles, cet élément n'était pas pour lui d'une première et absolue nécessité.

Mais cette suffisante production, tenant à la fois de l'activité culturale des habitants d'alors et de la spontanéité de la terre, avait pour cause primordiale deux fac-

---

1. Les précieux oliviers croissant et produisant à moins de 750 mètres d'altitude, et que l'on arrache si impitoyablement de nos jours pour faire place à des vignes insuffisamment connues : audace ou comble d'imprudence ??? lui fournissaient une huile commune, mais fruitée, grasse et excellente.

teurs dont les faits ou les effets sont devenus bien parci-
monieux envers l'habitant actuel des Corbières.

D'abord, dans cette couche d'alluvion formée à l'époque
quaternaire et si riche en éléments fertiles, l'agriculture
était facile aux anciens habitants des Corbières. Mais à
mesure que le lit des torrents s'est creusé, cette couche
s'est graduellement appauvrie en s'amincissant jusqu'à
laisser à découvert la croûte marneuse de l'époque tertiaire. Et tandis qu'ils se produisaient au détriment des
générations futures (les nôtres), ces entraînements suc-
cessifs allaient exhausser les bords de la Méditerranée et
faire de Narbonne, port de mer sous les Romains, une
ville d'intérieur.

Ensuite, et comme nous l'avons fait remarquer au début
de cette étude, les hauteurs des Corbières étaient, depuis
les premiers temps, couvertes de forêts impénétrables.
Or, tant que dura cette situation particulière, l'atmosphère resta favorable à cette contrée en épandant sur
elle de fréquents arrosages pluviaux : faveurs indispensables à l'agriculture, car si le travail de la terre et
l'engrais qui la maintient fertile sont, comme l'a dit Sully,
les deux mamelles de la France, l'eau du ciel est l'essence
fécondante de ces sources de l'alimentation des peuples
civilisés.

Et cette situation excellente se maintint jusqu'à la
fameuse rénovation sociale que virent s'accomplir en
France les dernières années du XVIIIᵉ siècle et qui fut
pour l'agriculture dans les Corbières un véritable et
immense changement de décors à vue.

Nous allons maintenant aborder cette période agricole
qui s'ouvrit à cette date à jamais mémorable, s'est conti-
nuée jusqu'à nos jours et finira ?... *That is the question !!!!*

Et quelle série de saisissants contrastes nous avons à dépeindre dans ce qui va suivre !

Car à l'agriculture facile des temps passés, dont l'exposé précède, nous allons opposer celle des temps présents, que des causes multiples et complexes ont rendue si difficile, ou du moins si peu à la portée des masses corbiéroises : modifications orographique et géologique du sol; intempérie des saisons; besoins nouveaux des Corbiérois qui, pour y satisfaire, ont joué à la cupidité agricole sans songer aux nécessités compensatrices et, finalement, épuisement des terres.

Nous traiterons ensuite des échecs culturaux qui en ont résulté: faibles rendements des céréales ; affaissement foudroyant de la vigne indigène et désastre chlorotique imminent de la vigne exotique dans cette terre classique de l'élément calcaire, si le Corbiérois, passablement têtu, n'y remédie résolûment et surtout promptement.

Nous terminerons enfin notre travail par un exposé succinct mais embrassant tous les points d'exploitation et d'économie agrico-viticoles intéressant assurément divers côtés de la France, mais plus spécialement les Corbières.

Et comme, — d'ores et déjà, nous pouvons l'affirmer, — de l'observance ou de l'inobservance de ces notions résultera inéluctablement la vie ou la mort de l'agriculture de cette région, nous aurons eu raison de donner pour titre à cette étude: *Le dernier refuge de l'agriculture dans les Corbières.*

DEUXIÈME PARTIE

I

Lors de l'établissement du régime féodal en France, les subdivisions territoriales datant de la conquête romaine subsistèrent de plus belle, et quand la royauté dompta d'abord et supprima ensuite à son profit ce système politique, elle ne toucha pas aux domaines seigneuriaux.

De sorte qu'au grand mouvement populaire de 89 chaque village des Corbières, — de si minime importance fût-il, — avait son seigneur bien pourvu, non seulement en privilèges locaux, mais encore en grands et bons fonds de terre autour et au loin de son château. Les hauteurs boisées de temps immémorial lui appartenaient également et servaient au pacage de ses grands troupeaux d'espèce ovine.

Quand l'orage révolutionnaire gronda trop bruyamment et que les éclairs du couperet commencèrent à scintiller en perspective sous les reflets solaires, la plupart des seigneurs abandonnèrent leurs terres inhospitalières qu'ils ne se souciaient pas d'arroser de leur fluide vital.

Bientôt après, les biens de ceux qui ne revinrent pas furent vendus comme biens nationaux. Ces ventes et l'abolition légale du droit d'ainesse déterminèrent le commencement du morcellement du sol qui, se continuant dans la suite, a atteint de nos jours sa plus grande intensité dans les Corbières.

Tant que ce partage plus ou moins onéreux des dépouilles nobiliaires n'affecta que les bas-fonds cultivés depuis les anciens temps, l'événement put être heureux au point de vue du bien public, mais la convoitise populaire ne s'en tint *malheureusement* pas là.

Les co-acquéreurs de ces premières et meilleures épaves appartenaient évidemment à la classe la plus aisée des ex-vilains, qui se tinrent pour satisfaits de ce premier et grand pas fait par eux vers la formation de la future bourgeoisie.

Mais au-dessous d'eux était l'arrière-ban du populaire, qui avait certes bien également le droit de revendiquer une part de la curée. Seulement, il ne restait plus à ronger que l'os du territoire, mais cet os pouvait être juteux. Et, du bas de l'échelle sociale, cette masse d'ex-roturiers, refondus au creuset de la jeune liberté, s'élança d'un bond jusqu'en haut des collines, s'y érigea en souveraine au souffle de l'égalité et se les partagea au nom de la fraternité.

Dès lors, ces bûcherons improvisés abattirent avec acharnement ces vieilles retraites de la superstition gauloise et bientôt, sur ces hauteurs dénudées, l'on vit, au lieu et place des vieux chênes, dans des terres richissimes en humus, des champs de céréales magnifiques.

Mais en raison même de leur déclivité, ces nouveaux champs de culture n'avaient pas devant eux un bien long avenir. Car, tandis que les grattages pluviaux avaient mis vingt siècles pour entraîner à la mer la couche alluviale des bas-fonds, il leur fallut tout au plus un demi-siècle pour enlever la couche arable, et si fertile au début, de la plupart des parcelles défrichées sur les hauteurs.

Les plus privilégiées de ces parcelles, soit du fait d'une meilleure disposition naturelle, soit que par des soins plus minutieux de leurs propriétaires elles eussent été

mieux prémunies contre l'entrainement des averses torrentielles, arrivèrent clopin-clopant à la grande époque :
l'époque californienne, l'âge de l'or pour les Corbières.

Vers le milieu du siècle en cours, la vigne, vierge jusqu'alors de toute souillure maladive, fut enfin envahie
par l'avant-garde des cryptogames : l'*oïdium*. Mais ce
parasite végétal, tout avant-garde qu'il était et comme
pour bien faire prévoir l'étendue du mal que ferait un
peu plus tard le gros des ennemis de la vigne, commença
par en dessécher à peu près complètement le fruit et les
feuilles, jusqu'au jour où le soufre vint, non pas en supprimer la cause, mais en prévenir annuellement les
effets.

La hausse extraordinaire des vins qui s'ensuivit, coïn-
cidant avec l'ouverture des grandes voies d'exportation,
amena les Corbiérois à faire de la vigne, non seulement
dans toutes les terres récemment défrichées sur les flancs
et le haut des collines, mais encore dans tous les anciens
bas-fonds.

Et pendant quelques années, l'on put voir dans les
Corbières le plus exclusif, le plus beau et le plus produc-
tif des vignobles du monde. Car ses vins communs, mais
colorés, corsés, fruités et excessivement riches en alcool,
étaient recherchés pour le conpage et classés comme
tels sur tous les grands marchés vinicoles.

Mais tandis que les Corbiérois sommeillaient douillette-
ment sur leurs délices de Capoue, au sein des excitations
les plus furibondes et d'un bien-être à jamais inconnu dans
la contrée, le plus effroyable des cataclysmes agricoles
s'apprêtait à montrer ses cratères béants où allaient s'en-
gloutir le passé, le présent et *peut-être l'avenir* du Corbiérois
inopinément désenchanté.

I I

En l'an de grâce 1880, l'affection phylloxérique des vignes indigènes n'était connue dans les Corbières que par des ouï-dire, et encore bruissaient-ils de si loin par delà l'horizon qu'on ne les percevait que fort indistinctement et sans éprouver la moindre épouvante d'une soudaine apparition.

Le terrible Attila de le vigne a-t-il été *cause* ou *effet* ? A-t-il pu se produire sur place, ou bien a-t-il été importé d'Amérique dans la coque d'un transatlantique, ou de la lune par la voie d'un aérolithe ? Le champ des hypothèses resté longtemps ouvert, Hippocrate a constamment dit non et Galien oui. Nous avons dit ailleurs, à ce sujet, notre opinion basée sur les lois de physiologie végétale, et les faits qui se sont postérieurement produits ne sont pas de nature à la modifier.

D'ailleurs, il n'entre point dans nos vues de traiter ici au point de vue théorique cette question toujours, — plus que jamais, pourrions-nous dire, — palpitante d'actualité en dépit d'optimistes plus ou moins intéressés : dans ces champs viticoles naguère encore si splendides, le langage des faits est tracé en effet en caractères si ostensiblement tragiques et probants que nous pouvons désormais, sans crainte de faillir, nous appuyer exclusivement sur eux.

Les taches primitives, celles qui constituent l'attaque d'avant-garde phylloxérique, se sont, dans la grande majorité des cas, dessinées aux coins de terre les moins pourvus en éléments fertiles, qu'il se soit agi du reste de l'infertilité spécifique d'une couche arable suffisamment

profonde, mais épuisée par excès de culture ou par suite
de lavages pluviaux, ou bien d'une mince couche cultiva-
ble reposant sur le banc de marne imperméable de l'époque tertiaire.

Et tandis que dans les plus rares points d'attaque dans
les terres d'alluvion, fertiles et *fraîches* en été, ces taches
ont progressé fort lentement et souvent même disparu
spontanément ; ceux qui se sont produits dans les terres
faibles, argileuses, calcaires, ou argilo-calcaires, mais
sèches au moment des chaleurs, se transformaient l'année
suivante en extinction foudroyante de l'intégralité de la
vigne.

Ah! c'est que l'on ne paraît pas s'être rendu bien compte,
dans les Corbières et ailleurs, de la masse de liquide que,
pendant la maturation de son fruit juteux, la vigne a
exigé du sol en dépit de l'intensive siccité produite sur lui
à ce moment psychologique, par l'inclémence atmosphérique répétée plusieurs années consécutives : triste et
fatale conséquence du déboisement des collines des Corbières et qui y a, plus qu'on ne pense, compromis la vitalité
de la vigne !

Ah ! c'est qu'en outre de cette inclémence des éléments
et de son fatal résultat, on ne semble pas non plus s'être
rendu bien compte, dans les Corbières et ailleurs, qu'à la
production fructifère désordonnée que l'on exigeait de
l'arbuste vinicole il fallait forcément opposer le système
compensateur des restitutions au sol, non pas copieuses
et mal combinées, comme certains imprudents l'ont prôné,
mais simplement rationnelles, c'est-à-dire appropriées aux
besoins réels infligés à la vigne par ce surmenage furi-
bond !

Et la négligence coupable, insensée, des vignerons des

Corbières et d'ailleurs, de pratiquer une viticulture rationnelle, c'est-à-dire conforme aux lois naturelles et aux principes de physiologie végétale, la vigne indigène l'a payée de sa vie ! Mais du moins, à ce prix, la dette due à la nature spoliée fut-elle éteinte ? Nous allons voir !

III

Pendant le court, trop court interrègne viticole qui suivit dans les Corbières l'arrachage des vignes indigènes mortifiées par les piqûres du suçoir de l'aphidien, les vignerons, un instant déroutés, s'adonnèrent à l'agriculture. Mais tandis que les uns, anciens praticiens infatués, accueillant les enseignements scientifiques par un sourire soi-disant moqueur, enfourchèrent leur dada favori : la routine surannée des temps passés ; les autres, les jeunes, le plus grand nombre, se trouvant subitement en pleine improvisation, montèrent tout simplement en croupe et suivirent leurs aînés.

Et pourtant, dans ces terres où la vigne avait passé, dans les conditions que l'on sait, l'agriculture n'était pas si facile que cela ! Sans doute, étant donné la réserve du sol en résidus des engrais presque exclusivement azotés que l'on avait prodigués à la vigne déjà malade, qui n'avait pu conséquemment les absorber complètement, on pouvait espérer obtenir de la paille, mais non du grain en quantité suffisamment rémunératrice.

Certes, comme nous l'avons dit d'ailleurs dans l'ouvrage sur la vigne mentionné dans une précédente note, l'azote est bien certainement l'agent le plus actif de la végétation des céréales, mais il est insuffisant : à la force de structure de leurs tiges l'acide phosphorique est indispensable sous peine de verse, comme une certaine dose de potasse l'est à leur gramination.

Et pour avoir méconnu ces principes, désormais indissolubles d'avec l'agriculture moderne, celle qui consiste à obtenir en grains des rendements rémunérateurs, permettant de lutter sans trop de désavantage avec la concurrence universelle qu'ont facilitée les grandes voies rapides, terrestres et maritimes; pour avoir dédaigné, disons-nous, ces principes que nous préciserons dans la conclusion de cette étude, nos routiniers Corbiérois, après deux ans d'agriculture, en traduisirent ainsi le résultat : « Impossible de vivre avec les céréales.»

Aussi, mus par cette conviction, enhardis par des réclames enchanteresses, se lancèrent-ils éperdûment dans la reconstitution viticole par les cépages exotiques et, avant même de connaître ces nouveaux venus au simple point de vue de leur adaptation au sol, la majeure partie des terres était déjà replantée.

Et dire que, dans les Corbières et ailleurs, on croyait pouvoir ainsi échapper à l'inexorabilité des lois naturelles, de la transgression desquelles avait déjà découlé un premier désastre! Mais à travers cette phénoménale inconséquence ne tarda pas à profiler, dans les Corbières sinon ailleurs, la silhouette d'une terrible conséquence qui, cette fois, suivant que l'énergie ou l'apathie domineront dans la contrée, peut tout anéantir définitivement.

Les Corbiérois sont, comme nous l'avons dit, un peu têtus, passablement réfractaires aux notions agricoles scientifiques et fort enclins à s'attacher ou *credo quia absurdum*. Ils sont toujours des derniers à entrer dans la voie d'une innovation rationnelle, mais, il faut leur rendre cette justice, dès que quelques membres de leur classe dirigeante s'engagent dans cette voie, il se produit une véritable contagion et la masse entière les y suit avec cette frénésie, cette spontanéité qui durent animer les sujets de Panurge.

Voilà donc ces nouveaux vignobles, reconstitués à si grands frais qu'ils dépassent souvent la valeur intrinsèque de la terre, qui se trouve, par suite, pour beaucoup, obérée d'autant; voilà donc ces vignobles venant à peine d'entrer dans leur période productive et qui naviguent déjà à pleines voiles vers celle de leur décadence!

Car, en dehors des taches phylloxériques bien déterminées que l'on a peine à s'avouer, par suite des « réclames enchanteresses » dont nous avons parlé, — mais que l'on peut facilement constater dans certaines vignes de trois ou quatre ans de greffe, on voit encore et surtout, sur les surfaces marneuses si communes dans la contrée, resplendir, sous les chauds rayons solaires, le jaune d'or des feuilles de la vigne franco-américaine: c'est la chlorose *estivale*, la plaie mortelle de ces vignes dans ces sortes de terrains, s'y l'on n'y remédie énergiquement et à temps, comme il sera dit plus loin.

IV

Nous avons déjà fait, dans la troisième édition de notre ouvrage sur la vigne, la classification des divers genres de chlorose, — car il y en a plusieurs. — Nous avons appuyé notamment sur celle que nous avons dénommée *estivale*, parce que c'est la plus dangereuse et la plus commune et que ses effets désastreux ne se produisent qu'en été, causée qu'elle est par l'excès de calcaire que l'humidité hivernale et printanière du sol annihilent, mais dont les chaleurs déterminent l'activité.

Nous n'avons donc pas à nous répéter ici outre mesure, mais il convient cependant d'insister sur la différence de faculté d'absorption de l'azote qu'il y a entre la vigne indigène *fructifère* et la vigne exotique *sauvage*, point sur lequel on ne saurait trop appeler l'attention des Corbiérois et qu'il est profondément regrettable de voir trop négliger de Messieurs les chercheurs d'hybrides solutionnistes dans les terres calcaires.

On sait que le calcaire est un puissant absorbant d'azote. Or, dans une terre, — *comme celles à chlorose,* — où l'élément calcaire est en excès alors que l'azote y est rare, celui-ci est absolument neutralisé et ne peut conséquemment monter dans le courant séveux, pour aller participer à la formation des tiges aériennes de la vigne.

La vigne indigène fructifère a bien souffert de cette anormale composition chimique de ces terres, mais cette souffrance a été calmée chez elle par sa faculté de puiser dans l'atmosphère, par son feuillage, la *majorité* de l'azote nécessaire à l'évolution normale de sa végétation aérienne.

Tandis que la vigne exotique sauvage, privée de cette faculté, ne peut puiser son azote que dans les profondeurs du sol. Or, nous le répétons, *cet azote déjà si rare dans ces terres,* étant neutralisé par le calcaire en excès, la végétation aérienne n'en pourra pas jouir: partant, pas de *vigueur.* Et comme cet agent de vigueur, déterminant l'*absorption* par les feuilles *du carbone* de l'air, fait défaut : pas de *verdeur.* C'est la chlorose estivale, fatale pour ces vignes dans ces terres déshéritées et à laquelle il convient de remédier autrement que par la perspective des cépages mirifiques, hybrides ou non, après lesquels on court toujours en vain.

Cette disparité d'absortion de l'azote atmosphérique existant entre la vigne américaine et la vigne asiatique se démontre de deux façons : l'une pratique et l'autre théorique, mais toutes deux absolument péremptoires, et pourtant on peut encore dire de Messieurs les chercheurs de l'inconnu, de l'introuvable : *oculos habent et non videbunt !*

La première, perceptible même aux vues les plus vulgaires, consiste en ceci : dans toute terre pauvre en calcaire et riche en azote, comme les alluvions, la vigne américaine ne s'y chlorose pas ; tandis que dans les terres marneuses, riches en calcaire et pauvres en azote, cette vigne y meurt promptement de l'affection chlorotique. — Cette comparaison n'a trait, bien entendu, qu'à la chlorose *estivale*.

La seconde consiste simplement en la différence de structure du système radiculaire qui existe entre la vigne *fructifère* et la vigne *sauvage*. Cette démonstration n'est certes pas visible pour tout le monde, mais elle peut servir de base, de boussole, aux chercheurs de sujets antichlorotiques dans les terres calcaires ; comme telle, nous la leur dédions.

L'organisation universelle de la nature est si bien réglée, tout est si logique, calculé pourrait-on dire, que la vigne fructifère a précisément été douée de racines conformées suivant les besoins mêmes de sa fructification. On voit sur elles d'innombrables renflements dans l'intérieur desquels pullulent des myriades d'êtres microscopiques, qui élaborent la sève et la font de nature à fixer l'azote atmosphérique dans la végétation aérienne, qui peut dès lors absorber le carbone aérien au profit de sa verdeur et au grand bénéfice de son fruit.

Tandis que la vigne sauvage a des racines lisses, genre ficelle, dépourvues de renflements et par suite d'élaborateurs de sève, laquelle ne pourra conséquemment pas fixer l'azote atmosphérique, partant pas d'absortion de carbone et, finalement, production chlorotique, — si l'on a voulu mettre à fruit cette vigne que la nature avait vouée à la stérilité et que l'on a imprudemment plantée dans un sol à prédisposition chlorotique pour elle, c'est-à-dire riche en calcaire et pauvre en azote.

Voilà donc la situation déplorable faite à l'agriculture dans les Corbières, — et sans doute aussi ailleurs, les analogies ne devant pas être rares, — par l'inclémence des éléments, les dégradations pluviales des siècles et l'illogisme des cultivateurs! Voilà donc à quoi il s'agit de remédier au plus vite, en tant que cela peut dépendre des facultés humaines! Et voilà enfin ce qui va faire l'objet de la conclusion suivante de cette étude.

TROISIÈME PARTIE

CONCLUSION

Classification des terres.

Les Corbiérois doivent résolûment fouler aux pieds cette funeste tendance à voir l'or synonyme de savoir, que leur ont inculquée les mœurs dissolvantes de la période californienne qui vient de disparaître à tout jamais pour eux!

Ils doivent sacrifier, sur l'autel de l'agriculture en détresse, leurs préjugés invétérés, leur vaine infatuation et surtout leur espoir chimérique en la répétition de cette époque dorée, qu'avaient déterminée des circonstances particulières qui ne peuvent plus se produire !

Leurs projets agricoles et surtout viticoles doivent être aussi modestes que le sont les dispositions productrices de leurs terres difficiles !

Ce faisant, les Corbières peuvent encore avoir à filer un avenir tissé de rendements, culturaux suffisants et, partant, d'un bien-être relatif.

On doit d'abord procéder à un sévère classement des terres, et assigner formellement à chaque classe la destination que leur ont imposée les circonstances que nous avons décrites.

1º Surfaces planes ou déclives des hauteurs, devenues définitivement impropres à toute espèce de culture ;

2º Surfaces planes ou déclives du penchant des collines ou même des bas-fonds, devenues impropres à toute culture suffisamment rémunératrice, mais offrant encore un restant d'activité productrice ;

3º Surfaces planes ou peu déclives des bas-fonds, à fortes teneurs d'argile ou de calcaire, sans compte d'épaisseur de la couche arable ;

4º Surfaces planes ou non, mais alluviales et sans profondeur ;

5º Surfaces planes ou non, mais alluviales et profondes.

Ce classement fait, il s'agira d'attribuer sans retard à chaque catégorie de terres la seule destination rationnelle qu'elle comporte et que nous allons déterminer.

I

Surfaces planes ou déclives des hauteurs, devenues définitivement impropres à toute espèce de culture.

Ces terres jadis couvertes de forêts doivent s'en recouvrir. Les communes, en ce qui concerne les vacants ou terres communales, et les particuliers, pour leurs terres devenues vagues, ont pour devoir de procéder, par des semis, à l'exécution de ce reboisement. Les générations actuelles n'auront guère, il est vrai, à bénéficier de cette œuvre, mais ce n'est pas là une raison suffisante pour frustrer insouciamment les intérêts de la postérité, qui y retrouvera tout d'abord des excellents pacages naturels et l'excitation permanente de la générosité atmosphérique.

Et puis, qui sait si, dans mille ou deux mille ans, en un jour de caprice, quelque nouvelle effervescence populaire ne refera pas des champs de céréales dans ces terres reconstituées par la chute et la putréfaction annuelles des brousailles de la forêt?

II

Surfaces planes ou déclives du penchant des collines ou même des bas-fonds, devenues impropres à toute culture suffisamment rémunératrice, mais offrant encore un restant d'activité productrice.

Par le curage régulier des fossés de protection qui les dominent, ces terres doivent être tenues constamment à l'abri des trop brusques courants pluviaux, à l'effet de les préserver d'une détérioration complète. Sous le bénéfice de cette condition, on doit, par dessemis d'esparcette, de luzerne, ou de toute autre graine fourragère, assigner à ces terrres le rôle perpétuel de pacages artificiels.

Par ces dispositions, les deux catégories de terres qui précèdent deviendront, d'improductives ou insuffisamment productives qu'elles sont actuellement, une aide précieuse à l'entretien des troupeaux d'espèce ovine, que les Corbiérois sont absolument tenus d'avoir pour se procurer le fumier qui leur manque et dont ne peut se passer la réfection nécessaire des terres déchues qu'il leur reste à cultiver.

Mais il ne suffit pas au cultivateur d'avoir sous la main de grandes masses de fumier, il doit encore ne jamais perdre de vue qu'il y a *fumier et fumier,* suivant la négligence ou les soins apportés à sa confection dans la *Fosse à fumier.*

Nous avons déjà signalé, dans notre livre sur la vigne, la tenue déplorable des *Creux à fumier,* que l'on pratique en général dans les campagnes et notamment dans les Corbières. Nous y avons également indiqué les voies èt moyens de la préparation rationnelle des fumiers de la ferme, tant à l'étable qu'à la *Fosse à fumier.* Nous n'avons donc pas à nous répéter ici à ce sujet.

Mais nous tenons à redire sous forme d'axiome qu'en agriculture il n'y a pas plus de petites économies que de sots ramas de pelletées d'ordures et que, par conséquent, tout, depuis les moindres détritus jusqu'à la rognure des ongles du cultivateur, tout doit avoir sa place dans le creux à fumier.

III

Surfaces planes ou peu déclives des bas-fonds, à forte teneur d'argile ou de calcaire, sans compte d'épaisseur de la couche arable.

Quoique la vigne indigène ait pendant un certain temps plus ou moins prospéré dans ces terres, suivant la fort grande variabilité d'un milieu à l'autre, de l'épaisseur de la couche perméable et accessible à l'évolution radiculaire, la culture de la vigne, surtout l'américaine, y est devenue si difficile, elle comporte des préparations si méticuleuses d'abord et des soins si compliqués ensuite, qu'il est souverainement prudent d'y en refaire le moins possible.

Mais si l'on veut absolument y reconstituer la vigne par les cépages exotiques on doit, sous peine d'échec à brève échéance, se précautionner contre les difficultés inhérentes à ces terres. Ayant déjà traité ce point dans notre Brochure, nous bornerons ici nos indications à ces deux plus essentielles conditions exigées : défoncement préalable et *rationnel* et, dès la deuxième année de plantation, fumures appropriées avec spéciale adjonction de sulfate de fer.

Il est cependant, nous le répétons, souverainement prudent de livrer désormais ces terres à leur élément favori : aux céréales. Mais, pour être suffisamment rémunératrice, cette culture exige encore : 1· des labours préparatoires bien conditionnés ; 2° des assolements bien ordonnés ; 3° des fumures régulières et opportunes ; toutes choses généralement assez mal pratiquées, surtout dans les Corbières.

D'abord, le labourage d'une terre à céréales comporte au moins quatre façons : le défonçage au versoir et à deux têtes, en mars ou avril au plus tard ; alors que la terre non encore tassée par les chaleurs est fine et fraîche et le restera même en plein été, — condition *sine qua non* pour éviter les mottes insuffisamment atteintes par la cuisson solaire de la canicule, conséquemment résultat nuisible que le hersage, dès lors indispensable, ne fera qu'atténuer. — Le binage, également au versoir, courant juin au plus tard. — Le terçage en août et enfin le labour des semences en octobre ou novembre, suivant les régions ; — ces deux dernières façons à la charrue aux ailes plates, appelée vulgairement dental.

Il convient ensuite d'appliquer avec soin le système des assolements. Ainsi, par exemple, sur une fumure en bon engrais de ferme, on pourra faire deux blés biennaux et même trois, si à chacun des deux derniers on épand à la volée, et lors de la semaille, de quatre à cinq cents kilogrammes à l'hectare d'un bon engrais chimique. — *Aussitôt* après la moisson du troisième blé, il faudra recouvrir au versoir le chaume du champ qui, par une sommaire préparation estivale, pourra ainsi, cette année même, faire une avoine. — Un an après sa moisson, il y aura lieu d'appliquer une nouvelle fumure en engrais de ferme, sur laquelle on pourra faire encore deux blés biennaux, après quoi la mise du champ en esparcette deviendra indispensable, et devra durer tant que les coupes fourragères seront suffisantes.

Et après ce cycle cultural prenant une douzaine d'années, il n'y aura qu'à le recommencer par de l'avoine, et ainsi de suite en mettant toujours le fumier de ferme après elle. Tel est le mode d'assolements que l'on doit appliquer, mais sans le dépasser et surtout sans en enfreindre les conditions, dans les Corbières et peut-être aussi ailleurs.

Enfin, l'application du fumier de ferme ne doit point être livrée au hasard des époques et des mal-façons, comme il est malheureusement permis de le constater dans cette contrée arriérée sous ce rapport. Ce genre de fumier doit être mis en terre au binage du champ, et cela pour deux raisons : d'abord, le binage étant fait au versoir, le fumier est mieux recouvert et partant pas exposé à l'action décomposante de l'atmosphère ; ensuite, depuis sa mise en terre, en juin, jusqu'aux semailles, en octobre, il aura suffisamment subi l'influence réactive de la fraîcheur du sol et de la chaleur solaire, pour que ses éléments fertilisants se soient identifiés avec la terre et conséquemment mis à la disposition immédiate des racines du végétal.

IV

Surfaces planes ou non, mais alluviales et sans profondeur.

Dans ces terres, on peut également faire des céréales, sous les mêmes traitements culturaux qui précèdent. Mais ici on peut faire de la vigne, sous des conditions expressément formelles. Il faut, d'abord, un défoncement préparatoire, profond de cinquante centimètres au moins, et de façon que la couche argileuse ou marneuse du fond vienne et *reste* à la surface, alors que la couche alluviale du haut ira et *restera* au fond.

Le bénéfice de cette observation étant exposé au cha-

pitre « des défoncements », de notre Brochure, il serait
superflu d'y revenir ici. Il ne nous resterait qu'à traiter
des soins et des fumures de la vigne dans ces terres ; mais
à titre d'analogie nous en parlerons au chapitre suivant.

Nous dirons seulement que la double culture des céréales et de la vigne impose au cultivateur corbiérois le partage en deux de son fumier de ferme annuel. Ainsi, de
juillet à décembre, époque de sa mise en terre, le fumier
produit doit être destiné à la vigne et *préparé* en conséquence ; tandis que celui de janvier à juin doit être mis
aux champs avec réduction de l'une ou l'autre période,
suivant que les cultures sont plus ou moins égales. Au
surplus, la vigne y gagnerait si ses fumures biennales
alternaient en fumier de ferme et engrais chimiques.

V

Surfaces planes ou non, mais alluviales et profondes.

Ici, qu'il s'agisse de la vigne indigène ou de la vigne
exotique, la culture en est facile. La première, même sans
soins spéciaux, y résiste à l'affection aphidienne ; il n'est
donc point étonnant que la deuxième s'y montre magnifique les premières années, surtout quand un bon défoncement l'y a précédée. Mais pour y vivre et y fructifier
indéfiniment, — qu'on y prenne garde, ou gare à la désil-
lusion ! — elles exigent l'une et l'autre que les soins rationnels ne leur fassent point défaut.

Parmi les diverses conditions culturales qui s'y ratta-
chent et que nous avons exposées dans notre Brochure,
la plus importante est celle qui a trait aux fumures. Or,

la fumure de la vigne se fait, comme nous l'avons dit précédemment, de deux façons: par l'engrais chimique et
par l'engrais de ferme.

Nous avons *donné*, dans notre ouvrage, la formule d'un
engrais chimique si bien approprié aux besoins actuels
de la vigne, c'est-à-dire anti-phylloxérique et anti-chlorotique, que les excellents résultats qui en ont découlé,
— chez nous comme au loin, — nous ont valu des félici-
tations publiques.

Cette formule, publiée dans notre Brochure depuis 1883,
renferme le sulfate de fer qui, à peu près inconnu de la
viticulture d'avant cette époque, a atteint de nos jours un
emploi colossal : grâce à la propagation que nous avons
constamment faite, — non seulement dans notre livre,
mais encore dans les journaux viticoles, — des bons effets
produits par cet élément minéral sur la vigne indigène et
surtout sur la vigne américaine des sols calcaires [1].

Nous avons également indiqué dans notre livre le
moyen de compléter le fumier de ferme, c'est-à-dire de
l'approprier, lui aussi, aux exigences de l'arbuste vinicole ; car, nous l'avons dit en toute occasion : le fumier de
ferme le mieux fait, suffisant pour les céréales, est toujours incomplet pour la vigne.

Nous n'avons donc pas à nous répéter non plus ici sur
ces matières, si importantes qu'elles soient ; mais en raison même de leur importance primordiale, nous avons
tenu à les y mentionner, afin que les cultivateurs des Corbières et d'ailleurs soient bien pénétrés qu'en dehors de
l'observance de ces principes, — que beaucoup d'infatués

1. *Voir* le compte rendu de la séance du 8 mars 1886, de la Société
des agriculteurs de France. — Et cette 3e édition, au chapitre relatif à
l'effet du fer sur le calcaire, cet ennemi mortel de la vigne américaine.

prétendent connaître mais que bien peu appliquent, — ils
ne feront jamais plus de la vigne d'une façon sérieuse,
de quelque point du globe qu'on l'extraie et n'importe le
nom plus ou moins bizarre dont on l'affublera.

Et nous terminons notre travail en formant les meilleurs vœux pour que, dans les Corbières et autres contrées analogues, l'agriculture soit résolûment assise sur
ces bases rationnelles. En tout cas, elles en sont le dernier et bien dernier refuge !

TRAITÉ D'ETHNOLOGIE

à travers les siècles

La source qui jaillit de l'interstice percé sur les parois
de la masse calcaire qui sert de base à la haute montagne, — au sommet de laquelle s'étend le blanc lin-
ceul des neiges éternelles, — s'élance frémissante et
comme pressée par une force souterraine, ou par la pression même du poids de la montagne qui, après avoir puri-
fié son eau, la déverse par ses flancs, filtrée et cristal-
line.

Elle coule d'abord, modeste et silencieuse, à travers un
gazon toujours vert, sur lequel viennent s'ébattre de temps
à autre les hôtes divers de ces lieux solitaires ainsi
que les oiseaux du ciel ; non sans avoir plus tôt, les uns
comme les autres, trempé leur bec ou leur museau dans
cette onde limpide qui dissimule ses méandres sous les
herbes sauvages et touffues.

Plus loin, et entraînée sur la pente du vide, elle court
à travers les sinuosités des ramifications de la montagne,
se heurtant parfois à des rochers abrupts, à travers
lesquels elle se creuse péniblement, mais sûrement, un
passage tortueux ; elle continue sa route, à travers laquelle on a pu multiplier les entraves mais sans jamais pouvoir
l'arrêter, jusqu'au point où, après s'être grossie d'une
foule de tributaires, elle peut enfin s'étendre et serpenter

majestueusement à travers la plaine, pour déverser plus loin encore ses eaux devenues fluviales dans l'immense Océan.

Tel l'esprit humain, dont la source a jailli du sommet incommensurable des régions Éthérées, descend le cours des siècles. Il s'est d'abord tracé péniblement sa voie, lentement mais aussi sans relâche, à travers mille obstacles amoncelés par le reflux de l'ignorance humaine, ou suscités par divers contempteurs des âges disparus, qui noyaient quelquefois dans le sang ou dans un tourbillon de flammes ceux que l'esprit humain, en traversant leur siècle, avait marqués au front d'une auréole lumineuse pour éclairer l'humanité.

Son enveloppe matérielle a toujours pu disparaître, violemment ou naturellement, mais lui, cet esprit humain qui émane de si haut, a continué sa marche à travers les générations, s'adjoignant sur sa route les parcelles d'idéalisme éparses qu'il a rencontrées, pour n'en former qu'un faisceau compact de lumière qui brille au-dessus de l'humanité, reste insensible aux passions vulgaires qui s'agitent au-dessous de la sphère où elle plane majestueuse et sereine et, sous l'appellation de science humaine qu'on lui donne de nos jours, elle **reflète les rayons lumineux** de l'invisible science Divine.

Mais, hélas! si, avant d'arriver à leurs confluents, les divers affluents du fleuve ont eu de la peine à se creuser leur passage à travers des rives ingrates, de même l'idée individuelle a eu, presque toujours, à subir un effet pernicieux, — fatal, pourrait-on dire, à en juger par le témoignage de la presque unanimité des cas, — de son contact avec la partie matérielle et abrupte des humains qui constituèrent les rives de son point de départ.

Est-ce donc la volonté de l'Être incréé et parfait, ou
bien l'imperfection même de la nature humaine, qui ont
fait que le travailleur intellectuel, — dont le labeur opiniâtre tend toujours au bien-être de l'humanité entière, —
a eu, dans tous les temps et dans tous les lieux, à souffrir d'une façon toute particulière, de la partie la plus
inculte de ses propres compatriotes?

Ne cherchons point à sonder à ce sujet la profondeur
des décrets impénétrables de l'arbitre des mondes, et ne
nous occupons que des effets qui tombent sous nos sens!
Car, si nous remontions le cours des siècles disparus, si,
évoquant les mânes de ces grands travailleurs qui sacrifièrent leur vie et souvent leur fortune à la recherche de
l'intérêt général de l'humanité, si nous demandions à Gali-
lée, à Riquet, à Papin, à Fulton, à Franklin, à Stéphenson
et à tant d'autres, si nous leur demandions pourquoi, malgré les amertumes dont ils furent abreuvés par leurs propres compatriotes qui, en guise d'encouragements, leur
prodiguèrent l'envie et la haine, — une haine d'autant plus
insensée qu'elle était sans motifs légitimes, — et les cons-
puèrent même, si nous leur demandions pourquoi, malgré
ces injustices, ils marchèrent sans relâche et d'un pas
ferme vers le but qu'ils entrevoyaient à travers l'ignorance de leur temps ?

Ces génies nous répondraient, d'eau-delà du tombeau,
que ce fut le bras d'un génie supérieur et tutélaire qui les
guida et les soutint dans leur marche, à travers la vani-
té des uns qui crurent être forts parmi les forts pour avoir
trouvé moyen de chuchoter ces mots: « Impossible, folie?»
à travers l'injustice, ou plutôt la perversité des autres
sur les lèvres desquels et à travers le voile de l'ignorance
qui les recouvraient, ils voyaient étinceler un sourire bar-

bare et bestial, qui ne leur inspirait qu'un sentiment de profonde pitié, sans doute, mais par l'effet duquel, néan-moins, leur occiput blanchissait ou leur front se ridait avant l'âge fixé par la nature! car il est des tortures phy-siques qu'une forte organisation doublée d'un grand carac-tère peut supporter stoïquement et se laisser, non pas abattre, mais atteindre par les commotions morales! Et ces génies enfin nous répondraient que s'ils purent attein-dre des sommets jusqu'alors inaccessibles, c'est qu'ils se sentirent soulevés par une impulsion irrésistible et inspi-rés par le souffle de Dieu!!!

Et aujourd'hui encore, au déclin du « siècle du progrès et des lumières », serait-il donc impossible de découvrir, dans un coin de l'univers, un de ces êtres qui se sentent poussés et inspirés par une force et un souffle invisibles, dans une voie inconnue au vulgaire et dans les perspecti-ves de laquelle ils croient entrevoir un but intéressant pour l'humanité ?

Et s'il est possible de découvrir un de ces favorisés de la nature, un de ces héros du travail et de l'étude, un de ces dispensateurs de leurs jours, de leurs veilles et quel-quefois de leur bien-être, regardez-le : en retour des sacrifices, des efforts qu'il consacre à la recherche du progrès ou de l'intérêt de l'humanité entière, il perçoit, le plus souvent, en préciput l'ingratitude de sa génération et n'a, pour toute justice, qu'à attendre le verdict de la postérité.

Que n'a-t-il pas de plus à souffrir si, par surcroît d'ad-versité, il a le malheur d'être obligé de vivre dans un milieu où s'agite encore un reste d'ignorance ! ignorance qui devient de plus en plus prétentieuse et arrogante, parce qu'elle est l'apanage à peu près exclusif des masses populaires dépourvues encore, quoi qu'on en dise, dans leurs couches profondes, d'instruction et de discernement, et qui tendent néanmoins à devenir de plus en plus, par la force impulsive d'une émancipation désordonnée, la règle souveraine de l'infaillibilité.

Aussi, armées de cette présomption et privées de toute direction tutélaire, naviguent-elles sans boussole sur la mer sociale, comme les anciens navigateurs sur les bords de l'Océan ; elles louvoyent, ballottées par tous les vents contraires, elles s'agitent au milieu de la tempête qui les entraîne du côté des récifs et, dans cette alternative suprême, la voix de la raison, dominée par le bruit des vagues populaires, ne pouvant se faire entendre, se perd dans l'immensité, pendant que le bon sens des esprits supérieurs n'a aussi à son tour qu'à se taire et passer son chemin.

Ah ! c'est qu'aujourd'hui la lecture qnotidienne d'une feuille à un sou est devenue une nécessité du foyer familial. C'est un besoin qui semble aujourd'hui venir immédiatement après celui du pain. Les couches illettrées semblent chercher dans une prose incompréhensible pour elles des moyens de subsistance qui n'existent réellement que pour ceux qui la font.

Voyez, au coin du carrefour, ce vieillard et cet adolescent, leur journal à la main, discuter à perte de vue sur un fait divers malicieux ou prendre au sérieux une insinuation du rédacteur. Voyez, là-bas, cet écolier agitant son chiffon de papier, on dirait un drapeau conduisant le bataillon scolaire de l'endroit. Approchez-vous et regardez de près : c'est tout simplement la gazette à un sou qui fait l'admiration de ces embryons de la société future, parce qu'ils ont remarqué un entrefilet les excitant à la haine contre un de leurs voisins. La plupart de ces étudiants imberbes ont oublié leurs devoirs scolaires, mais bah ! disent-ils, une fois sortis de classe il nous suffira de mettre nos lunettes, de parcourir quotidiennement les colonnes imprimées d'un journal et d'en commenter le contenu à notre façon, pour que l'on dise : « Voyez-vous les progrès de l'instruction ! »

Et, en effet, on ne fait point sur la place publique des traités d'arithmétique ou d'histoire, et de morale encore moins, oui, voilà, en général, les progrès de l'instruction que l'on peut constater de nos jours. Aussi la lecture régulière de ces feuilles tend-elle à l'abrutissement des masses plutôt qu'à inculquer chez elles le sentiment des droits et des devoirs civiques, car ceux qui les parcourent avec des yeux myopes n'en peuvent voir conséquemment que le mauvais côté.

Ces feuilles se proposaient, nous voulons bien le croire, un but très raisonnable, car, préparer par l'instruction l'émancipation populaire était certes un programme sublime, — mais en favorisant à outrance le second terme du programme, en lui subordonnant le premier, le but louable que l'on se proposait d'atteindre ne pourra jamais l'être ! Dieu veuille que la civilisation et le bien-être de l'humanité n'en souffrent point !!!

Est-ce que, d'ailleurs, le paysan vit seulement de politique ou de romantisme ? Non, il vit surtout d'agriculture et des produits qu'elle donne. Si la substance nécessaire fait défaut à cette racine principale de l'arbre social, l'ensemble devient anémique et, on le sait, l'anémie c'est la voie qui conduit à la mort ?

Tel l'oiseau de proie étreint dans ses serres aiguës la petite mésange ! Il s'en sert de jouet pendant quelques instants, jusqu'au moment où, après avoir été ondoyée de brutalités caressantes, la pauvre victime devient finalement la pâture de la voracité du vautour !

Est-ce là de l'exagération? Scrutez donc l'intérieur de la basoche du vendeur de journaux du village; vous y chercherez en vain des traces de feuilles agricoles. Poussant l'indiscrétion plus loin, demandez à ce libraire ambulant une publication de cette nature. Il vous répondra d'un ton de suprême dédain :« Cette marchandise ?allons donc ! vous retardez sur votre siècle... ; ce papier-là ne fait pas des citoyens... ; ça ne se vend pas ! »

Interrogez encore les éditeurs de Paris et des départements, et ces Messieurs vous répondront que les flots d'or qui jaillissent des presses d'imprimerie n'arrosent que les terrains politiques et romantiques!... Que l'on s'étonne, après cela, que l'agriculture périclite ! ! !

Eh bien ! cette semence intellectuelle exerce de plus en plus une action dissolvante et funeste, parce que, tombant dans des couches incultes, sans préparation préalable, c'est l'ivraie qui en résulte et non le bon grain, ce sont les mauvais instincts qui se réveillent pour dominer ou anéantir les bons sentiments.

Oui, ces feuilles répandues à profusion parmi des intelligences bornées servent, contrairement au but que l'on se proposait, de fil conducteur pour inculquer chez elles les idées subversives, y introduire l'horreur et la haine de toute supériorité matérielle, intellectuelle ou morale, et y anéantir le culte du beau, du grand, de l'esprit de progrès et jusqu'à l'idéal de la sublimité divine ! ! !

Doctrines insensées! puisqu'elles tendent à désagréger ces organisations incomplètes mais susceptibles d'amélioration, si l'instruction et l'éducation formaient la base de leur émancipation.

Doctrines effrayantes! puisqu'elles s'opposent à la conception, à l'éclosion et au développement de tout bon sentiment, même celui qui porte, par voie d'intuition, au respect des inégalités que la nature elle-même se plait à susciter.

Doctrines malheureuses, enfin! puisqu'elles flattent cet instinct inné des natures incultes, qui ne leur permet de voir que des égaux du haut en bas de l'échelle intellectuelle ,et... sociale.

Aussi, n'est-il pas étonnant de voir, de temps en temps, cette action démoralisatrice atteindre un caractère aigu dans ces couches infcrieures: elles deviennent défiantes et haineuses envers le mérite intellectuel et l'abnégation, si, par hasard, cette qualité et cette vertu viennent à être l'apanage d'une individualité quelconque qui les coudoie journellement et qui, par cela même, le bon sens et la saine conviction qui en découlent, se permet d'enrayer par des protestations, — desquelles la flatterie si commune de nos jours est exclue, — des errements vicieux et barbares qu'il ne peut partager parce qu'ils sont la négation de la vraie liberté !

Et voilà pourquoi on peut voir encore, à la fin de ce siècle, une catégorie de gens irresponsables, — que la passion a égarés par suite d'une indigestion intellectuelle, — s'attarder, à l'encontre du progrès, dans les sentiers de l'ignorance, de cette ignorance profonde qui caractérisa le moyen âge, mais doublée aujourd'hui d'une sorte de présomption qui, au mépris de tout scrupule, les fait se poser en parallèle avec n'importe la supériorité qui peut surgir de plusieurs années d'études et d'observations sérieuses ! ! !

Et..., réflexion pénible ! et dire qu'il ne faudrait pas moins, peut-être, que lès lois sévères qui accompagnent toujours la civilisation, pour que ces égarés inconscients ne renouvelassent à l'occasion, en bloc ou en détail, le drame sinistre d'Urbain Grandier ! ! !

Sera-t-elle donc toujours vraie, cette pensée du grand moraliste : « Que les foules ne pardonnent jamais la supériorité sur elles ?... » Les profonds anatomistes du cœur humain auraient-ils donc découvert, dans quelque coin mystérieux de cet ovale musculeux, un germe d'invariabilité touchant ce vice inné et inhérent à la nature humaine ?

Le jour n'arrivera-t-il donc pas, où l'éducation qui prend l'homme naturel pour le polir, le façonner et le rendre sociable ; où l'instruction qui élève son âme et étend sa pensée !... — Qui donc pourra bénir le jour où ces deux anges descendus du ciel pour former l'homme à l'image de son Créateur, — inculqueront dans chaque partie du tout qui forme la société humaine la charité fraternelle dont le Christ posa les bases en ce monde ?

O sainte fraternité ! quand donc achèveras-tu de descendre sur la terre ? Fille du Ciel, tu paraissais vouloir d'un seul vol arriver ici-bas ?... et tu t'es arrêtée au moment d'atterrir ! O amère dérision ! tu étends ta noble envergure au sommet des frontispices de nos monuments publics et tu refuses de descendre parmi nous ! ! !

Mais non ! cet idéal ne sera jamais qu'un rêve chimérique, car une telle perfection ne saurait convenir à la terre, où le matérialisme tend de jour en jour à s'ériger en maître despotique ! Or, la matière peut bien engendrer l'égoïsme mais jamais la fraternité !!!

Mais au moins devrions-nous nous pénétrer de la sublimité de cette parole sacrée : « *In terra pax hominibus bonæ voluntatis.* »

CONCLUSION

I

Si je m'arrête ici ce n'est point certes que le sujet soit épuisé ni que la plume hésite devant la tâche ardue et monotone que comportent de pareilles études.

Tel le voyageur, traversant le Sahara, fait halte à l'ombre de la fraîche oasis qui s'offre à ses pas fatigués, et là, contemplant avec amour, dans la solitude du désert et bercé par un rêve enchanteur, le souvenir des rives fleuries du berceau de son enfance, il songe au chemin aride parcouru et à celui qui lui reste encore à faire pour arriver au but de son voyage.

Et bientôt, las de sentimentalité, — car tout lasse en ce monde, — et même de repos, il reprend son bâton de voyage et continue sa course à travers les sables brûlants, n'ayant pour compagnons de route, ou plutôt de sentier, qu'une ardeur inaltérable et l'aspect des grandeurs sublimes de la nature.

Sur les sables mouvants de notre astre planétaire rien n'est jamais fini et tout est perfectible, car il est peuplé de voyageurs qui ne font que passer, et chacun d'eux, représentant une génération, a juste le temps de poser furtivement une pierre sur l'édifice commencé qui ne sera jamais fini, même à la fin des temps.

Dès lors, de même que l'explorateur des régions tropicales dont nous venons de parler, nous allons reprendre notre cours à travers l'aridité des terrains qui forment les vastes champs de nos explorations, vastes et arides comme les déserts de l'Afrique centrale ; heureux si, de temps en temps, une oasis réparatrice peut s'offrir à travers nos pérégrinations, pour en adoucir les amertumes.

Peut-être, dans le cours de cet ouvrage, aurons-nous contrarié certains intérêts particuliers ou froissé quelques personnalités ! Mais, pourtant, il faut bien, malgré tout, que l'intérêt général et l'humanité indivisible soient l'unique objectif de l'observateur consciencieux.

II .

Dans la conclusion de la deuxième édition de cet ouvrage, je disais :

« Tenez, amis lecteurs, n'est-ce pas qu'à première vue mon livre paraît plein d'absurdités ? Eh bien, encore quelque temps et, une à une, toutes les pages qu'il contient deviendront des vérités fondamentales ! Heureux ceux qui s'en apercevront à temps ! Tel est le vœu que je forme en attendant l'apparition de la troisième édition qui, à coup sûr, relatera des faits de nature à dissiper la perplexité viticole.

« Car enfin, que chaque époque ait ses inclinations caractéristiques : rien de plus logique ; qu'à certaines périodes de la vie des peuples un scepticisme outré et parfois insolent soit la base de l'existence sociale, rien de plus naturel ; que l'égoïsme, c'est-à-dire l'intérêt personnel poussé à son paroxysme le plus fiévreux, soit la force motrice qui agite parfois la grande machine humaine, rien de plus conforme aux conséquences résultant de la négation des principes naturels.

« Mais nous avons beau, nous, pauvres pygmées qui vivons à peine ce que vivent les roses, nous avons beau enfreindre les lois naturelles : les générations humaines défilent successivement pour ne plus reparaître ; tandis que les principes naturels, sur lesquels sont basées les études de physiologie végétale que renferme cet ouvrage, restent indéfiniment les mêmes et maintiendront leur intégralité tant que notre planète aura son atmosphère.

« Et puisque la sagesse humaine repose tout entière dans ces mots : « attendre et espérer, » *attendons* que la viticulture, — désillusionnée par la kyrielle des déceptions qui ne peuvent manquer de surgir des pratiques viticoles anti-naturelles qui pullulent en ce moment, — ouvre enfin les yeux, et *espérons* qu'alors elle entrera résolûment dans la voie du salut que lui indique la nature.

« Jusque-là, malgré que la patience soit l'apanage exclusif de l'immortalité, tâchons de posséder cette vertu, et fasse la Providence que notre enveloppe matérielle puisse voir luire le jour où, grâce au triomphe certain de la nature sur les spoliations viticoles nous pourrons dire à la viticulture désenchantée : voilà la puissance des principes naturels et la puérilité des objections dont le rayon visuel décomposé par le prisme social n'a pu voir que visions, et peut-être... folie, là où la nature est prise pour arbitre souverain !

« Nous disons donc, non pas adieu, mais au revoir ! »

III

Eh bien! Messieurs les sceptiques, nous nous revoyons en cette année de grâce 1890. Êtes-vous maintenant convaincus que, pour avoir vraiment de la vigne, il ne suffit pas d'aller en Asie, en Amérique ou à la lune pour en extraire des boutures que vos terrains déséquilibrés se refusent à admettre? Sans doute, on peut constater certains succès en plantations nouvelles, mais je vous prie de remarquer que tous, tous sans exception, se sont produits dans une terre où la vigne française, même sans soins, a tenu relativement bon; ou bien encore grâce à des fumures bien appropriées ou tellement abondantes que la compensation des éléments nécessaires s'ensuivait, aux dépens exorbitants du vigneron.

Cette conclusion ne serait pas complète si elle ne relatait pas des faits concluants sur l'application des méthodes viticoles développées dans le cours de cet ouvrage. Certain, d'ailleurs, que la publication de la correspondance suivante produira d'excellents effets au sein de la viticulture quelque peu déconcertée et moins sûre que jamais du lendemain des vignobles indigènes ou exotiques, je crois devoir la reproduire ici afin que mes lecteurs en méditent la teneur et sachent que, pour conserver leurs vignes françaises ou américaines, ils ont à leur portée un moyen dont, contrairement aux usages du jour, je ne fais absolument aucun commerce, quoique breveté depuis 1882.

Peut-être que maint lecteur trouvera étrange cette façon d'agir, mais je la trouve, moi, tout à fait rationnelle et si elle n'enrichit point son auteur, du moins lui procure-t-elle la satisfaction plus légitime du devoir accompli, satisfaction certainement plus douce que la première pour tout publiciste qui a vraiment en vue l'intérêt général et à cœur le bien public.

J'ai reçu de M. B. C..., château des Chênes, par Lapalud (Vaucluse), une lettre datée du 19 février 1890, de laquelle j'extrais ce qui suit :

« M. Paul Serres, agronome-viticulteur à Talairan Aude,

« Je viens vous remercier de votre lettre du 13 courant, m'annonçant l'envoi de votre Brochure.

« Puisque vous êtes assez aimable pour mettre votre expérience et votre savoir à ma disposition, je me permets d'en user librement :

« J'ai 20 hectares de vignes françaises, — aramons et Petit-Bouchet, — complantées dans des terres riches, âgées de 7 à 8 ans et que je fais *vivre* avec le sulfure de carbone, mais qui produisent très peu. Pensez-vous que, traitées selon votre méthode, elles puissent résister au phylloxéra et donner des récoltes normales ?

« Quant au sulfate de fer contre la chlorose des vignes américaines, je l'ai essayé avec plein succès.

« En attendant le plaisir de vous lire, je vous prie d'agréer, etc.

« B. C. »

Voici ma réponse, qui résume le contenu de cet ouvrage :

« Monsieur,

« Depuis 7 à 8 ans, il m'est parvenu un grand nombre de

demandes analogues à la vôtre et *toutes* ont été résolues de la même façon.

« Vous verrez, dans mon ouvrage sur la vigne, la démonstration qu'il ne suffit pas de donner la chasse à l'insecte, qu'il faut encore et surtout pourvoir la vigne de tout ce dont elle a besoin et la mettre ainsi en état d'entraver la reproduction et même la vitalité du parasite.

« Puisque vos vignes sont déjà contaminées, continuez à les sulfurer, —car en ce cas c'est aller plus vite dans la voie de leur désinfection, — et, *après* le sulfurage, fumez-les, soit avec les formules chimiques, soit avec celle ayant pour base le fumier de ferme complété, qu'indique ma Brochure.

« Et je puis vous donner l'assurance la plus formelle que, graduellement, d'année en année [1], vos vignes reprendront toute la vigueur que leur sol, *rationnellement* entretenu, sera susceptible de leur communiquer.

« Si vos vignes sont devenues relativement trop faibles, appliquez-leur deux fumures annuelles consécutives, si non les fumures bi-annales seront suffisantes. Je pourrais vous citer nombre de vignes qui, sous le rapport de leur reprise par l'effet de ce traitement, constituent de vrais miracles. Un exemple, entre tous :

« Un éminent ami, de ma commune, et qui, hélas! n'est plus, M. D..., avait, en 1886, une vigne d'un hectare malade à tel point qu'elle ne donna, cette année-là, que *sept* com-

1. Et non dans 24 heures, comme certains ont prétendu avoir trouvé le moyen et qui n'ont trouvé que celui de prouver qu'ils ne connaissent pas la vigne. Viticulteurs, méfiez-vous de ceux qui vous offrent de guérir, à beaux deniers comptants, votre vigne dans l'espace d'un printemps. *Voyez*, à ce sujet, les pages 137 à 145

portes de raisins (70 kil. environ l'une) et pas du tout de sarments. Sur mon insistance et vu le bel âge de la vigne (20 ans), sa plantation bien espacée et son cépage bien adapté (carignan), il se décida à arrêter l'œuvre déjà commencée du tour d'arrachage et à la traiter suivant les prescriptions de ma Brochure.

« L'année suivante, elle donna 30 comportes, elle en donna 80 en 1888, et sa dernière récolte, en 1889, atteignit le chiffre de 118 comportes avec un bois de toute beauté : elle a reconquis son ancienne splendeur. (Les terrains secondaires de nos Corbières n'ont jamais produit guère davantage.) J'ajoute que cette vigne, — qui du reste se trouve en compagnie d'autres ressuscitées ou maintenues par le même traitement, — n'est pas dans la lune : elle est tout bonnement située à Talairan, lieu dit la *Garrabière* et partant fort accessible.

« Je ne saurais donc trop vous engager à vous bien pénétrer des traitements de la vigne que ma Brochure indique. Si vous vous y conformez, dans deux ou trois ans, vos 20 hectares d'aramons et de Petit-Bouchet feront votre orgueil, sans que vous ayez eu à franchir la limite du coût d'une culture ordinaire.

« Quant aux américaines, puisque le traitement de leur chlorose par le sulfate de fer vous a pleinement réussi, vous n'avez qu'à persévérer en vous appuyant constamment sur les indications que donne mon ouvrage.

« S. P.

« Février 1890. »

Eh bien! viticulteurs, mes amis, vous voulez des faits concluants? En voilà qui parlent haut!

Voulez-vous maintenant connaître à quelles conditions
pécuniaires le regretté propriétaire de la vigne précitée
à obtenu son rétablissement ? Suivez mon calcul :

DÉPENSES

1ʳᵒ année de traitement.

La taille de la vigne, 3000 souches, a couté.	10 fr.	00
L'enlèvement du bois de taille...............	0	00
Sulfurage (main d'œuvre comprise)..........	80	00
Déchaussage des souches, pour fumure.....	12	00
Fumure.................................	300	00
Trois façons de labour...................	50	00
Travail d'été du pied des souches..........	20	00
Soufrages (main d'œuvre comprise)........	40	00
Enlèvement des récoltes (moyenne annuelle).	38	00
Total	550	00

2ᵐᵉ année.

Mêmes dépenses, moins la fumure, soit	250	00

3ᵐᵉ année.

Mêmes dépenses que la première année, soit	550	00
Total des dépenses	1350	00

D'où il conviendrait de déduire la moitié du coût de la
dernière fumure, puisqu'elle servira pour la quatrième
année, mais passons.

Voyons maintenant le rapport de cette vigne durant la période triennale de son rétablissement :

1ʳᵉ année.

30 comportes de 70 kil. de raisins chacune ont donné 12 hectos de vin, vendu 30 francs, ci........ 360 fr. 00

2ᵐᵉ année.

80 comportes de raisins ont donné 35 hectos de vins, vendu 25 francs, ci..................... 875 00

3ᵐᵉ année.

118 comportes de raisins ont donné 50 hectos de vin, vendu 30 francs, ci 1500 00

Total.	2735	00
Déduire les dépenses.	1350	00
Bénéfice net.	1385	00

Soit 460 francs par an et par hectare, à travers une *pareille période!* Sans compter l'avantage de revoir la vigne splendide et désormais en plein rapport. N'est-ce pas, amis lecteurs, que cette reconstitution en vaut une autre et qu'elle méritait d'être relatée dans cette conclusion ?

IV

Viticulteurs !

Ce n'est plus désormais de la théorie, la pratique a parlé et les échos en ont répercuté les vibrations dans tous les coins et recoins de la France viticole. Aujourd'hui, pour avoir de la vigne, il faut d'abord se préoccuper de la terre qui lui est destinée, car ce sont les sols et non point les cépages qui font défaut au vigneron ! En un mot, la culture c'est tout ! Cultivez mal la vigne, et n'importe le cépage que vous aurez adopté vous aboutirez à l'insuccès.

Les études contenues dans cet ouvrage sont, je le répète, basées sur la nature et tendent au but qui précède. Or, la nature est notre souveraine et ceux qui persisteront à en transgresser les lois peuvent être absolument assurés que, tôt ou tard, ils se briseront contre elle !

Pour faciliter l'application des doctrines viticoles de cet ouvrage, je vais inaugurer dans cette conclusion un système qui, je n'en doute pas, plaira à mes lecteurs. C'est de classer, mois par mois, les opérations ou les travaux divers que comporte la vigne. Le mois de novembre est, dans sa première quinzaine, le dernier de l'année viticole; mais, dans sa deuxième, il en est le premier. Aussi est-ce par lui que nous ouvrons la série.

NOVEMBRE.

Le début de ce mois, dans certaines contrées retardataires, est encore pris par les vendanges. Mais, généralement, octobre les a vu se terminer. Le décuvage des vins et la manipulation des piquettes permises sont à peu près les seules occupations de novembre dans les milieux viticoles. Cependant, dans la deuxième quinzaine de ce mois, c'est-à-dire avant la venue des froids, il convient de déchausser les greffes de l'année et d'enlever, au moyen d'un bon couteau, tout le bois nécrosé du pourtour de la soudure ; sans trancher trop profondément, comme certains le font, dans le vif. Le buttage doit se faire aussitôt après.

DÉCEMBRE.

C'est le dernier mois de l'année grégorienne et même,

avec son cortège de frimas, de neiges et de vent de *Cers*
glacé, pourrait-on dire, de l'année viticole. On dirait que
la nature, — comme le Créateur du dernier jour de son
œuvre, — en a voulu faire un mois de repos agricole.

Cependant', surtout dans nos contrées méridionales,
frimaire n'est point inclément jusqu'à ne pas nous concé-
der parfois des jours de soleil et de température suppor-
table. Ces jours-là, le vigneron infatigable, se souciant
d'ailleurs aussi peu du repos dominical que de celui pres-
crit par la nature, surtout s'il est stimulé par la récente
mise en cave d'une bonne récolte vendue à un prix rému-
nérateur, le vigneron, dis-je, songe avec raison :

A préparer les terres pour les nouvelles plantations,
suivant les données de l'étude *sur les défoncements*, page
282, et à remplacer les manquants des précédentes ;

A pratiquer la taille préliminaire des vignes destinées à
recevoir des engrais de ferme (*voir* l'étude portant ce
titre, page 119 et les suivantes) ;

A la mise en terre de l'engrais précité, avec les adjonc-
tions prescrites au chapitre des formules (page 131 et les
suivantes).

Là se bornent à peu près les occupations viticoles de ce
mois inconstant et critique ; mais le viticulteur qui aura,
à fin décembre, procédé seulement mais complètement au
nettoyage de ses creux à fumier au profit de ses vignes
n'aura pas quand même perdu son temps.

JANVIER.

Si la première quinzaine de ce mois est consacrée au
doux échange des compliments du nouvel an, avec la
deuxième s'ouvre réellement l'exercice des travaux suc-

cessifs qni constituent dans leur ensemble l'année viticole.
C'est alors que l'on peut sérieusement commencer à se
mettre à l'œuvre pour la taille définitive de la vigne, le
choix des sarments devant constituer les nouveaux plants
et leur préparation pour leur prochaine mise en terre.
(*Voir* à ces sujets : l'étude sur la taille de la vigne, celles
sur la confection des plants et sur la meilleure époque de
plantation.)

Enfin, il s'agit encore, bien entendu, de vaquer aux travaux de décembre qui, par mauvais temps, auraient pu
rester inachevés.

Le badigeonnage, ou plutôt l'arrosage au sulfure des
souches dont il est parlé au chapitre des traitements, tend,
comme je l'ai dit, à enrayer l'invasion phylloxérique
d'un voisinage infesté et laissé sans traitement, par la
destruction des œufs d'hiver qui ont pu être déposés sous
les écorces de la souche. Par la même opération, le sulfure atteint dans ces même repaires les larves de tous les
parasites animaux qui s'y réfugient l'hiver aussi bien que
les spores des parasites végétaux, notamment de l'anthracnose.

Mais au point de vue des réinvasions phylloxériques,
cette opération peut être remplacée par le sulfurage du
sous-sol. En ce cas, comme je l'ai dit, on doit adopter la
charrue de préférence et faire cette opération en janvier,
si l'état ressuyé du sol le permet, ou février. En tout cas,
on doit toujours sulfurer *avant* et jamais après la mise en
terre des engrais chimiques.

FÉVRIER.

Mois de prémices printanières et d'encombrement de travaux agricoles.

Ce n'est certes pas encore le printemps, et pourtant ce n'est presque plus l'hiver. C'est en quelque sorte une période transitoire, ayant ses alternances d'agitations atmosphériques : giboulées, bourrasques, neiges parfois, et des journées d'où se dégagent des effluves printanières, attiédies qu'elles sont par des rayons solaires déjà plus perpendiculaires et réverbérés à travers l'atmosphère en repos.

Dans nos contrées méridionales, il nous est donné de contempler, dans ce mois de février, un phénomène assez curieux. Le matin, à l'ouverture des croisées, on voit parfois, par un temps calme, tous les arbres et arbustes de la campagne comme chargés de fleurs d'une blancheur immaculée : la neige est tombée dans la nuit. C'est l'hiver dans toute sa hideuse beauté !

Mais à peine arrivé à mi-course diurne, Phœbus perce la brume grisâtre et justifie le vieux dicton méridional qui prétend que..., au soleil de février,

  ⸙ La neige disparaît comme l'eau au panier.

De sorte qu'au soir, la nappe blanche qui recouvrait le sol ayant disparu, les fleurs de neige qui embellissaient les arbres s'étant liquéfiées et égouttées, on ne voit pas moins certains arbres conserver leur blancheur étincelante. Les amandiers sont chargés de fleurs, de véritables fleurs, celles-ci, tandis qu'au pied de ces arbres précoces s'épanouit l'admirable violette qui se cache sous l'herbe, mais dont le parfum trahit la modestie. On dirait le printemps..., mais c'en est à coup sûr le prélude.

C'est le réveil de la nature et, comme l'*Angelus* ouvre *quotidiennement* la journée du travailleur, ces signaux fleuris annoncent *annuellement* que la période de déploiement d'activités viticoles est ouverte. Généralement, le mois de février est surchargé de besogne car, en outre de ses travaux ordinaires, qui sont la taille définitive de la vigne, les plantations en boutures, le provinage, la mise en terre des engrais chimiques et les premiers labours dits d'hiver, il reste encore à effectuer les travaux de janvier que les intempéries hivernales ont pu mettre en retard.

A l'œuvre donc, viticulteurs, les moments sont précieux car, si, par une matinée calme de la fin de ce mois, il vous plaisait monter sur ce coteau, là-bas, ensoleillé et tournant le dos au vent du Nord, vous ne seriez pas sans voir quelque bras de souche humide de la sève montante. Il serait bon que ce jour-là vous n'eussiez pas de vignes à tailler ni, si possible, des boutures à planter.

Dans le mois de février doivent être appliqués les divers badigeonnages contre l'anthracnose, l'œuf d'hiver du phylloxéra et les larves de divers autres insectes réfugiées pendant l'hiver sous les écorces de la souche, et prêts à éclore ou à s'échapper aux premières effluves printanières à la veille de se produire. (*Voir* les formules, traitements et articles spéciaux en la matière.)

MARS

et le rajeunissement de la Nature.

Enfin, la voilà à peu près écoulée, cette rude saison si funeste aux constitutions débiles, aux poitrines délicates ou affaiblies. Hélas! combien n'en ont pas vu la fin, emportés par l'âpre tourbillon des vents glacés du Nord!

Le printemps va se faire sentir de jour en jour, nonobstant les bourrasques, les giboulées et le grésil qui, dans nos parages, caractérisent ce mois dédié au dieu de la guerre.

O nature rajeunie : prés verdoyants et émaillés de fleurs, arbres aux feuilles renaissantes et d'un vert tendre et luisant, senteurs embaumées et salutaires à l'humanité, gentils oiseaux gazouillant et sautillant sur le gazon, soleil radieux et réchauffant, arbuste vinicole épandant sa sève comme pleurant de 'joie en revoyant, à son réveil, sa mère, la nature, toute parée de fleurs! Oh! qu'elle est belle, en effet, après avoir été si laide et surtout si terrible! Elle sourit, maintenant. Heureux ceux qui, n'ayant pas été leur victime en hiver, peuvent lui rendre ce sourire!

Le printemps, c'est l'espérance, en viticulture comme en toute autre chose. Le viticulteur se courbe et regarde ses souches pour voir si elles *pleurent* faiblement ou avec abondance, car il sait que plus un cep épand du fluide séveux et plus il témoigne de sa vitalité. Et de la constatation d'une abondance de sève découle l'espérance de la récolte future.

En effet, plus un cep a son système radiculaire puissant et plus est forte sa première émission de sève. Mais ce

ne sont point les grosses racines qui produisent cet effet:
elles servent en quelque sorte de canal d'amenée aux effluves séveuses que leur communiquent les radicelles, le
chevelu. Il s'ensuit que plus une souche est riche en radicelles et chevelus et plus elle aura de la sève à sa disposition et sera par suite vigoureuse.

Les terrains frais et riches en éléments fertilisants
peuvent favoriser tout naturellement le développement
de ces radicelles indispensables, mais les terres médiocres
ou arides le peuvent moins. C'est là surtout que sont indispensables les fumures rationnelles et les pluies esti-
vales. Si l'on ne peut à volonté disposer des secondes,
que, du moins, tout en s'y attendant, on ne néglige pas
les premières. D'autant plus que ce sont précisément ces
terres qui produisent les vins alcooliques dont la pénurie
se fait si vivement sentir. C'est ainsi, d'ailleurs, que
l'espérance en la récolte future pourra être fondée, car
rien n'est plus vrai que l'adage : « Aide-toi, le ciel t'ai-
dera. »

Mars est encore un bon mois et même le meilleur pour
la mise en terre des engrais chimiques, comme il est dit
dans l'étude de la page 119. On doit continuer et terminer
les labours dits d'hiver. On peut enfin, dans la deuxième
quinzaine, commencer l'opération du greffage, si les froids
vifs ne se font pas sentir.

AVRIL.

Mois printanier, *germinal* dut son nom conventionnel
à l'épanouissement des boutons d'or et du gazon des prairies, aussi bien qu'au départ de la végétation en général
et de la vigne en particulier. Ses *yeux* grossis se débour-

rent et s'entr'ouvrent, donnant le jour au bourgeon, qui
apparaît comme le petit oiseau au fond de sa prison ovaire
qu'il vient d'enfoncer. Et, comme l'oiseau du ciel, cette
frêle tige en formation demande du soleil pour s'élancer
et redoute un retour de froidure qui pourrait la tuer.

En avril se continuent et doivent, si possible, se terminer les greffages. On doit bien observer, à ce sujet, les
recommandations portées par l'étude spéciale de la
page 289 : *A propos du greffage et de ses suites.*

En ce mois, les labours doivent être autant que possible
suspendus, parce que le moindre atome de terre lancé par
les ailes de l'araire brise et détache tout bourgeon atteint.
Le mal fait de ce chef ne paraît pas d'abord, mais il est
parfois grand, surtout pour les vignes bas-formées, comme
en général les vignes jeunes, et il se traduit visiblement
plus tard par nombre de coursons ne portant pas de
fruit.

Par contre, les vignes soumises à la pioche doivent
recevoir en avril leur première façon. C'est le moyen le
plus sûr pour leur procurer durant l'été un sol fin et frais
que la vigne aime tant.

Enfin, il convient de ne pas dépasser ce mois sans déchausser superficiellement les vignes fumées l'année précédente et celles qui l'ont été de bonne heure l'année
même.

MAI.

Matinées splendides et bienfaisantes que ce mois, le
plus beau entre tous, procure aux fonctions pulmonaires
de l'humanité assoiffée de senteurs printanières par
l'âpre et desséchante période qui vient de s'écouler !

Le soleil n'émerge pas encore des crêtes de la colline, mais ses rayons dorent déjà l'atmosphère et la nature entière, dans un frémissement et un murmure universels, s'apprête à saluer son apparition. L'alouette lulu, planant au haut des airs, le voit déjà et entonne en son honneur son hymne matinal.

Le temps est calme et la végétation est saturée de rosée matinale. Les bourgeons de la vigne se sont étirés et déjà sur quelques-uns se sont épanouies les jeunes grappes. Le moment est venu et le jour est propice : il faut procéder à un premier soufrage. Et comme il s'agit, de nos jours, de *prévenir* autre chose que l'*oïdium*, il convient d'employer autre chose que du soufre. (*Voir* aux formules.) En tous cas, durant le mois de mai, le vignoble entier doit recevoir cette première façon, en profitant au possible de matinées analogues.

En mai, les labours d'été commencent. Dans leur exercice, on doit tenir compte des observations signalées dans l'étude *sur les travaux de la terre où la vigne est adaptée*. On ne doit pas soulever de mottes sans les briser immédiatement. Les façons de labour d'été sont à discrétion, c'est-à-dire qu'on ne doit pas compter : les répéter autant de fois que l'on pourra.

Surveiller la sortie des jeunes greffes, suivant qu'il est dit à l'étude du *Greffage et de ses suites*.

JUIN.

Binage des vignes soumises à la pioche.

Nouveau soufrage (au soufre combiné des formules), et pour les amateurs des solutions cupriques, il leur est facile d'y introduire cet élément : 6 kilog. de sulfate de cuivre pulvérisé par 100 kilog. de soufre combiné leur suffiront. On doit toujours profiter des matinées humides qui peuvent se produire.

Quant à ceux qui préfèrent l'emploi des solutions liquides, ils ne doivent pas laisser s'écouler ce mois sans faire leur première aspersion : n'oublier jamais que tout procédé dirigé contre les cryptogames n'aura d'efficacité qu'autant qu'il sera *préventif*.

Procéder au béchage de binage et continuation des labours tant que l'encombrement des pousses permettra de le faire.

Mettre des tuteurs provisoires aux greffes, surtout dans les contrées où la violence des vents est à craindre.

JUILLET.

Soufrages réitérés au soufre combiné déjà cité, c'est-à-dire que, pendant ce mois, on peut les faire plus légères, mais les façons de soufrage doivent se succéder sans interruption si le temps le permet.

Nouvelle aspersion pour les amateurs de liquide cuprique.

Pour les vignes âgées, les labours sont désormais impossibles, mais pour les jeunes plantiers les répéter fréquemment afin d'entretenir leur sol fin et frais, ce qui facilitera leur repousse prochaine d'août.

AOUT.

Encore soufrages réitérés, légers mais fréquents le plus possible. Et nouvelle aspersion pour les amateurs de liquide cuprique.

Sarclage des herbes adventices de la vigne.

Continuation des labours des jeunes plantiers.

Le raisin est entré en pleine véraison et mùrit même sur les plants précoces et dans les contrées méridionales.

Fin des atteintes cryptogamiques et des traitements qui leur sont relatifs.

SEPTEMBRE.

Le raisin mùrit un peu partout; il est mùr dans les pays méridionaux. Chacun songe à le cueillir et porte ses soins sur la vaisselle vinaire destinée à le contenir.

La principale préoccupation est que la température seconde les soins du vigneron pour que le jus de la vigne lui donne un vin bien réussi que le commerce lui enlèvera et dont le produit le rémunérera des peines et des dépenses que la vigne lui a occasionnées.

OCTOBRE.

Vendanges sont finies ou s'apprêtent à l'être. Chacun fait son bilan de l'exercice écoulé. Les résultats sont toujours relatifs à la somme de soins dont la vigne et son produit ont été l'objet de la part de leur maître.

En octobre, enfin, on déchausse les greffes pour en couper délicatement les drageons et les racines qu'a pu émettre le greffon; on rencouvre immédiatement. Et l'année viticole est terminée.

Viticulteurs !

Je voudrais vous voir mettre à profit, à tous et sans retard, les indications données dans cet ouvrage, fruit de longues recherches et de pénibles expériences.

Pour vous faciliter la tâche, je me tiens constamment à la disposition de chacun et à titre absolument *gratuit*, soit pour tout renseignement supplémentaire à fournir par correspondance particulière sur la viticulture en général, la valeur ou la composition des engrais, soit pour visites personnelles relatives à l'examen des terres à planter la vigne ou des vignes mêmes, etc. Dans ce dernier cas, à compter seulement les déboursés de voyage.

Courage donc, Viticulteurs, un peu moins d'apathie et un peu plus d'énergie et de bonne volonté. Prenez à votre compte la devise que j'ai adoptée : « Labor improbus omnia vincit. » Oui, croyez le bien, un travail opiniâtre vient à bout de tout.

A ce prix, notre chère viticulture reverra encore de beaux jours. C'est là le but auquel je tends, mon vœu le plus sincère et mon plus ardent désir.

Paul SERRES.

TABLE SYNOPTIQUE

DES MATIÈRES

PREMIÈRE PARTIE

A propos de la vigne indigène.

*_**

Description des traitements

I

II

III

***

***

DEUXIÈME PARTIE

A propos de la vigne exotique.

De la chlorose.

**

— 389 —

7865. — Poitiers, Imprimerie BLAIS, ROY et Cie, 7, rue Victor-Hugo.

7865. — Poitiers, Imprimerie BLAIS, ROY et Cie, 7, rue Victor-Hugo.

www.ingramcontent.com/pod-product-compliance
Lightning Source LLC
Chambersburg PA
CBHW061109220326
41599CB00024B/3967